Modernité et académies scientifiques européennes

Actes des journées d'études « Modernité et académies scientifiques européennes » organisées à l'université d'Ottawa (2018) et à l'École Normale Supérieure de Lyon (2019)

Ce travail a été réalisé au sein du **LABEX COMOD** (ANR-11-LABX-0041) de l'université de Lyon, dans le cadre du programme « Investissements d'avenir » (ANR-11-IDEX-0007) de l'État français, géré par l'Agence nationale de la recherche (ANR).

Modernité
et académies
scientifiques
européennes

Sous la direction de Pierre Girard,
Christian Leduc et Mitia Rioux-Beaulne

PARIS
CLASSIQUES GARNIER
2023

Pierre Girard, professeur d'études italiennes à l'université Jean-Moulin – Lyon 3, est agrégé et docteur en philosophie. Ses recherches portent sur l'histoire des idées et sur la philosophie politique en Italie à l'âge classique (XVIIᵉ-XVIIIᵉ siècles). Il fait partie de l'UMR 5317-IHRIM et est le responsable du LABEX COMOD.

Christian Leduc est professeur de philosophie à l'université de Montréal. Ses travaux portent sur Leibniz et les Lumières françaises et allemandes. Il s'intéresse à l'histoire de la méthode, de la métaphysique et des sciences.

Mitia Rioux-Beaulne est professeur agrégé au département de philosophie de l'université d'Ottawa. Ses recherches portent sur Fontenelle, Diderot et les Lumières françaises. Ses travaux ont principalement trait à la philosophie de l'histoire, à l'esthétique et à l'épistémologie.

ISBN 978-2-406-14232-4 (livre broché)
ISBN 978-2-406-14233-1 (livre relié)
ISSN 2493-8947

INTRODUCTION

UNE QUESTION HISTORIOGRAPHIQUE

Si la critique a depuis longtemps montré les liens existant entre les académies scientifiques et la modernité[1], la nature de ce lien, le type de modernité qui en résulte, sont plus difficiles à saisir tant le phénomène académique, sur une parabole qui s'étend du XVe au XVIIIe siècle, est complexe. La mise en avant de cette complexité, qui implique des choix méthodologiques pour saisir un tel phénomène, n'est pas une simple précaution d'usage, mais renvoie à une combinatoire qui rend difficile la saisie des académies comme un tout homogène. Dans un recueil d'articles consacrés aux grandes académies scientifiques italiennes, Paolo Galluzzi et Maurizio Torrini mettaient en garde dans les pages introductives quiconque tenterait d'aborder le phénomène académique comme un tout homogène, contre un « mythe historiographique » qui pourrait donner l'illusion de les aborder avec une grille d'approche unique[2]. Or bien évidemment, ce qui est valable pour le champ italien l'est plus encore pour le champ européen. Si l'on peut faire paradoxalement le

1   Voir en particulier *Università, Accademie e Società scientifiche in Italia e in Germania dal Cinquecento al Settecento*, E. Raimondi, L. Boehm (dir.), Bologna, Il Mulino, coll. « Annali dell'Istituto storico italo-germanico », 1981 ; *Académies et sociétés savantes en Europe (1650-1800)*, D.-O. Hurel, G. Laudin (dir.), Paris, Honoré Champion, 2001 ; *Naples, Rome, Florence. Une histoire comparée des milieux intellectuels italiens (XVIIe-XVIIIe siècles)*, J. Boutier, B. Marin et A. Romano (dir.), Rome, Publications de l'École française de Rome, Collection de l'École française de Rome, 2005.

2   « *Pare, dunque, sia da respingere la sistemazione delle "accademie scientifiche" nel quadro unitario e di confortante continuità logico-cronologica proposta dall'agiografia tradizionale* ». Et les auteurs de continuer en dénonçant le « *mito storiografico che ha artificiosamente costretto in un medesimo, coerente processo fenomeni ed esperienze profondamente diversi e talvolta addirittura divergenti* », *Quaderni storici*, « Accademie scientifiche del '600. Professioni borghesi », Premessa, vol. 16, n° 48 (3), décembre 1981, Il Mulino, p. 757-762, ici p. 761.

constat d'une diffusion des académies en Europe comme place centrale de la modernité scientifique, force est de constater la diversité des cas suivant les pays concernés et suivant la période envisagée. Le statut de ces académies, leur organisation, le rapport qu'elles entretiennent avec les universités, les relations des académies entre elles, la constitution d'un réseau entre de grandes académies situées dans les capitales des États et des académies de province, le rapport au théologico-politique, les champs disciplinaires, l'élitisme ou, au contraire, l'ouverture de ces académies, leur volonté d'entretenir le secret ou de contribuer activement à la diffusion de leurs idées, leur plus ou moins grande spécialisation, leurs liens avec d'autres formes de sociabilité intellectuelle (sociétés savantes, salons, salons de lecture, bibliothèques, dîners, loges maçonniques, *etc.*) – et nous pourrions ici multiplier les éléments de la combinatoire – indiquent clairement l'impossibilité de saisir ces académies comme un objet unique que l'on pourrait réduire à des éléments de qualification universellement valables. Une certaine homogénéité se discernera plus tardivement, au XVIIIe siècle, lorsque les académies européennes tendront à reproduire, lors de leur création, la structure et le contenu d'établissements qui sont désormais des modèles, comme la *Royal Society* et l'*Académie royale des sciences* de Paris.

Pour autant, un tel constat ne doit pas nous amener inversement à réduire l'approche des académies scientifiques à une simple sédimentation d'études de cas irréductibles les uns aux autres. La complexité d'un tel phénomène, rendue possible par les éléments de combinatoire que nous avons esquissés, ne doit pas nous conduire à renoncer à tenter d'en saisir le sens dans son rapport avec la modernité. Quelle que soit la diversité des situations, il faut bien reconnaître qu'il se passe quelque chose d'unique en Europe entre la fin du XVe siècle et la fin du XVIIIe siècle. En témoignent l'antériorité et le très grand nombre d'académies présentes en Italie – on connaît le mot célèbre de D'Alembert dans l'entrée « Académie » de l'*Encyclopédie* pour qui « L'Italie seule a plus d'*Académies* que tout le reste du monde ensemble[3] » –, ainsi que la production d'une multiplicité de textes tentant de saisir de manière réflexive le développement des académies[4]. Les contemporains des

---

3   D'Alembert, « Académie », *Encyclopédie*, tome I, 1751, p. 56.
4   Voir par exemple *Delle lodi dell'academie* (1569) de Scipione Bargagli ; *L'Italia accademica ; o sia le accademie aperte a pompa, e decoro delle lettere più amene nelle città italiane* (In Rimino,

académies ne se contentent pas d'y être intégrés, mais tentent au même moment de penser ce phénomène, comme s'ils étaient surpris par ce qu'ils étaient en train de vivre, par leur propre pratique. Il en ressort une situation tout à fait particulière où « l'académie » n'est pas une catégorie que concevrait rétrospectivement l'historiographie, encourant ainsi le risque de commettre un anachronisme, mais un phénomène historique et culturel dont les contemporains tentent de se saisir et de rendre compte. D'une certaine manière, l'historiographie consacrée aux académies est contemporaine de ces mêmes académies, au risque de renforcer la combinatoire évoquée ci-dessus et d'influencer les études critiques postérieures. Aborder les académies, qu'elles soient scientifiques ou non, ne se limite pas à comprendre un phénomène historique, mais suppose aussi de savoir le faire en tenant compte de la manière dont ces académies se présentent, se mettent en scène et se pensent elles-mêmes.

LA PARABOLE ACADÉMIQUE

Si l'on suit la célèbre formule de Giambattista Vico, le promoteur dans la Naples des Lumières d'une « science nouvelle », qui fréquenta de nombreuses académies comme en témoigne son autobiographie, les académies se situent au sommet d'un ordre de développement des communautés humaines :

> Voici l'ordre suivi par les choses humaines : d'abord il y eut les forêts, puis les cabanes, ensuite les villages, plus tard les cités, finalement les académies[5].

Ce passage de Vico, qui doit bien sûr être compris au sein du système qui est le sien, offre plusieurs éléments d'analyse. Le premier élément qui frappe est moins l'ordre de sociabilisation et de construction de la communauté politique qui est décrit ici, que l'hétérogénéité des deux

---

1688) de Giuseppe Malatesta Garuffi ; *Dell'utilità o inutilità delle accademie* (1775) de Saverio Mattei ou enfin le *Discorso filosofico sul fine ed utilità dell'accademie* (1777) de Giovanni Cristofano Amaduzzi.

5   *La science nouvelle* (1744), Livre I, section 2, § 65, A. Pons (éd.), Paris, Fayard, coll. « L'Esprit de la cité », 2001, p. 108 (« *L'ordine delle cose umane procedette : che prima furono le selve, dopo i tuguri, quindi i villaggi, appresso le città, finalemente l'accademie* »).

derniers stades que sont les « cités » et les « académies ». Comment penser le passage mécanique – Vico parle clairement d'un « ordre suivi » – d'une communauté politique à une communauté intellectuelle ? La construction de la communauté politique trouverait nécessairement son accomplissement dans les académies qui seraient le stade le plus avancé de cette « humanité pleinement achevée » (« *compiuta umanità* »), celle que Vico semble constater à son époque[6]. Les académies s'inscriraient à l'opposé de la barbarie concernant le stade primitif des forêts. Constater leur existence reviendrait ainsi à prendre conscience des progrès de l'humanité et les renforcer permettrait à cette même humanité de se maintenir à son stade le plus avancé. Ce n'est pas sans raison que Vico, qui donne explicitement à sa *Scienza nuova* une fonction pratique et politique, dédie en 1725 la première version de son chef-d'œuvre aux « académies d'Europe » (« *Alle accademie dell'Europa* ») qui caractérisent l'époque des Lumières (« *in questa età illuminata*[7] »).

Si nous avons avec cette formule de Vico l'un des exemples de cette historiographie qui est contemporaine du phénomène qu'elle tente de saisir, force est de constater que le dispositif proposé ici est tout sauf neutre et a de nombreuses conséquences. La première renvoie à l'idée « d'ordre » qui insère le développement des académies au sein d'un schéma diachronique, une forme de parabole, dont la configuration scientifique serait l'*acmé*. Même si, à nouveau, ce passage de Vico doit être interprété à l'aune de son projet philosophique global, il n'en reste pas moins frappant par la manière dont il résume à lui seul le processus de développement des académies. L'historiographie concernant les académies suit du reste le plus souvent cet ordre quasi téléologique en discernant plusieurs étapes, faisant de leur développement un processus de socialisation de plus en plus étendu, de plus en plus ouvert, pour finir par offrir les cadres d'une communauté politique éclairée.

---

6   On le sait, et même si ses textes sont souvent contrastés, Vico considérait qu'il vivait en un temps où la raison était « entièrement développée » (« *ragione tutta spiegata* », Livre II, section 1, chap. II, § 6) et paraissait avoir pleinement conscience des Lumières : « Mais partout l'Europe chrétienne brille d'une telle humanité qu'elle abonde de tous les biens qui peuvent rendre heureuse la vie humaine, aussi bien pour les aises du corps, que pour les plaisirs de l'esprit et ceux de l'âme », in *La science nouvelle*, Livre V, section 3, *op. cit.*, p. 529 (« *Ma dappertutto l'Europa cristiana sfolgora di tanta umanità che vi si abbonda di tutti i beni che possano felicitare l'umana vita, non meno per gli agi del corpo che per gli piaceri così della mente come dell'animo* »).

7   *Principj di una scienza nuova intorno alla natura delle nazioni…*, In Napoli, F. Mosca, 1725, p. 9.

Si l'on revient en effet aux premières académies[8], ce qui frappe est avant tout leur fonction de refuge permettant de fuir un monde considéré encore en partie comme étranger aux délicatesses de la conversation. Les travaux de Marc Fumaroli[9] ou d'Amedeo Quondam ont montré claire-ment les caractéristiques de ces premières académies, presque toutes de caractère littéraire, qui sont autant de lieux privés, à l'écart du monde et où des lettrés prennent plaisir à pratiquer l'art de la conversation[10]. Si l'historiographie critique ne s'accorde pas toujours sur le sens à attri-buer à ces premières communautés académiques – il suffit de penser à la position de Gino Benzoni pour qui ces premières académies sont une sorte de palliatif, un moyen de reconnaissance et de solidarité pour les lettrés qui sont confrontés à une crise d'identité sociale, déçus de ne pas trouver de valorisation dans la communauté politique[11] – il n'en reste pas moins que c'est leur caractère privé, élitiste, qui frappe avant toute chose. De là, plusieurs conséquences peuvent être tirées. La première est le rapport au temps historique. Ces premières académies sont comme des utopies en dehors du fracas de l'histoire. Il ne s'agit pas d'agir sur le monde, mais, au contraire, de se couper de lui pour s'adonner aux plaisirs de la « *civil conversazione* ». Les œuvres de Stefano Guazzo, en particulier *La civil conversazione* (1574)[12] et les dialogues du *Libro del Cortegiano* (1528) de Baldassare Castiglione offrent d'excellents exemples de ces premières communautés.

Le second point renvoie aux frontières claires entre l'académie et le monde extérieur. Devenir académicien implique de nombreuses procédures de nature élitiste que sont les divers rites de passage, la reconnaissance d'emblèmes propres, des formules qui rassemblent. De

---

8 Voir notamment *Les Académies dans l'Europe humaniste. Idéaux et pratiques*, M. Deramaix, P. Galand-Hallyn, G. Vagenheim, J. Vignes (dir.), Genève, Droz, 2008.

9 M. Fumaroli, *La République des Lettres*, Paris, Gallimard, coll. « Bibliothèque des Histoires », 2015, *passim* ; *Id.*, « La République des Lettres et les Académies », *Lettere Italiane*, vol. 56, n° 1, janvier-mars 2004, Leo S. Olschki, p. 3-11 ; A. Quondam, « L'Accademia », in *Letteratura italiana, vol. I. Il letterato e le istituzioni*, Torino, Einaudi, 1982, p. 823-898.

10 Sur ce rôle de la « conversation », voir M. Fumaroli, *La République des Lettres*, part. II, *op. cit.* ; A. Quondam, *La conversazione. Un modello italiano*, Roma, Donzelli, coll. « Saggi. Arti e lettere », 2007.

11 G. Benzoni, *Gli affanni della cultura. Intellettuali e potere nell'Italia della Controriforma e barocca*, Milano, Feltrinelli, coll. « Critica letteraria », 1978, *passim*.

12 Sur ce texte, voir les remarques de A. Quondam : « La scienza e l'Accademia », in *Università, Accademie e Società scientifiche in Italia e in Germania dal Cinquecento al Settecento, op. cit.*, p. 21-67, ici p. 23 *sq.*

même, des surnoms sont attribués aux académiciens[13], ce qui indique bien qu'entrer dans l'académie signifie sortir de la société courante et se retrouver au sein d'un monde ayant ses propres règles. L'académie devient ainsi une sorte d'État dans l'État, un modèle de sociabilité, une cité parfaite organisée selon les règles raffinées de la bienséance et de la conversation entre pairs. Le dernier élément est la conséquence de ce caractère tout à fait particulier de ces académies, principalement dévelop-pées en Italie et qui trouvent leur ancrage dans la Renaissance. Dans la mesure où ces académies se définissent d'abord par leur pratique, il n'est pas étonnant que leurs productions se limitent avant tout à une mise en scène et à la construction de la mémoire de leurs propres pratiques. De là la multiplicité des *Vitae litteratorum virorum* qui sont autant de recueils d'*exempla*, de textes codifiant les pratiques du loisir lettré et, aussi bien, pour les académiciens eux-mêmes, des éléments autoréférentiels qu'une production adressée à l'extérieur de l'académie – l'extrême popularité durant tout le XVIIIe siècle des *Éloges des savants* de Fontenelle, réédités de nombreuses fois en éditions séparées, en prolongera le genre et en cristallisera la fonction. Dans un tel contexte, l'académicien est avant tout un homme de loisir en rupture avec la vie urbaine.

Ce caractère séparé et autoréférentiel des académies (de la fin du XVIe siècle au début du XVIIe siècle), trouvera un point d'inflexion avec la dite « révolution scientifique » qui marquera l'Europe du XVIIe siècle. Même si le terme de « révolution » peut sembler discutable dans la mesure où il semble établir des solutions de continuité fictives, il n'en demeure pas moins que le XVIIe siècle se caractérise par plusieurs évo-lutions majeures dans le domaine scientifique. C'est en premier lieu la mise en avant de nouveaux champs disciplinaires, le rôle des instruments de mesure, des mathématiques, de l'expérimentation, mais aussi une réflexion épistémologique sur la délimitation des critères mêmes de la scientificité. Cette évolution ne se fait évidemment pas sans heurts comme en témoigne la condamnation de Galilée qui marque ce siècle. Du point de vue des académies, le phénomène crée un point d'inflexion majeur autant pour leur statut que pour leur destination.

---

13   Sur ce rôle des surnoms comme rite de passage, voir les remarques de K. Gvozdeva : « Le monde ludique des académies italiennes : l'exemple des *Intronati* de Sienne », in *Savoirs ludiques. Pratiques de divertissement et émergence d'institutions, doctrines et disciplines dans l'Europe moderne*, K. Gvozdeva, A. Stroev, L. Million (dir.), Paris, Honoré Champion, 2014, p. 49-88, ici p. 56 *sq.*

Plusieurs éléments peuvent être soulignés. D'une part, le champ scientifique investit peu à peu les activités des académies, même si la plupart restent de nature littéraire. Cette attention de plus en plus soutenue à des problématiques scientifiques modifie le paradigme académique hérité de la Renaissance que nous venons d'évoquer. Il ne s'agit plus simplement de s'isoler du monde extérieur pour s'adonner entre pairs aux joies et à la douceur de la « conversation », mais d'expérimenter et de tenter de saisir le monde naturel. L'objet des académies n'est plus celui, autoréférentiel, de leur propre pratique interne, de leurs rituels, de leur organisation propre, mais il est celui, extérieur, d'une nature que l'on tente d'investir scientifiquement. Cette ouverture nécessaire des académies a plusieurs conséquences, la première étant qu'à présent ce sont moins les « oreilles » (« *orecchie* ») que les « yeux » (« *occhi* ») qui doivent être sollicités, et cela pour reprendre une formule de Luigi Ferdinando Marsili, le fondateur en 1711 de l'*Istituto delle scienze* de Bologne[14]. Les académiciens doivent ainsi moins tendre l'oreille aux propos de leurs confrères, que s'appliquer, grâce aux nouveaux instruments en particulier, à savoir observer la nature afin de la comprendre. Dans ce mouvement, dans ce changement complet de paradigme, notamment par rapport aux préconisations de Stefano Guazzo ou de Baldassare Castiglione, les académies subissent une évolution notoire. L'évolution des sciences ouvre de nouveaux champs qui font des académies des lieux privilégiés pour leur étude, en tant qu'elles sont conçues notamment comme les seules alternatives existantes aux Universités souvent refermées sur elles-mêmes et soumises aux interdits de l'Église. La question de la chimie, comme pratique ou comme discipline d'enseignement, est ici exemplaire. Son rôle dans le développement de la biologie, de la médecine opposera de manière durable les Universités, souvent hostiles à cette discipline en raison de ses conséquences théologiques, et les académies qui se constitueront en lieux de son développement naturel[15].

Ce nouveau positionnement épistémologique des académies européennes et leur ouverture nécessaire en raison de la nouveauté de leur

---

14 Sur ce point, voir M. Cavazza, *Settecento inquieto. Alle origini dell'Istituto delle scienze di Bologna*, Bologna, Il Mulino, coll. « Ricerca », 1990, p. 11.

15 La question de l'usage de la chimie et de son enseignement est au cœur de la confrontation entre les Anciens et les Modernes à Naples dans la seconde moitié du *Seicento*. Sur ce point, voir M. Torrini : « Uno scritto sconosciuto di Leonardo da Capua in difesa dell'arte chimica », *Bollettino del Centro di Studi Vichiani*, IV, 1974, Napoli, Bibliopolis, p. 126-139.

objet ont des conséquences manifestes. D'une part, en se proposant de nouveaux champs d'investigation, en sortant de leur pratique autocentrée, les académies rencontrent bien évidemment d'autres forces dont elles s'étaient au préalable coupées. C'est en premier lieu le champ du théologico-politique avec lequel il faut composer pour rendre la pratique scientifique des académies possible et durable. Il est remarquable notamment de constater que sur l'ensemble de la période, la quasi-totalité des académies sera extrêmement attentive à éviter toute forme de sujets touchant au pouvoir du Prince ou aux questions religieuses. Cela est notamment explicite à « l'Accademia dei Lincei » créée en 1603, à « l'Accademia del Cimento » (1657), ou à la *Royal Society*. Ainsi l'introduction fondant les statuts de la *Royal Society* rédigée par Robert Hooke indique clairement que le but de cette académie est la connaissance des « choses naturelles » (« *knowledge of natural things* »), la connaissance des « arts » et des « pratiques mécaniques » qu'il ne faut pas mêler à des considérations touchant la « divinité, la métaphysique, la morale, la politique, la grammaire, la rhétorique ou la logique » (« *not meddling with Divinity, Metaphysics, Morals, Politics, Grammar, Rhetoric or Logik* »). De la même manière, dans son « Éloge du P. Malebranche », Fontenelle affirme que l'Académie des sciences « passerait témérairement ses bornes en touchant le moins du monde à la Théologie » et « s'abstient totalement de la Métaphysique, parce qu'elle paraît trop incertaine et trop contentieuse[16] ». Cela apparaît aussi à la fin de la période, par exemple chez les anciens membres de « l'Accademia dei Pugni », et rédacteurs de la revue *Il Caffè* (Pietro et Alessandro Verri, Cesare Beccaria) et même chez Maupertuis qui, dans son discours *Des devoirs de l'Académicien* (1747), pose clairement la question du champ d'action des académies :

> Tous les phénomènes de la Nature, toutes les Sciences mathématiques, tous les genres de Littérature, sont soumis à vos recherches : & dès-là cette Compagnie embrasse un champ plus vaste que la plupart des autres Académies. Mais il est certains sanctuaires dans lesquels il n'est permis à aucune de pénétrer ; votre fondateur même, tout sublime & tout profond qu'il étoit, tout exercé qu'il étoit dans ces routes, n'osa y conduire ses premiers disciples. Les Législateurs de toutes les Académies, en leur livrant la nature entière des corps, leur ont

---

16   « Éloge du Père Malebranche », *Histoire de l'Académie royale des sciences, année 1715*, Paris, Imprimerie royale, 1718, p. 93-114, ici p. 108.

interdit celle des esprits, & la spéculation des premières causes : un Monarque qui a daigné dicter nos loix, un esprit plus vaste, plus sûr peut-être aussi de votre prudence, n'a rien voulu vous interdire[17].

Mais c'est principalement l'investissement explicite de l'État qui marque cette seconde étape du développement académique. Il ne s'agit pas ici de faire l'historique de la création des grandes académies nationales, qui est aussi celui du déplacement de leur barycentre géographique vers le nord de l'Europe. On connaît la thèse de Joseph Ben-David[18], en partie discutable, qui tente d'imputer l'échec des académies italiennes à leur rigidité hiérarchique, à leur formalisme, à l'étroitesse des groupes intellectuels les composant, à leur incapacité à s'adapter au développement des sciences et à leur donner une impulsion. À l'inverse, l'ouverture et la fluidité de la société anglaise offriraient, selon ce chercheur, le cadre propice à la diffusion de la modernité scientifique, notamment au sein de la *Royal Society*. Le XVIIᵉ siècle voit ainsi se créer les principales grandes académies européennes : la *Royal Society* en 1662, dont la spécificité est de ne recevoir aucune subvention de la part de la Couronne, l'Académie royale des sciences créée en 1666 par Colbert[19], l'Académie royale des sciences de Prusse fondée en 1700 sur la base d'un projet de Leibniz qui en sera le premier Président, avant d'être reconnue en 1711, l'Académie impériale des sciences de Saint-Pétersbourg fondée par Pierre Le Grand en 1724. D'autres académies de moindre envergure apparaissent progressivement en divers lieux : Édimbourg en 1731, Uppsala en 1734, Stockholm en 1739, Copenhague en 1742, Göttingen en 1751, *etc.* L'ensemble forme ainsi un réseau européen de grandes académies scientifiques reliées entre elles par toutes sortes de pratiques (correspondances, voyages, échanges de savants, journaux savants, concours publics, *etc.*).

L'ouverture des académies vers un nouvel objet, leur insertion dans un champ plus dangereux et conflictuel ainsi que leur institutionnalisation

---

17 *Des devoirs de l'Académicien, Discours prononcé dans l'Académie Royale des Sciences et Belles-Lettres*, in *Œuvres de Mr. De Maupertuis*. Nouvelle édition corrigée & augmentée. Tome troisième, Lyon, Chez Jean-Marie Bruyset, 1756, p. 283-302, ici p. 287-288.

18 J. Ben-David, *The Scientist's Role in Society. A Comparative Study*, Alex Inkeles éd., Englewood Cliffs, New Jersey, Prentice-Hall, coll. « Foundations of modern sociology series », 1971, p. 55 *sq.*

19 Sur cette académie, voir l'étude classique de R. Hahn : *The Anatomy of a Scientific Institution. The Paris Academy of Sciences, 1666-1803*, Berkeley, Los Angeles, London, University of California Press, 1971.

changeront de manière radicale le statut et la fonction de ces communautés scientifiques. Ce mouvement qui s'amorce au XVIIe siècle trouve son point d'orgue tout au long du XVIIIe siècle. Les académies deviennent des institutions publiques – notons que le terme « académie » disparaît parfois derrière d'autres dénominations comme « société », « institut », l'un des plus célèbres étant celui de Bologne créé en 1711, et dépendant directement des États, à l'exception notable de la *Royal Society*. Bannissant la simple « conversation », désormais considérée comme une pratique inutile, les académiciens sont des fonctionnaires dépendant d'un État qui leur indique ses priorités. Il s'agit de garantir le bonheur public, par une meilleure médecine, par une meilleure pratique sanitaire, par la capacité à prévoir les catastrophes naturelles, par un meilleur fonctionnement de l'économie – les « *sociedades económicas de amigos del país* » qui se répandent en Espagne sous le règne de Charles III en sont un bon exemple –, par l'instauration de priorités dans la recherche, notamment pour la défense des États. Vincenzo Ferrone a montré très clairement l'importance de l'influence de l'État sur l'organisation et la politique de recherche menée au sein de ces académies qui sont devenues de véritables corps d'État[20]. Les académies suivent donc un double mouvement, celui d'une plus grande spécialisation des sciences – qui implique parfois que certaines d'entre elles se limitent à une seule science – mais aussi celui, politique, de leur transformation de cénacles privés fondés à l'écart du monde en instituts contrôlés par la puissance publique et dont les activités sont doublement consacrées à la création des conditions de possibilité du bonheur public et à la gloire du souverain.

---

20   Sur ce point, voir les remarques développées dans le chapitre « L'homme de science », in *L'homme des Lumières*, M. Vovelle (dir.), Paris, Le Seuil, coll. « L'univers historique », 1996, p. 211-252, ici p. 219 *sq.* Cette mainmise de l'État caractérise du reste la plupart des académies créées à la fin du XVIIIe siècle.

NATURE DES ACADÉMIES

Cette « parabole académique », que nous avons esquissée à grands traits a néanmoins de nombreuses conséquences qui déterminent clairement le regard rétrospectif de celui qui tente de saisir un tel phénomène. Plusieurs points peuvent être mis en avant. Le premier renvoie à la consécration du champ et du paradigme scientifiques. La *Respublica literaria* devient progressivement une « République des Sciences » tout au long du XVIIIᵉ siècle qui voit progressivement la figure du scientifique de profession être consacrée. Le second point concerne le passage d'une structure privée, autoréférentielle, à une structure publique et explicitement créée par le pouvoir politique pour son usage propre. Quels que soient leur succès et leur valeur, les grandes académies qui se créent à la fin du XVIIIᵉ siècle sont le fait du Prince. C'est par exemple le cas des académies de Turin et de Naples[21]. La multiplication des concours, des journaux savants, des voyages, renforce le retentissement des activités des académies. Le troisième point renvoie au modèle de socialisation politique qui caractérise ce développement des académies. La barbarie est progressivement mise à l'écart tandis que la civilisation triomphe grâce à leur développement. De ce point de vue, l'*Esquisse d'un tableau historique des progrès de l'esprit humain* de Condorcet est tout à fait emblématique de cette dynamique, notamment de la relation que l'on peut discerner entre la « dixième époque » et le *Fragment sur l'Atlantide* qui fonde le projet d'une généralisation du modèle académique en faisant la promotion de « la réunion générale des savants du globe dans une République universelle des sciences[22] ». Pour Condorcet,

---

21 C'est le cas de « L'Accademia Reale delle Scienze di Torino » fondée en 1783 et qui transforme ses membres en véritables fonctionnaires d'État, ou de la « Reale Accademia napoletana » créée en 1780 par Ferdinand IV et qui est sous l'étroite dépendance du pouvoir. Sur ces deux académies, voir V. Ferrone : « The Accademia Reale delle Scienze : Cultural Sociability and Men of Letters in Turin of the Enlightenment under Vittorio Amedeo III », *The Journal of Modern History*, vol. 70, nº 3, septembre 1998, The University of Chicago Press, p. 519-560 ; E. Chiosi : « "Humanitates" e scienze. La Reale Accademia napoletana di Ferdinando IV : Storia di un progetto », *Studi Storici*, 30ᵉ année, nº 2, avril-juin 1989, « Ricerche e problemi di storia della scienza », Fondazione Istituto Gramsci, p. 435-456.

22 *Esquisse d'un tableau historique des progrès de l'esprit humain*, suivi de *Fragment sur l'Atlantide*, introduction, chronologie et bibliographie d'A. Pons, Paris, GF-Flammarion, 1988, p. 303.

c'est « l'association » des travaux des académiciens qui permettrait aux nations « d'augmenter leurs lumières », leur « combinaison » qui assurerait un « résultat commun » et rendrait ainsi possibles le « progrès » et le « bonheur de l'espèce humaine[23] ».

Mais c'est surtout la mise en avant du mécanisme naturel du développement des académies qui se révèle éclairante si l'on suit ce schéma. Cet aspect est d'autant plus remarquable qu'il est explicitement souligné par plusieurs textes historiographiques qui tentent très tôt de comprendre et d'expliquer le phénomène académique. Si l'on se réfère par exemple aux *Delle lodi dell'academie* de Scipione Bargagli, texte qui date de 1569, ce sont les multiples références au caractère naturel des académies qui frappent le lecteur. Se proposant de traiter de « l'ample sujet » des académies, Bargagli souligne immédiatement leur « origine noble et ancienne » et « leur conformité avec la nature elle-même[24] ». Ces académies sont même comparées à des atomes (« *molti corpicelli minuti atomi chiamati*[25] ») qui, se composant entre eux, créent des corps harmonieux, selon un schéma dont l'origine est indubitablement lucrécienne. Scipione Bargagli multiplie les exemples naturels pour montrer que les académies ne sont en rien des institutions artificielles, mais sont un simple prolongement de la nature. La nature elle-même n'est rien d'autre qu'une « grande académie » pour Bargagli[26]. De la même manière que les atomes s'assemblent pour donner forme à un corps, de la même manière que plusieurs morceaux de bois font jaillir un feu plus fort que n'en produit un seul morceau, la nature a permis que les hommes s'assemblent entre eux au sein des académies[27]. Anticipant du reste des thèmes et un vocabulaire que l'on trouvera plus tard chez Vico, Bargagli montre que c'est grâce aux échanges permis par la conversation (« *cambievol*

---

23   *Ibid.*, p. 348.

24   « *adunque sentirete ragionare della lor nobile, & antica origine : della conformità, ch'elle habbian con la stessa Natura* », in *Delle lodi dell'academie. Oratione di Scipion Bargagli, da lui recitata nell'Academia degli Accesi in Siena*, In Fiorenza, 1569, p. 12.

25   *Ibid.*, p. 13.

26   « *La Natura in tutto 'l corpo dell'universo considerata* [...] *non esser altro in vero, ch' una stessa academia* », *idem.*

27   *Ibid.*, p. 14 *sq.* On peut trouver de multiples passages qui illustrent ce recours à la nature : « *onde alla Natura rispondano l'Academie* », « *di sì fatti ragionamenti academici non sia stata dignissima autrice la Natura* », p. 15-16. Pour un commentaire de ce texte, voir S. Testa, *Italian Academies and their Networks, 1525-1700. From Local to Global*, New York, Palgrave Macmillan, coll. « Italian and Italian American Studies », 2015, p. 20-27.

conversatione[28] ») que les hommes se civilisent, passant d'un état « bestial » (« *ferino* ») à un état « noble et civil », celui des académies. C'est par une conversation académique « gracieuse et profitable[29] » que les hommes sont à même de saisir leur nature propre et de se civiliser. De ce point de vue, l'académie n'est qu'une prolongation de l'ordre naturel. Il est remarquable de voir du reste, toujours dans le champ italien, que des thématiques semblables sont reprises en fin de période, par exemple dans un discours de Giovanni Cristofano Amaduzzi tenu devant l'Académie de l'Arcardie : *Discorso filosofico sul fine ed utilità dell'accademie* (1777). À nouveau, c'est le vocabulaire des penchants, des inclinations naturelles qui est mis en avant[30]. Les académies ne seraient, si l'on suit ce texte, que le développement de dispositions naturelles propres à « l'ordre des choses humaines » pour parler comme Vico. Amaduzzi le dit du reste très clairement en indiquant que l'histoire des académies est la même histoire que celle « des progrès de l'esprit humain[31] ».

Ces textes sur lesquels il conviendrait de s'attarder sont tout à fait paradigmatiques de la manière dont les académies tentent de se penser et d'évaluer leur propre existence. Ce qui frappe avant tout, et cela quel que soit le point de vue, c'est d'abord la perspective téléologique de la parabole académique. Ancrées dans l'ordre des choses naturelles, les académies sont présentées comme un prolongement de la nature, comme son développement même, finissant par trouver à la fin du XVIIIe siècle leur forme définitive, celle-là même qui est célébrée chez Condorcet. Les académies, tel un corps naturel se développant, trouveraient leur maturité en sortant de leur isolement premier, en s'ouvrant de manière définitive aux nouvelles sciences et en se mettant sous la domination des États souverains, les seuls à même de leur permettre d'avoir les moyens de se développer. S'il ne convient pas ici de remettre en cause un tel schéma, encore une fois très intéressant car contemporain des académies elles-mêmes, il faut néanmoins en souligner quelques conséquences qui

---

28 *Delle lodi dell'academie. Oratione di Scipion Bargagli, da lui recitata nell'Academia degli Accesi in Siena, op. cit.*, p. 14.

29 *Ibid.*, p. 16 (« *gratiosa, et profittevol conversatione academica* »).

30 G. Amaduzzi souligne par exemple « *quelle inclinazioni, che l'uomo porta dalla stessa natura* », le « *meccanismo* » qui « *c'inclina all'unione socievole* » et dont la nature est d'être académique, in *Discorso filosofico sul fine ed utilità dell'accademie*, In Livorno per i Torchi dell'Enciclopedia, 1777, p. 5-6.

31 *Ibid.*, p. 23 (« *Cosicchè la storia delle Accademie sia pur la storia de' progressi dello spirito umano* »).

ne sont pas négligeables du point de vue des interprétations possibles. Faire des académies un corps naturel, au sommet des communautés politiques, se développant de manière mécanique et nécessaire selon un point de vue téléologique, a en effet une double conséquence immédiate. La première tient au risque d'évaluer chaque étape du processus à l'aune du stade final. Cet aspect est visible dès le XVIIIe siècle où l'on voit le triomphe des académies savantes et la critique des vaines conversations des premières académies littéraires. Pour Samuel Formey, secrétaire de l'Académie de Berlin, c'est Descartes qui est le véritable père des académies, puisqu'il nous a affranchis des préjugés, véhiculés dans les premiers établissements, et nous a appris l'esprit philosophique[32]. Cette perspective, assimilée à un manquement, constituera d'ailleurs le fondement de la critique formulée à son encontre par « l'académisme » au XIXe siècle. Le mécanisme du cours de la parabole académique s'expose ainsi au risque de cette homogénéité fictive souvent remise en cause par la critique contemporaine. Il n'est du reste pas étonnant de voir que les recherches actuelles sur les académies se méfient de cette lecture mécanique et préfèrent se concentrer sur les académies « avant » les académies[33], sur la spécificité de ces premières sociétés savantes[34] qui ne doivent pas être réduites mécaniquement à une simple ébauche de ce que seront les académies postérieures.

La seconde conséquence, qui découle immédiatement de la première, est que cette approche efface tous les conflits, toutes les querelles qui caractérisent la vie académique. La linéarité téléologique de l'histoire des académies a un effet d'uniformisation rétrospectif trompeur qui occulte les querelles académiques en les dissimulant derrière le mécanisme en apparence nécessaire et « naturel » de leur développement. Ce risque est d'autant plus pernicieux qu'il est inhérent à la manière dont les académies se mettent elles-mêmes en scène. Cet aspect est aussi saisissant

---

32   S. Formey, « Considérations sur ce qu'on peut regarder aujourd'hui comme le but principal des Académies, et comme leur effet le plus avantageux », *Histoire de l'Académie royale des sciences et belles-lettres de Berlin*, tome XXV, année 1767, Berlin, Haude et Spener, 1769, p. 367-381, ici p. 372-373.

33   Sur cette perspective, voir notamment le numéro très intéressant de la revue XVIIe siècle intitulé « Les académies avant l'Académie. L'essor des sociétés savantes en France avant la fondation de l'Académie des sciences », D. Collacciani et A. Frigo (dir.), juillet 2021, n° 292, 73e année, n° 3, Presses universitaires de France.

34   Voir par exemple l'étude de J.-R. Armogathe sur « Le groupe de Mersenne et la vie académique parisienne », XVIIe siècle, avril-juin 1992, n° 175, 44e année, n° 2, p. 131-139.

que dangereux pour une critique recevant pour authentiques de telles mises en scène. Paolo Galluzzi, dans un remarquable article consacré à « l'Accademia del Cimento[35] », a montré clairement comment la publication des *Saggi di naturali esperienze* (1667) de Lorenzo Magalotti constitue une véritable opération culturelle qui a lissé la vie de l'académie et a trompé une bonne partie de l'historiographie critique qui lui a été consacrée. L'article est du même coup moins intéressant dans sa description même de l'académie et de sa sociologie – Paolo Galluzzi considère même qu'une approche sociologique d'une telle académie dans le sillage des travaux de Joseph Ben-David est inutile – que dans sa déconstruction de la mise en scène historiographique de cette académie à la suite de la publication des *Saggi*. Quel est en substance le propos de Paolo Galluzzi ? Après avoir fait la généalogie des manquements de l'historiographie critique consacrée à cette académie, il souligne le rôle d'écran qu'a joué la publication des *Saggi* en 1667 à la fin des activités de « l'Accademia del Cimento ». Ce texte, qui sera diffusé et rendu célèbre en Italie, donne une image harmonieuse, consensuelle des académiciens. La description des expériences n'est du reste attribuée à aucun académicien particulier, comme si elles étaient l'expression de l'unanimité des savants constituant l'académie tout entière. Pour Paolo Galluzzi, il s'agit d'une opération parfaitement idéologique, visant à servir le Prince et qui cache en réalité le quotidien d'une académie sans statut particulier, sans réunions régulières, dominée par le bon vouloir de Léopold de Médicis. La question de l'institution de cette académie est en réalité une opération culturelle visant à mettre en scène une académie. Ce n'est qu'à la mort de cette académie que l'on a voulu lui donner rétrospectivement une stabilité institutionnelle qu'elle n'a jamais eue et qui est une pure « fiction ». Les *Saggi* sont donc un montage qui idéalise faussement le statut et les travaux de cette académie en mettant en scène une concorde et une harmonie qui n'ont jamais existé en réalité. De ce point de vue, l'unanimité qui transparaît des *Saggi* est une construction habile qui cache les nombreux conflits et l'hétérogénéité des membres de l'académie. Paolo Galluzzi montre notamment les tensions très fortes existant entre Giovanni Alfonso Borelli et d'autres membres encore attachés à la tradition aristotélicienne, tels que Alessandro Marsili ou Carlo Rinaldini.

---

35 P. Galluzzi : « L'Accademia del Cimento : 'gusti' del principe, filosofia e ideologia dell'esperimento », *Quaderni storici*, vol. 16, n° 48, 1981, p. 788-844.

UNITÉ DE TENSIONS

Cette particularité du discours historiographique sur les académies doit nous amener à être méfiant envers toute forme d'homogénéisation des pratiques et des histoires des académies. Cela ne veut pas dire que des formes d'homogénéité n'ont pas existé et qu'il n'y a pas eu des courants, des tendances communs. Mais il nous semble que ce serait une erreur que de vouloir réduire l'histoire des académies à un ensemble de valeurs communes que toutes les académies partageraient. De ce point de vue, l'étude attentive de chaque cas particulier doit être privilégiée. Par exemple, l'expérimentalisme pratiqué à Naples dans « l'Accademia degli Investiganti » n'est qu'en apparence le même que celui qui est pratiqué au sein de « l'Accademia del Cimento[36] ». Paolo Galluzzi va du reste même jusqu'à mettre en doute le statut épistémologique de cet expérimentalisme pour cette dernière académie, considérant qu'il s'agit bien plutôt d'une « idéologie expérimentale[37] ».

L'histoire des académies, n'en déplaise peut-être à Vico, à Fontenelle, à Formey ou à Condorcet, n'est en rien un « ordre des choses », qui, par sa destination finale, finirait par lisser et gommer toutes les étapes qui conduisent à leur développement complet. Il nous semble, tout au contraire, que ces étapes, ces conflits, ces tensions, ces ambiguïtés, ne trouvent pas dans l'évolution des académies une forme de résolution, mais sont synchroniquement consubstantiels aux académies elles-mêmes, lesquelles sont profondément ambiguës. Il n'est pas déraisonnable d'affirmer que les controverses et les polémiques sont même constitutives de l'histoire des académies européennes, qu'il s'agisse des controverses sur le newtonianisme ou les forces vives à Paris ou de celle qui concerne le principe de la moindre action à Berlin. Certes, ces éléments n'ont pas toujours la même valeur, la même intensité, suivant le cas ou la période considérés. Mais ils doivent attirer notre attention, car ils sont la seule manière de ne pas réduire les académies à leur tentative de faire leur

---

36   Sur ce point, voir P. Girard : « *Comme des lumières jamais vues* ». *Matérialisme et radicalité politique dans les premières Lumières à Naples (1647-1744)*, chap. II : « L'Accademia degli Investiganti », Paris, Honoré Champion, 2016, p. 73-155.

37   P. Galluzzi : « L'Accademia del Cimento : 'gusti' del principe, filosofia e ideologia dell'esperimento », art. cité, p. 798.

propre hagiographie. Plusieurs aspects peuvent être mis en avant qui manifestent la complexité d'une telle saisie.

Le premier point est le rapport des académies avec les Universités. Une approche un peu rapide consiste à dire que les académies apparaissent comme des alternatives à des Universités sclérosées, à des formes d'enseignement dépassées. L'histoire offre de nombreux éléments permettant de légitimer une telle affirmation. Pensons aux critiques de l'Université par Bacon et par Descartes. Pensons également à Leibniz, qui préférait même nommer les académies « societates » car, selon lui, cette appellation risquait de les rapprocher encore trop fortement des Universités et de créer une confusion qu'il voulait absolument éviter[38]. Il est vrai que de nombreuses académies se constituent contre des Universités affaiblies, minées par des conflits internes, incapables de s'adapter à de nouveaux champs disciplinaires. C'est notamment le cas de « l'Accademia dei Lincei[39] », de « l'Istituto delle Scienze di Bologna », exemple frappant tant l'Université de Bologne jouissait alors d'un très grand prestige. Cela dit, la situation n'est pour autant pas si simple que cela et des études plus fines montrent clairement, comme dans le cas de Bologne, les liens existant entre les deux institutions. Marta Cavazza a montré, en dépit des difficultés de l'Université de Bologne, quels étaient les liens avec « l'Istituto » dont la plupart des membres étaient aussi des universitaires[40]. Même constat à Naples où l'un des principaux membres de « l'Accademia degli Investiganti », Tommaso Cornelio, est nommé professeur de mathématiques à l'Université en 1653. À nouveau, ces nuances ne remettent pas en cause une tendance générale, mais elles évitent des effets de simplification. La rupture que l'on peut constater historiquement entre les Universités et les académies est moins un point commun qu'une tension constitutive de toute académie, à la fois liée et en rupture avec les Universités, tendant à les

---

38 Sur ce point, voir N. Hammerstein : « Accademie, società scientifiche in Leibniz », in *Università, Accademie e Società scientifiche in Italia e in Germania dal Cinquecento al Settecento*, *op. cit.*, p. 395-419, ici p. 396.

39 Federico Cesi, le fondateur de cette académie, qui n'a alors que 18 ans, justifie une telle création explicitement par le mauvais niveau des enseignements à l'Université et la nécessité d'y remédier. Sur ce point voir G. Olmi : « "In essercitio universale di contemplatione, e prattica" : Federico Cesi e i Lincei », in *Università, Accademie e Società scientifiche in Italia e in Germania dal Cinquecento al Settecento*, *op. cit.*, p. 169-235, ici p. 178 *sq.*

40 Voir notamment : « Accademie scientifiche a Bologna dal "coro anatomico" agli "inquieti" (1650-1714) », *Quaderni storici*, vol. 16, nº 48, 1981, p. 884-921.

combattre, mais aussi tentant de les réformer et de les compléter. Ce rapport entre ces deux types d'institutions doit être abordé comme l'un des éléments de tension et ne doit donc pas être réduit au profit d'une vision binaire. Le cas de l'Académie de Berlin est intéressant, car il n'existe pas, pendant tout le XVIIIᵉ siècle, d'Université dans cette ville, laquelle sera seulement créée en 1809, et parce qu'une opposition entre établissements universitaire et académique n'a à l'époque pas lieu d'être. Condorcet, à la fin de la période nous concernant, dans un court texte manuscrit resté inédit, probablement composé en Espagne aux alentours de 1780 à la Cour de Charles III et destiné à établir un plan général d'une académie des sciences à Madrid, intitulé *Sur l'utilité des académies*, éprouvait encore le besoin de discerner les fonctions de l'Université de celles des académies : « Doit-on lier les académies avec les universités. Je ne le crois pas [.] les universités sont faites pour enseigner ce que les académies découvrent[41] ». Le rapport entre ces deux institutions doit être nuancé. La recherche actuelle va du reste dans ce sens et, s'inscrivant en opposition à une « historiographie disjointe », pour reprendre une heureuse formule de Déborah Blocker[42], privilégie la confrontation avec une situation plus complexe.

Un autre point de tension concerne la question de la place de la modernité dans le champ académique. La parabole académique que nous avons brossée, la mise en scène des académies elles-mêmes, semblent laisser croire que ces dernières ont été le lieu naturel de diffusion de la modernité dans la perspective d'une opposition à des Universités scléro-sées. Là encore, il ne s'agit pas de nier une tendance générale, mais bien de reconnaître qu'il s'agit d'une simple tendance et que la vie concrète des académies a été bien plus complexe. Au sein d'académies symboles de la modernité, telle « l'Accademia del Cimento », demeurent encore des aristotéliciens ; de la même manière, dans les premières années du XVIIIᵉ siècle, à l'Académie royale des sciences de Paris, certains savants continuent de s'opposer aux mathématiques de l'infini. La vie interne des académies est précisément l'endroit où la modernité est un enjeu et non pas une qualité reçue par tous *a priori* de manière homogène. De fait,

---

41   Voir J. E. McClellan, « Un Manuscrit inédit de Condorcet : *Sur l'utilité des académies* », *Revue d'histoire des sciences*, vol. 30, nº 3, juillet 1977, Presses universitaires de France, p. 241-253. La citation de Condorcet est p. 252.

42   *Académies et universités en France et en Italie (1500-1800) : coprésence, concurrence(s) et/ou complémentarité ?*, D. Blocker (dir.), Paris, *Les Dossiers du Grihl*, nº 2, 2021, introduction, p. 4.

les différences de programme que révèlent les règlements des différentes académies illustrent que celles-ci répondent à des définitions concurrentes de la modernité en train de se faire. Les académies se développent autour de querelles publiques, de conflits, de difficultés de délimitation de leur propre champ de compétence, et on ne pourrait de la sorte les considérer unilatéralement comme les paradigmes d'une modernité linéaire et unanime. N'oublions par ailleurs pas que certaines académies sont explicitement du côté des anciens et ont même été créées pour combattre les *novatores*. C'est le cas de « l'Accademia dei Discordanti[43] » à Naples créée explicitement pour contrer « l'Accademia degli Investiganti », de « l'Accademia degli Immobili » et de « l'Accademia dei Peripatetici » fondées respectivement en 1618 et 1630 et dont le but explicite est de contrer l'influence de Copernic, de Galilée et de son école[44]. Ainsi, et même si les grandes académies ont été des lieux privilégiés de l'expression de la modernité, des vecteurs de diffusion essentiels, on ne saurait pour autant caricaturer la situation en limitant cette modernité aux seules académies. Le champ est beaucoup plus complexe. On pourrait du reste avoir la même prudence concernant le rapport avec l'Église. Là aussi, la situation demande à être nuancée et il serait hâtif de considérer que l'Église domine les Universités et que les Académies s'y opposent. L'Église a par exemple été un soutien très présent dans la fondation et le développement de « l'Istituto » de Bologne.

Un autre point de tension renvoie à la prétendue homogénéité du champ académique national et européen. Encore une fois, le regard rétrospectif peut être trompé par la manière dont ce champ se représentait à l'époque. On connaît les différents projets de Leibniz[45] ou de Condorcet visant à réunir l'ensemble des académies européennes, initiatives rendues possibles en apparence par le simple constat que ces académies partagent des valeurs, des pratiques et des finalités communes. Ce constat est du reste d'autant plus aisé qu'il se fonde sur de nombreuses

---

43 Sur cette académie, voir B. De Giovanni, « La vita intellettuale a Napoli fra la metà del '600 e la restaurazione del Regno », in *Storia di Napoli*, Ernesto Pontieri (éd.), 10 vols., vol. VI, t. I-II, « Tra Spagna e Austria », Napoli, Società Editrice Storia di Napoli, 1970, p. 403-534, ici p. 410.

44 Sur ces académies, voir A. Quondam : « La scienza e l'Accademia », in *Università, Accademie e Società scientifiche in Italia e in Germania dal Cinquecento al Settecento, op. cit.*, p. 49.

45 Sur ces projets leibniziens, voir S. Ciurlia : « L'idea di accademia come società universale della conoscenza in Leibniz », *Rivista di Filosofia Neo-Scolastica*, vol. 96, n° 2/3, avril-septembre 2004, Vita e pensiero, p. 305-332.

relations entre les académies, des correspondances nourries, des échanges de savants – pensons à des figures centrales comme Borelli, Leibniz, Lagrange, Euler, Fontenelle, Maupertuis, *etc.*, de nombreux voyages, des expériences communes. Pensons par exemple à l'activité inlassable de Henry Oldenburg pour la *Royal Society* et à sa correspondance nourrie. Pensons également, pour ne donner qu'un exemple, au projet de la *Societas Meteorologica Palatina* de Mannheim en 1780 qui se propose de réunir les données météorologiques de l'ensemble de l'Europe[46]. Ces échanges semblent consubstantiels à ces académies qui, dès leur création, établissent immédiatement des liens avec d'autres institutions. L'académie impériale des sciences de Saint-Pétersbourg entretient, à titre d'exemple, des relations avec une vingtaine d'autres grandes académies européennes. Tout cela peut donner le sentiment d'un réseau harmonieux, sans rupture de continuité, où l'information circule de manière fluide. Pensons notamment à la multiplicité des journaux savants qui sont le vecteur de ce réseau au même titre que les nombreuses correspondances privées ou établies au titre de l'académie. Ce réseau harmonieux peut donner le sentiment de l'existence d'une « République des Sciences[47] » qui aurait ainsi pris le relais d'une « République des Lettres » plus ancienne. Mais à nouveau, cette appréciation doit être nuancée. L'idée d'une homogénéité du réseau des grandes académies scientifiques, au même titre que celle de la « République des Lettres », doit être abordée avec prudence[48]. Bien évidemment, il ne s'agit pas de remettre en question ce qui les rapproche, mais de souligner que des éléments centrifuges sont tout aussi présents. Nous pourrions multiplier les exemples. Pensons à la concurrence entre les académies, souvent soulignée par les académiciens eux-mêmes. Maupertuis, dans son *Discours prononcé dans*

---

46   Sur ce réseau européen et sur ce projet, voir J. E. McClellan, « L'Europe des académies », *Dix-Huitième Siècle*, n° 25, 1993, « L'Europe des Lumières », Presses universitaires de France, p. 153-165. Plus généralement, toujours de J. E. McClellan, voir : *Science Reorganized : Scientific Societies in the Eighteenth Century*, New York, Columbia University Press, 1985, *passim*.

47   Sur les problèmes de définition et de délimitation d'une telle république, voir I. Passeron, R. Sigrist, S. Bodenmann : « La République des sciences. Réseaux des correspondances, des académies et des livres scientifiques », *Dix-Huitième Siècle*, n° 40, vol. 1, 2008, « La République des Sciences », Société Française d'Étude du Dix-Huitième Siècle, p. 5-27.

48   Voir notamment F. Waquet, « Qu'est-ce que la République des Lettres ? Essai de sémantique historique », *Bibliothèque de l'École des Chartes*, vol. 147, 1989, Droz, p. 473-502. De F. Waquet à nouveau, en collaboration avec H. Bots, voir *La République des Lettres*, Paris, Belin, coll. « Europe et Histoire », 1997.

l'Académie royale des Sciences et Belles-Lettres de Berlin en 1747, fait état de la concurrence féroce existant entre l'Académie des sciences et la *Royal Society*, pour finir par faire l'éloge de l'Académie de Berlin, qui « a paru d'abord avec tout l'éclat auquel les autres ne sont parvenues que par degrés » et qui « fut célèbre dès sa naissance[49] ». Comme l'a montré par ailleurs James E. McClellan dans un article lumineux consacré à « l'Europe des académies », l'histoire des académies a plus à faire, selon lui, avec les forces centrifuges issues des intérêts économiques locaux, des considérations politiques nationales, des réalités sociologiques, religieuses, linguistiques, *etc.*, qu'avec les valeurs centripètes d'un cosmopolitisme scientifique européen issu de la « République des Lettres[50] ». Les motifs patriotiques sont également puissants, de même que les particularités géographiques ou institutionnelles locales. Pensons par exemple pour la France aux liens entre les grandes académies parisiennes et à l'ensemble du réseau des académies provinciales magistralement mis en scène par Daniel Roche[51]. Pensons également aux tensions existant entre des académies et leurs « colonies », souvent sources de conflits, notamment pour l'Arcadie[52] ou « l'Accademia dei Lincei[53] ». Ces tensions existent aussi au sein de l'ensemble des autres formes d'association. On peut penser par exemple aux salons, aux bibliothèques, aux loges maçonniques, aux autres formes de sociétés savantes. Nous ne pouvons bien évidemment en quelques lignes épuiser la richesse de ce réseau, qui a du reste fait l'objet d'études nourries qui en ont montré la richesse et la complexité. Il suffit de bien prendre conscience que l'homogénéité des académies, souvent mise en avant, doit être nuancée tant les forces centrifuges sont puissantes et équilibrent les forces centripètes.

---

49 *Discours prononcé dans l'Académie Royale des Sciences et Belles-Lettres de Berlin, 1747*, in *Œuvres de Mr. De Maupertuis, op. cit.*, p. 271-282, ici p. 272.

50 J. E. McClellan, « L'Europe des académies », art. cité, p. 164-165.

51 D. Roche, *Le siècle des Lumières en province. Académies et académiciens provinciaux, 1680-1789*, Paris-La Haye, Mouton, 1978, 2 vol. Pour la période antérieure, voir l'ouvrage classique de F. A. Yates, *The French Academies of the Sixteenth Century*, London, The Warburg Institute, University of London, 1947.

52 Sur la particularité de cette académie et de ses nombreuses « colonies », voir A. Quondam : « L'istituzione Arcadia. Sociologia e ideologia di un'accademia », *Quaderni storici*, vol. 8, n° 23 (2), mai-août 1973, « Intellettuali e centri di cultura », Il Mulino, p. 389-438.

53 Sur la colonie napolitaine de « l'Accademia dei Lincei », voir l'article de G. Olmi : « La colonia lincea di Napoli », in *Galileo e Napoli*, F. Lomonaco et M. Torrini (dir.), Napoli, Guida, coll. « Acta neapolitana », 1987, p. 23-58.

Un autre élément de tension renvoie au rapport entre les académiciens pris comme des individus et le travail collectif de l'académie. À nouveau, une étude comparative et diachronique met au jour des situations très contrastées, évolutives, qui ne se laissent pas réduire à un seul modèle. La tension est constante entre une volonté d'effacer les différents académiciens derrière le travail collectif de l'Académie et, au contraire, la volonté des académiciens de faire valoir leur travail personnel en leur nom propre. Comme nous l'avons dit, les premières académies existent avant tout comme des entités collectives, dont l'identité est la formule et l'emblème derrière lesquels l'ensemble des académiciens se rassemble. L'identité est celle, collective, de l'Académie. Cela passe par plusieurs pratiques. Mersenne, par exemple, utilise un « nous » collectif dans sa correspondance pour indiquer un travail accompli en commun[54]. La pratique de l'anonymat est aussi répandue, afin de maintenir l'égalité parfaite entre les membres des académies et d'indiquer l'aspect collectif du travail. Mais encore une fois, ces pratiques peuvent être trompeuses. Si l'on reprend, à titre d'exemple, l'étude de Paolo Galluzzi consacrée à « l'Accademia del Cimento », on voit clairement que la publication des *Saggi di naturali esperienze* en 1667 est une compilation de descriptions d'expériences sans que jamais le nom propre d'un savant ne soit mis en avant. L'anonymat n'est cependant que de façade quand on sait quelles furent les nombreuses dissensions et luttes d'influence au sein de la même académie. On pourrait multiplier les exemples qui mettent en lumière une situation très contrastée. Ainsi, si, comme le montre Vincenzo Ferrone, les premiers travaux de l'Académie royale des sciences ont été publiés sans nom d'auteur, reprenant en cela les indications de Melchisédech Thévenot qui, en 1665, préconisait des travaux collectifs, anonymes, de manière à maintenir l'égalité entre les savants[55], il en va tout autrement en 1699, suite aux nouveaux règlements demandés par l'Abbé Bignon qui constituent une « authentique mutation génétique » et insèrent l'homme de science dans une société normée, hiérarchisée où les corps se distinguent les uns des autres par toutes sortes d'honneurs, de privilèges et de prérogatives[56]. Inversement, Condorcet, dans *Sur l'utilité*

---

54   J.-R. Armogathe : « Le groupe de Mersenne et la vie académique parisienne », art. cité, p. 136.
55   Sur ce point, voir T. McClaughlin : « Sur les rapports entre la Compagnie de Thévenot et l'Académie royale des Sciences », *Revue d'histoire des sciences*, vol. 28, n° 3, juillet 1975, Presses universitaires de France, p. 235-242.
56   V. Ferrone, « L'homme de science », in *L'homme des Lumières, op. cit.*, p. 214.

des académies, considère qu'« il en [sic] saurait y avoir une égalité trop entière entre leurs membres[57] ». De la même façon, Vincenzo Ferrone montre que c'est cette réforme voulue par l'Abbé Bignon qui devient insupportable aux yeux des académiciens eux-mêmes, qui finissent par la critiquer violemment[58]. Lorsque, par un décret de 1793, la Convention supprime tout type de société et d'académie d'État, l'Abbé Grégoire tient un discours légitimant cette suppression. Cette dernière est justifiée à ses yeux car à travers la hiérarchie, les privilèges et les honneurs, l'esprit d'égalité propre à la « République des Lettres » a été trahi et la communauté des savants s'est transformée en « corporation académique » artificielle et inégalitaire[59]. Cette position est tout à fait représentative de la complexité de cette situation. Alors même que l'évolution des académies engageait une reconnaissance de plus en plus grande des individualités les composant – pensons par exemple aux pratiques des éloges[60] –, afin d'établir une plus grande hiérarchie, ce sont précisément ces mêmes éléments qui justifient aux yeux de l'Abbé Grégoire leur suppression. Encore une fois, la diversité des situations ne saurait permettre de laisser enfermer les académies dans un schéma unique. La tension intrinsèque existant entre l'éloge personnel et l'« *utilitas publica* » issue d'un engagement collectif doit être davantage reconnue comme le propre de la pratique académique.

Ces tensions, dont nous avons donné quelques exemples, sont bien entendu extrêmement nombreuses. Pensons au statut de la méthode expérimentale, qui oscille entre une vraie adhésion épistémologique aux réquisits de la nouvelle science et la pratique de la « dissimulation honnête ». Il est parfois très difficile de faire la part des choses, tant ces éléments sont en même temps présents. Le rapport entre les académies et le public est également très mouvant. Bien évidemment, on peut discerner une évolution entre les premières académies littéraires, repliées sur elles-mêmes, sur des règles très rigides et sur une séparation nette entre la pratique de l'académie et la vie quotidienne qui se déroule en son sein, et les académies scientifiques qui se développent au XVIIIe siècle.

---

57 Voir J. E. McClellan, « Un Manuscrit inédit de Condorcet : *Sur l'utilité des académies* », art. cité, p. 249.
58 V. Ferrone, « L'homme de science », in *L'homme des Lumières, op. cit.*, p. 242.
59 *Ibid.*, p. 238-239.
60 *Ibid.*, p. 215.

Le rituel d'entrée dans l'académie, l'attribution d'un nouveau nom, la méticulosité avec laquelle les pratiques sont codifiées, établissent une vraie solution de continuité entre l'académie et le monde extérieur. Comme nous l'avons vu, cette frontière disparaît progressivement et les académies s'ouvrent sur le monde extérieur, doivent répondre à ce qui paraît « utile » aux princes. Mais cette ouverture est elle-même contrebalancée par le mouvement de spécialisation des sciences. Alors même que les académies se proposent de s'ouvrir sur le monde, leurs pratiques scientifiques sont de plus en plus techniques et peu propices à être reçues du grand public. On a même pu, de ce point de vue, parler de « fracture épistémologique[61] » entre les académies et le public. La frontière entre les académies et le public peut parfois même trouver des justifications tout à fait étonnantes. Dans un texte curieux de Saverio Mattei (*Dell'utilità o inutilità delle accademie*) publié en 1775, ce dernier prend position contre la création d'une nouvelle académie à Naples. Ce sont surtout les raisons invoquées qui frappent à la lecture de ce texte. L'argument employé par Mattei consiste à montrer qu'il y a une sorte de contradiction dans le développement même des académies. Selon lui, les hommes sortent de « l'ignorance commune » (« *comune ignoranza*[62] ») précisément grâce aux académies et accèdent ainsi à un « savoir commun » (« *comune dottrina* »). Le problème selon cet auteur est que ce savoir commun ne permet plus de distinguer les « Letterati » du peuple. Ce dernier, usant de dictionnaires, d'abrégés, pense pouvoir se passer des véritables savants et finit par les mépriser. De la sorte, le succès des académies est aussi ce qui les rapproche de la barbarie et Mattei de conclure que le manque d'académies n'est pas dû à un manque de culture, mais bien plus à une culture universellement répandue[63]. C'est donc en recréant des conditions d'inégalité entre les académiciens et le peuple[64] que les conditions seront à nouveau favorables au développement

---

61 A. Quondam : « La scienza e l'Accademia », in *Università, Accademie e Società scientifiche in Italia e in Germania dal Cinquecento al Settecento, op. cit.*, p. 42.

62 *Dell'utilità o inutilità delle accademie*, 1775, p. 5.

63 « *La mancanza delle Accademie non dipende da mancanza di coltura, ma piuttosto dall'universal coltura, che c'è nella nazione, sebbene sia questo per contrario un indizio della barbarie vicina, come suole accadere, dopo che s'è giunto al sommo* », idem. Peut-être peut-on voir ici un écho de la notion de « barbarie de la réflexion » exposée par Vico dans sa *Scienza nuova*.

64 *Dell'utilità o inutilità delle accademie, op. cit.*, p. 6-7 (« *in uno stato di disuguaglianza col popolo* »).

des académies. Seule une telle inégalité rendra aux yeux du peuple respectables, estimables et utiles les réunions des académiciens.

Bien entendu, nous pourrions très facilement discerner d'autres lignes de tension au sein de la pratique académique. Notre propos dans ces pages introductives n'est pas d'être exhaustif, mais d'indiquer la ligne directrice des études contenues dans ce recueil et qui font suite à deux journées d'études qui se sont tenues à l'Université d'Ottawa et à l'ENS de Lyon, dans le cadre d'un programme du LabEx Comod, réunissant l'ENS de Lyon, l'Université Jean Moulin Lyon 3, l'Université de Montréal et l'Université d'Ottawa. Plutôt que de tenter de mettre au jour une homogénéité problématique et discutable, ces études, qui tentent d'explorer les rapports complexes existant entre la modernité et les académies scientifiques européennes, se sont proposé de le faire à travers les tensions, les conflits, les échanges qui caractérisent la pratique académique.

François Duchesneau étudie les échanges entre les académiciens de Paris et de Berlin à propos du principe de moindre action. Toujours dans cette perspective d'échanges entre académies, Mitia Rioux-Beaulne aborde la figure centrale de Fontenelle entre Paris et Berlin. C'est encore à Fontenelle en tant que membre de l'Académie royale des sciences et responsable de la rédaction de l'*Histoire* qui ouvre un nouvel espace de diffusion des savoirs, que Susana Seguin consacre son étude. Daniel Dumouchel, pour sa part, se propose d'étudier une figure secondaire de l'académie de Berlin, Jean-Bernard Mérian, ainsi que le rapport entre empirisme et métaphysique au sein de cette académie. Le propos de Christian Leduc renvoie également à l'académie de Berlin et à la figure de Christian Garve. Les autres écrits abordent d'autres champs géographiques et d'autres pratiques. La contribution de Pierre Girard est centrée sur « l'Accademia degli Investiganti » à Naples dans la seconde moitié du XVIIᵉ siècle, remarquable par son insertion dans le champ théologico-politique. Jesús Pérez-Magallón, pour sa part, étudie le cas espagnol, souvent délaissé dans les études, notamment le rapport entre les différentes formes de sociabilité, les salons et les *tertulias* et leur lien avec les différentes académies. La dernière contribution, proposée par Justin E. H. Smith, aborde l'influence de Leibniz au sein de l'Académie de Saint-Pétersbourg et ses projets d'exploration de la Sibérie.

Avec ce recueil d'études, qui est le résultat d'un travail mené en commun depuis plusieurs années, nous espérons contribuer à l'étude de ce vecteur central de la diffusion de la modernité européenne. Nous tenons enfin à remercier chaleureusement Laure Mondoloni pour sa relecture attentive de l'ensemble des articles.

Pierre GIRARD
Université Jean Moulin Lyon 3
(UMR 5317 / LabEx Comod)

Christian LEDUC
Université de Montréal

Mitia RIOUX-BEAULNE
Université d'Ottawa

ÉCHANGES ENTRE ACADÉMICIENS
DE PARIS ET DE BERLIN AU SUJET
DU PRINCIPE DE LA MOINDRE ACTION[1]

C'est à l'Académie de Paris que Pierre-Louis Moreau de Maupertuis a d'abord exposé son principe de la moindre action dans un mémoire intitulé « Accord de différentes lois de la Nature qui avaient jusqu'ici paru incompatibles » (volume de l'année 1744, publié en 1748)[2], mais c'est à l'Académie de Berlin qu'il en a justifié la portée épistémologique dans un mémoire intitulé « Les lois du mouvement et du repos déduites d'un principe métaphysique » (volume de l'année 1746, publié en 1748)[3]. Par la suite, Maupertuis a visé à exploiter le principe dans un contexte de philosophie spéculative, ce qui donna lieu aux exposés et usages qu'il en fit dans l'*Essai de cosmologie* (1750), puis dans son ultime mémoire à l'Académie de Berlin : « Examen philosophique de la preuve de l'existence de Dieu employée dans l'*Essai de Cosmologie*[4] ». Or Patrice d'Arcy, académicien de Paris, s'appuyant en partie sur des concepts développés par d'Alembert et sur son propre principe des aires (ultérieurement connu sous l'appellation « principe du moment cinétique »), entretint, au début de la décennie 1750, un échange critique avec Maupertuis et ultimement avec Louis Bertrand pour la partie berlinoise sur la portée du principe de la moindre action, échange dont les publications académiques font état. Du point de vue historique, cette intéressante controverse a été occultée par la polémique soulevée à Berlin au sujet de la priorité d'invention du principe de la moindre action et par l'affrontement majeur orchestré entre Samuel Koenig et

---

1   Nous utiliserons l'abréviation *HAR* pour *Histoire de l'Académie royale des sciences* (de Paris) et *BHAR* pour *Histoire de l'Académie royale des sciences et belles-lettres* (de Berlin), en donnant chaque fois l'année de référence, suivie de l'année de publication.

2   *HAR*, 1744 [1748], mémoires, p. 417-426.

3   *BHAR*, tome II, 1746 [1748], p. 267-294.

4   *BHAR*, tome XII, 1756 [1758], p. 389-424.

Leonhard Euler à compter de 1751[5]. Outre son intérêt propre, l'échange entre d'Arcy et Maupertuis révèle un mode d'interaction entre acadé-miciens sur une question à la fois scientifique et philosophique, celle des principes fondamentaux de la mécanique, et annonce des recherches académiques ultérieures à ce sujet.

Un mot de présentation sur Patrice d'Arcy, né en 1725, mort en 1779. Gentilhomme irlandais, naturalisé français, formé aux mathématiques et à la philosophie naturelle auprès de Jean-Baptiste Clairaut, Patrice, chevalier, puis comte d'Arcy, entra à l'Académie des sciences de Paris en 1749. Il s'y illustra peu après par les échanges qu'il eut avec Maupertuis, président de l'Académie de Berlin, au sujet du principe de la moindre action. Il devint célèbre entre autres pour avoir développé en mécanique le principe du moment cinétique[6] et contribué à de notables avancées en théorie de l'artillerie. Ultérieurement, ses travaux en optique inspirèrent certains exposés de Nicolas de Béguelin, académicien de Berlin, relatifs à la théorie de la lumière[7].

Premier acte de l'échange. Dans l'*Histoire de l'Académie royale des sciences* pour l'année 1749 (publiée en 1753), le court compte rendu « Sur le principe de la moindre action[8] » avait pour objet de présenter le mémoire du chevalier d'Arcy publié dans le même volume sous le titre « Réflexions sur le principe de la moindre action de M. de Maupertuis[9] ». D'entrée de jeu, la question soulevée réfère au recours à des principes dits métaphysiques susceptibles de permettre la déduction de principes mécaniques régissant les phénomènes physiques. Cette caractéristique avait été dûment signalée par Jean Le Rond d'Alembert dans l'article « Action (en mécanique) », qu'il avait rédigé pour le premier tome de l'*Encyclopédie* (publié en 1751). Il avait alors présenté la notion de

---

5   Sur cette polémique, voir Goldenbaum, Ursula, « Das Publikum als Garant der Freiheit der Gelehrtenrepublik. Die öffentliche Debatte über den *Jugement de L'Académie Royale des Sciences et Belles Lettres sur une Lettre prétendue de M. De Leibnitz* 1752-1753 », dans *Appell an das Publikum. Die öffentliche Debatte in der deutschen Aufklärung 1687-1796*, Ursula Goldenbaum (dir.), partie I, Berlin, Akademie Verlag, 2004, p. 509-651.

6   Arcy, Patrice d', « Problème de dynamique », *HAR*, 1747 [1751], mémoires, p. 344-361.

7   Voir Duchesneau, François, « Nicolas de Béguelin et les fondements d'une philosophie de la nature », *Philosophiques*, vol. 42, n° 1, printemps 2015, « La philosophie à l'Académie de Berlin au XVIIIᵉ siècle », p. 89-105 ; D'Arcy, « Mémoire sur la durée de la sensation de la vue », *HAR*, 1765 [1768], mémoires, p. 439-451.

8   D'Arcy, « Sur le principe de la moindre action », *HAR*, 1749 [1753], mécanique, p. 179-181.

9   D'Arcy, « Réflexions sur le principe de la moindre action de M. de Maupertuis », *HAR*, 1749 [1753], mémoires, p. 531-538.

quantité d'action et analysé en détail le contenu du premier mémoire de Maupertuis, consacré pour l'essentiel à la concordance de la loi des sinus en dioptrique avec les inférences tirées du principe de la moindre action. Le verdict de d'Alembert est éminemment favorable au principe de la moindre action, mais conditionnellement pourrait-on dire, c'est-à-dire abstraction faite du fondement métaphysique présumé du principe, et de la signification causale attribuée à la mesure de la quantité d'action telle que définie[10]. Ainsi d'Alembert restreint-il la portée du principe à celle d'une vérité géométrique liée au système de calcul adopté :

> Quelque parti qu'on prenne sur la Métaphysique qui lui sert de base, ainsi que sur la notion que M. de Maupertuis a donnée de la quantité d'*action*, il n'en sera pas moins vrai que le produit de l'espace par la vitesse est un *minimum* dans les lois les plus générales de la nature. Cette vérité géométrique due à M. de Maupertuis, subsistera toujours ; et on pourra, si l'on veut, ne prendre le mot de *quantité d'action*, que pour une manière abrégée d'exprimer le produit de l'espace par la vitesse[11].

Or, selon la perspective affichée par Maupertuis dans l'*Essai de cosmologie*, les principes métaphysiques, principes supérieurs d'ordre téléologique, sont tenus pour l'expression de la loi générale que l'Auteur suprême aurait imposée à la nature ; ils donneraient prise par ailleurs au calcul, ce qui constitue la cheville ouvrière de leur aptitude à opérer des déductions démonstratives menant à d'autres principes ou lois. Le modèle épistémologique en cause, vu sous l'éclairage de la méthode de la science, ne laisse pas d'apparaître plus leibnizien que newtonien[12]. Le principe de la moindre action exposé par Maupertuis dans son mémoire de 1744 répondait, semble-t-il, à ce modèle. Dans ce texte en effet, Maupertuis distinguait trois types d'explications applicables à la

---

10   La divergence de vue entre Maupertuis et d'Alembert au sujet du fondement « métaphysique » des principes fondamentaux de la mécanique en tant que lois de l'univers physique a fait l'objet d'analyses éclairantes dans Charrak, André, *Contingence et nécessité des lois de la nature au XVIIIᵉ siècle. La philosophie seconde des Lumières*, Paris, Vrin, coll. « Bibliothèque d'histoire de la philosophie », 2006.

11   D'Alembert, Jean Le Rond, « Action (*en Mécanique*) », *Encyclopédie*, tome I, 1751, p. 120.

12   Du moins cela se manifeste-t-il en ce qui a trait à la valorisation de la construction théorique et au recours aux hypothèses rationnellement validées. Ce modèle épistémologique reste influent par exemple chez les disciples directs ou indirects des Bernoulli, même si certains d'entre eux rejettent volontiers telle ou telle thèse de la métaphysique leibnizienne. Sur la méthodologie scientifique leibnizienne, voir Duchesneau, François, *Leibniz et la méthode de la science*, Paris, Vrin, coll. « Mathesis », 2022.

loi des sinus en dioptrique. Il s'opposait aux explications qui tentaient de rendre compte de la loi de la réfraction lumineuse par appel aux principes simples de mécanique (selon Descartes) et à celles qui évoquaient des principes d'attraction spécifique (selon Newton), pour se tourner vers « les explications qu'on a voulu tirer des seuls principes métaphysiques ; de ces lois auxquelles la Nature elle-même paraît avoir été assujettie par une Intelligence supérieure, qui dans la production de ses effets, la fait toujours procéder de la manière la plus simple[13] ». Le principe de Maupertuis s'énonce ainsi : « Lorsqu'il arrive quelque changement dans la Nature, la quantité d'action nécessaire pour opérer ce changement, doit toujours être la plus petite qu'il est possible, et cette action est le produit de la masse des corps par leur vitesse et par l'espace qu'ils parcourent[14] ».

Or d'Arcy conteste l'universalité de ce principe, qui, loin de constituer une loi téléologique ultime, susceptible de rendre compte de tous les phénomènes dynamiques par implication démonstrative, ne serait qu'une « pure hypothèse de calcul[15] ». Il serait donc légitime de lui substituer un principe donnant pleinement sens au concept général d'action, tel celui que d'Arcy avait lui-même exposé dans son mémoire paru dans l'*Histoire de l'Académie royale des sciences* pour l'année 1747, parue en 1751, et dont l'énoncé était le suivant : « *Toute l'action (existante dans la Nature dans un instant quelconque) autour d'un point donné, étant produite dans un seul corps donné, la quantité d'action de ce corps sera toujours la même autour de ce point[16]* ». Il n'est sans doute pas indifférent que le principe de Maupertuis ait été donné comme un principe de dépense minimale, alors que celui de d'Arcy se présentait comme un principe de conservation d'une quantité globale d'action. En fait, cette différence sera l'enjeu de toutes les discussions entourant la portée théorique du principe de la moindre action.

---

13 Maupertuis, Pierre-Louis Moreau de, « Accord de différentes lois de la nature », *Œuvres*, IV, Hildesheim, Georg Olms, 1965, p. 8-9. Voir aussi *ibid.*, p. 21 : « On ne peut douter que toutes choses ne soient réglées par un Être suprême, qui, pendant qu'il a imprimé à la matière des forces qui dénotent sa puissance, l'a destinée à exécuter des effets qui marquent sa sagesse : et l'harmonie de ces deux attributs est si parfaite, que sans doute tous les effets de la Nature se pourraient déduire de chacun pris séparément. Une Mécanique aveugle et nécessaire suit les desseins de l'Intelligence la plus éclairée et la plus libre ; et si notre esprit était assez vaste, il verrait également les causes des effets physiques, soit en calculant les propriétés des corps, soit en recherchant ce qu'il y avait de plus convenable à leur faire exécuter ».

14 D'Arcy, « Sur le principe de la moindre action », *op. cit.*, p. 180.

15 *Ibid.*, p. 181.

16 *Idem.*

Par le mémoire figurant dans le volume de l'*Histoire de l'Académie royale des sciences* pour l'année 1749, publié en 1753, d'Arcy prend acte jusqu'à un certain point de la polémique relative à la priorité d'invention du principe de la moindre action, qui s'est déchaînée en 1751 à l'Académie de Berlin, en écartant tout motif d'envie ou de jalousie de sa part, voire toute pratique de louange hypocrite ou de faux-fuyant dans l'attaque qu'il compte mener directement contre le principe de la moindre action au seul motif de rechercher la vérité. On peut résumer comme suit les arguments de cette mise en cause. D'Arcy s'en prend d'abord à la définition de l'action et à sa mesure suivant le produit *mve*. Dans le cas de corps qui, se choquant, passent du mouvement au repos, on peut présumer l'égalité d'action de part et d'autre en raison de l'équivalence d'effet. Or il ne saurait y avoir équivalence dans tous les cas de chocs durs comme élastiques sous la supposition de la conservation de la quantité d'action. Car le passage à l'état d'équilibre des corps choquants peut se concevoir suivant la mesure de la force morte et non suivant celle de la force vive, comme le présumerait l'application de la notion d'action aux cas d'équilibre. L'argument contre l'énoncé du principe en tant que règle souveraine consiste à montrer que le principe ne vaut que dans la mesure où l'on présume l'égalité des rapports *mv* entre les corps choquants, que ceux-ci soient durs ou élastiques.

> Un principe métaphysique n'est pas démontré par son accord en résultat des faits, avec des principes qui ne sont pas eux-mêmes métaphysiquement démontrés ; ainsi, quand la quantité que M. de Maupertuis indique pour exprimer l'action, lui serait effectivement proportionnelle, quand même la Nature, dans ses changements, perdrait le moins possible de cette action, le principe ne serait démontré qu'autant que l'on saurait, avant ce théorème, que lorsque deux corps marchent l'un vers l'autre avec des vitesses en raison renversée des masses, ils resteront en repos, ou retourneront en arrière avec des vitesses dans la même raison des masses après le choc ; et si on suppose cette vérité connue, l'on n'a nul besoin de l'autre principe pour tous les cas que M. de Maupertuis donne[17].

En ce qui concerne la détermination du point d'équilibre de corps de masse quelconque suspendus aux extrémités d'un levier, l'argument de d'Arcy consiste à présumer que, la loi de cette détermination étant

---

17   D'Arcy, « Réflexions sur le principe de la moindre action de M. de Maupertuis », *op. cit.*, p. 534-535.

donnée, il est toujours possible d'énoncer une fonction minimale des vitesses et des masses qui correspondrait à cette loi, ce qui ne suffirait pas à justifier que la loi découlât de cette fonction même. De fait, d'Arcy propose de retenir une définition de l'action conforme à celle que d'Alembert en a donnée à l'article « Action (en mécanique) » de l'*Encyclopédie* : « *L'action est le mouvement qu'un corps produit ou qu'il tend à produire dans un autre corps*[18] ». Le principe des aires (ou du moment cinétique) de d'Arcy appliqué à des systèmes de corps en interaction permet de retrouver les lois fondamentales de la dynamique tant dans leur application aux corps durs qu'aux corps élastiques, notamment la loi de la conservation de la quantité de progrès en fonction du centre de gravité du système des corps considérés. Et d'Arcy professe qu'il en serait de même à l'appui des lois de la réflexion et de la réfraction lumineuse.

Acte II. De façon significative, la réplique de Maupertuis à cette mise en cause du statut épistémologique de son principe, « Réponse à un mémoire de M. d'Arcy inséré dans le volume de l'Académie royale des sciences de Paris pour l'année 1749[19] », est publiée non parmi les mémoires de mathématiques, comme l'ont été les textes d'Euler dans le cadre de la polémique anti-Koenig[20], mais parmi ceux de la classe de philosophie spéculative et comme s'il s'agissait de justifier les arguments développés dans l'*Essai de cosmologie*. Sur un premier point, relatif au recours à la notion d'action, Maupertuis ne prétend à aucune justification, puisqu'il ne fait que reprendre la définition que Leibniz en avait proposée et qui avait fait école depuis lors. Remarquons que cela n'est pas si évident qu'il y paraît, dans la mesure où, en contexte leibnizien, la notion avait surtout servi à articuler la démonstration dite *a priori* du principe de conservation de l'action formelle et où Maupertuis la détache complètement de cet ordre de démonstration. La source d'information de Maupertuis sur ce point pourrait avoir été l'un ou l'autre

---

18 *Ibid.*, p. 536. Voir D'Alembert, « Action (*en Mécanique*) », *op. cit.*, p. 119 : « Car si on nous demande ce qu'on doit entendre par *action*, en n'attachant à ce terme que des idées claires, nous répondrons que c'est le mouvement qu'un corps produit réellement, ou qu'il tend à produire dans un autre, c'est-à-dire qu'il y produirait si rien ne l'empêchait ».

19 Voir Maupertuis, « Réponse à un mémoire de M. d'Arcy inséré dans le volume de l'Académie royale des sciences de Paris pour l'année 1749 », *BHAR*, tome VIII, 1752 [1754], p. 293-298.

20 Notamment, Euler, Leonhard, « Sur le Principe de la moindre action », *BHAR*, tome VII, 1751 [1753], p. 199-218 ; « Examen de la dissertation de M. le Professeur Koenig, insérée dans les actes de Leipzig pour le mois de mars 1751 », p. 219-239 ; « Addition », p. 240-245.

des mémoires publiés dans le premier tome des Actes de l'Académie de Saint-Pétersbourg en 1728 pour l'année 1726[21], mais probablement surtout l'enseignement que lui avait fourni Johann I Bernoulli lors de son séjour à Bâle de septembre 1729 à juillet 1730[22]. Selon Maupertuis, si d'Arcy répugne à admettre que la quantité d'action selon la définition leibnizienne puisse être considérée dans le cas du choc de corps durs, c'est parce que des quantités différentes d'action associées à des masses et à des vitesses différentes pourraient être invoquées pour expliquer le passage à un même état de repos de tels corps, ce qui l'incite à ne retenir que le calcul des forces mortes pour établir l'équation, comme semble le confirmer l'allusion à la définition de l'action selon d'Alembert. Or, selon l'une des thèses constamment affirmées par Maupertuis dans ses travaux sur les lois du mouvement, il est nécessaire d'admettre un principe unique susceptible de régir à la fois le choc des corps durs et celui des corps élastiques[23]. Or la considération des forces mortes ne saurait suffire dans le cas des corps élastiques, non plus que celle des forces vives proprement dites dans le cas des corps durs. Le point que Maupertuis entend soutenir est que, dans tous les échanges mécaniques, l'équation de ces forces peut sembler se maintenir, s'accroître ou diminuer suivant les mesures fondées sur les changements de vitesse opérés, mais que la dépense mesurée en quantité d'action, sous-tendant en quelque sorte ces changements de vitesse des masses impliquées, serait toujours la moindre possible dans tous les cas. Le cheminement de la démonstration révèle un moment hypothétique marqué par l'évocation du principe téléologique, lequel suscite alors la formulation du modèle algébrique correspondant.

Considérant les deux types de choc et leurs effets, il faut se demander ce qui a changé dans la nature. Or, dans le choc de corps élastiques, la quantité d'action qui équivaut aux forces vives est restée la même avant

---

21   Voir notamment Wolff, Christian, « Principia dynamica », in *Commentarii Academiæ scientiarum imperialis petropolitanæ*, tome I, 1726 [1728], Petropoli, Typis Academiæ, p. 217-238.

22   Voir Terrall, Mary, *The Man Who Flattened the Earth. Maupertuis and the Sciences in the Enlightenment*, Chicago et Londres, The University of Chicago Press, 2002, p. 45-50.

23   Voir par exemple Maupertuis, « Examen philosophique de la preuve de l'existence de Dieu employée dans l'*Essai de Cosmologie* », *op. cit.*, p. 423 : « LXIX. *Sixième loi. Lorsque deux corps, soit durs, soit élastiques, se rencontrent, la quantité d'action employée pour changer leurs mouvements est toujours la plus petite qu'il soit possible*. NB. L'Action est le produit du corps par sa vitesse et par l'espace qu'il parcourt ».

et après le choc. Dans le choc de corps durs, l'action a diminué, mais sans que l'on puisse déterminer qu'il s'agit d'un minimum. Maupertuis illustre la situation en présumant – dans le cas de corps élastiques – que le corps A se déplace avec les vitesses a avant le choc et α après le choc, le corps B respectivement avec les vitesses b et β. Si l'on veut que les corps retrouvent leurs vitesses initiales, il faut envisager que le plan sur lequel A se déplace soit mu avec la vitesse a – α et que celui sur lequel se déplace B le soit avec la vitesse β – b. De là se tire la mesure de la quantité d'action nécessaire au changement du système des corps concernés :

$$A (a - α)^2 + B (β - b)^2 = minimum$$

Dans le cas du choc de corps durs, la vitesse commune après le choc est notée x et le transport des plans requiert respectivement des vitesses a – x et x – b. La dépense de quantité d'action nécessaire au changement se mesure comme suit :

$$A (a - x)^2 + B (x - b)^2 = minimum$$

Et Maupertuis de conclure :

> Dans le choc des corps élastiques, il est possible que la quantité d'*Action* demeure la même ; elle la demeure en effet, et la quantité d'*Action* nécessaire pour changer les vitesses, c'est-à-dire, pour le changement arrivé dans la nature, est la plus petite qu'il soit possible. Dans le choc des *Corps Durs*, où la quantité d'*Action* ne pouvait demeurer constamment la même, la Nature épargne du moins le plus qu'il est possible, l'*Action* nécessaire pour changer leurs vitesses[24].

Le paramètre signifiant la dépense est alors assimilé au *ratio* doublé de la différence des vitesses engendrées par le changement affectant les masses concernées. Mais cette mesure est présumée exprimer un réquisit téléologique s'imposant à l'interaction mécanique des corps. D'où le statut nécessairement hypothétique du principe dans un système conçu comme régi par des lois de conservation sans lesquelles la modélisation de la dépense ne pourrait s'opérer. C'est paradoxal et l'on peut imaginer que cela avait dû retenir l'attention de d'Arcy, primordialement intéressé à

---

24   Maupertuis, « Réponse à un mémoire de M. d'Arcy inséré dans le volume de l'Académie royale des sciences de Paris pour l'année 1749 », *op. cit.*, p. 297.

circonscrire le potentiel constant d'action mécanique dans la nature, ce que reflétait le principe des aires qu'il entendait substituer à la mesure de la moindre action.

Acte III. Louis Bertrand, jeune mathématicien suisse qui sera promu membre non-résident de l'Académie de Berlin, l'année suivante, produit pour le volume de l'année 1753, publié en 1755, un « Examen des réflexions de M. le chevalier d'Arcy sur le principe de la moindre action[25] ».

Bertrand semble avoir reçu d'Euler le mandat de ruiner les analyses de d'Arcy en y dévoilant des paralogismes. Partant de « fausses idées » sur la moindre action, l'académicien de Paris en aurait logiquement inféré des conclusions erronées. Ainsi lui reproche-t-on d'avoir assimilé la quantité d'action à la quantité de mouvement dans le choc de corps durs. Or la mesure d'effets équivalents dans le cas de corps dotés de masse et de vitesse différentes ne permet pas d'y retrouver le même paramètre mv comme *definiens* de l'action, qui connaît alors une attrition. Et il en serait de même *mutatis mutandis* dans l'application du même concept dans le cas d'un choc entre corps élastiques. Bertrand revient alors au modèle dont Maupertuis s'est servi dans sa « Réplique », celui du déplacement des plans où figurent respectivement les corps choquant et choqué : « Les plans qu'il introduit pour représenter le changement causé par le choc, ont une fonction active qui consiste à tirer le corps choqué et le corps choquant selon un certain espace et avec une certaine vitesse, dont le produit par la masse donne l'action[26] ». Partant de là, Bertrand précise quel statut il convient de conférer au paramètre révélé par le modèle : il s'agit d'une « fiction » qui sert à désigner l'opération causale de la nature déplaçant les corps, qui déroge de fait dans de nombreux cas à la stricte conservation de l'action – celle-ci serait un cas limite en quelque sorte, pour lequel le minimum de dépense équivaut à 0.

Intéressante est la suggestion suivant laquelle d'Arcy aurait fausse-ment raisonné en contrevenant à l'esprit du principe. Ainsi Bertrand déclare-t-il :

Le Principe pour déterminer les états d'équilibre, ne plaît pas davantage à M. d'Arcy. Pour en faire voir le défaut, il continue, suivant la méthode

25   Bertrand, Louis, « Examen des réflexions de M. le chevalier d'Arcy sur le principe de la moindre action », *BHAR*, tome IX, 1753 [1755], p. 310-320.
26   *Ibid.*, p. 313.

qu'il a employée jusqu'ici, d'en tirer une conclusion fausse ; mais cette fois-ci comme les autres, sa conclusion n'est fausse que parce qu'il n'a pas suivi l'esprit du Principe, et qu'il a introduit dans sa recherche une considération très défectueuse[27].

Dans le contexte de l'exposé, il semble que cette critique puisse s'éclairer si on la rapproche de l'objectif que Maupertuis aurait visé, celui d'une « démonstration métaphysique » de son principe. Selon d'Arcy, cet objectif ne pouvait se réaliser que dans les limites d'une démarche établissant la compatibilité de l'hypothèse avec les implications des lois du mouvement. Il s'agirait donc au mieux d'un théorème dérivé de la mécanique. Tout autre était la prétention de l'inventeur selon Bertrand : il s'agissait d'atteindre la raison suffisante de tous les changements survenant dans la nature en termes de mesure de la force dépensée à les produire. Les cas de chocs sur lesquels porte la démonstration ne fourniraient que des ectypes particuliers auxquels s'appliquerait la loi, laquelle incarnerait une finalité générale régulant les causalités naturelles. Cela nous donne une justification de l'argumentation en tant que « métaphysique » :

> On ne peut supposer ici à M. de Maupertuis, que le dessein de donner une preuve assez convaincante de son Principe, fondée sur ce que les changements qui arrivent dans la Nature, y sont pour la plupart causés par le choc, en sorte que, dès qu'une fois il a montré que l'action requise pour les changements produits par le choc, est un *minimum*, on peut sans balancer étendre ce principe à tous les changements qui arrivent dans la Nature : et M. d'Arcy ferait fort peu de cas de la Vérité, s'il dédaignait un Principe d'une application si universelle[28].

Deux types de considérations dans les critiques adressées à d'Arcy servent à étayer cette représentation du statut du principe selon Maupertuis. Bertrand met en cause le principe des aires que d'Arcy a suggéré de substituer à celui de la moindre action comme principe unificateur de la dynamique. La validité du principe des aires (ou du moment cinétique) n'est pas contestée, mais affirme-t-il, « il ne conduira jamais à des découvertes importantes ; encore moins nous montrera-t-il, pour ainsi dire, les vraies vues de la Nature[29] ». Même généralisé, ce

---

27 *Ibid.*, p. 316.

28 *Ibid.*, p. 316.

29 *Ibid.*, p. 319. L'ironie de l'histoire est que le principe des aires, mieux connu sous l'appellation de principe du moment cinétique ou moment angulaire, fournit l'équivalent

principe ne saurait, selon Bertrand, prétendre au statut d'universalité que l'on doit attribuer à celui de la moindre action : « Mais quelle comparaison entre une découverte astreinte à un cas particulier, et un Principe général, qui réduit à une toutes les lois de la Nature, et qui dans l'infinie diversité des effets qui varient le spectacle de l'Univers, demeure constamment inviolable[30] ! »

Autre critique adressée à d'Arcy : celui-ci a supposé qu'étant donné par ailleurs les lois de la nature – comprenons celles du mouvement – il serait toujours possible de poser une fonction des vitesses et des masses qui équivaille à un minimum et s'avère conforme à ces lois. Cette assertion, si elle était admise, reviendrait à faire du principe de la moindre action un théorème dérivé de portée réduite. À l'encontre de cette mise en échec possible de la formule de Maupertuis, il conviendrait de la concevoir comme la fonction architectonique de toutes les lois de la nature, comme si elle en constituait la raison suffisante formelle, ce qui revient à une justification que l'on pourrait qualifier de métaphysique. Cette forme de preuve était, semble-t-il, autorisée par l'argumentation que Maupertuis avait développée dans son *Essai de cosmologie* et qu'il a étayée sur un examen des théories relatives aux lois du mouvement dans son ultime mémoire publié par l'Académie. Dans celui-ci, n'affirme-t-il pas d'ailleurs : « En refusant à toutes ces lois la prétendue prérogative d'une nécessité mathématique, on y en découvre une autre bien plus

---

pour les mouvements rotatoires du moment de la quantité de mouvement pour les translations. Le moment cinétique appliqué à un système matériel est la somme des moments cinétiques (par rapport au même point O) des points matériels constituant le système. Ce principe appartient à la mécanique classique, mais il trouvera également son application en mécanique quantique (avec la notion de *spin*) et en relativité restreinte. En ce qui concerne l'énoncé général du principe, visiblement Bertrand ne saisit pas ou prétend ne pas saisir que la considération des variables pour un seul corps en un point permet d'établir la variation temporelle du moment cinétique par la somme des moments des forces appliquées à ce seul point : résultat qui peut par la suite être généralisé à un système de points, quelle que soit sa configuration d'ensemble. Il n'accorde d'ailleurs pas à d'Arcy d'avoir ainsi conçu la généralisation de son modèle, qu'il attribue plutôt à Euler, par référence au *momentum motus gyrationis* dont celui-ci traiterait dans le premier volume de ses *Opuscula varii argumenti* (1746-1751).

30 *Ibid.*, p. 318. Cet argument renvoie à la thèse même exposée dans l'*Essai de cosmologie*, dans Maupertuis, *Œuvres*, I, édition citée, 1974, p. 43 : « C'est de ce principe que nous déduisons les lois du mouvement, tant dans le choc des corps durs, que dans celui des corps élastiques [...]. Non seulement ce principe répond à l'idée que nous avons de l'Être suprême, en tant qu'il doit toujours agir de la manière la plus sage, mais encore en tant qu'il doit toujours tenir tout sous sa dépendance ».

précieuse ; c'est le caractère du choix d'un être intelligent et libre : c'est de porter l'empreinte de la sagesse et de la puissance de celui qui les a établies[31] ».

Acte IV. Le dernier texte que j'examinerai ici est de d'Arcy : la « Réplique à un Mémoire de M. de Maupertuis, sur le principe de la moindre action, inséré dans les Mémoires de l'Académie royale des sciences de Berlin, de l'année 1752 » (parus en 1756)[32]. L'entrée en matière y réfère à un point majeur d'argumentation de l'*Essai de cosmologie* : la concentration du recours à la téléologie sur les lois générales du mouvement subsumées sous le principe de la moindre action selon Maupertuis apparaît à d'Arcy réductrice eu égard à la recherche de raisons suffisantes pour l'ensemble des phénomènes naturels : ainsi suggère-t-il que l'on devrait aussi considérer des raisons suffisantes applicables aux lois générales gouvernant les phénomènes de la conservation et de la propagation des espèces vivantes. C'est là suggérer que l'auteur de la *Vénus physique* et du *Système de la nature* aurait dû vérifier les limites épistémologiques du recours aux causes finales suivant les ordres d'objets constitutifs du champ de la philosophie naturelle, et surtout les bornes des modèles analogiques dont on se sert pour figurer le dessein incarné dans les lois de la nature – à défaut de quoi l'on ne saurait prétendre atteindre la formulation d'une raison suffisante de toutes les lois de la nature.

Cette entrée en matière vise à opposer le statut de loi physique causale, fondée sur une détermination téléologique suprême, à celui que possèderait réellement le principe de Maupertuis, comme simple formule inférée des lois du mouvement, telles que celles-ci sont par ailleurs reconnues. Si l'on détache la quantité d'action selon Maupertuis de sa signification comme mesure d'un effet réel, celui de la dépense effective de force dans tous les échanges mécaniques, on peut sans doute adhérer à la formule comme expressive d'une fonction de la masse, de la vitesse et de l'espace qui serait un minimum, « mais lorsqu'on dit que la Nature épargne l'action, qu'une intelligence ordonnatrice détermine les effets de manière à employer le moins de cause possible, l'on entend clairement que cette quantité exprime cette cause ou la force réelle[33] »,

31   Maupertuis, « Examen philosophique de la preuve de l'existence de Dieu employée dans l'*Essai de Cosmologie* », *Lois du mouvement*, LXX, *op. cit.*, p. 424.
32   *HAR*, 1752 [1756], mémoires, p. 503-519.
33   *Ibid.*, p. 504.

et c'est alors que l'on peut saisir l'inadéquation du minimum déterminé par rapport à l'équivalence entre effets réels, appréciés selon les situations d'équilibre. En fait, le principe dans sa prétention hégémonique devrait pouvoir répondre à la fois à des critères de parfaite conformité aux faits d'expérience en tant que loi physique, et d'évidence irréfragable en tant que vérité métaphysiquement fondée. Il s'en faut que ce soit le cas suivant l'une et l'autre des branches de l'alternative. D'Arcy ne nie certes pas que le principe puisse permettre de surmonter la disparité des lois du mouvement suivant que l'on aurait affaire à des corps durs ou élastiques. Mais il faudrait établir que la quantité d'action dépensée dans les actions mécaniques constitue la raison suffisante causale de toute interaction des corps. Pour s'approcher d'un tel principe, l'argumentation que suggère d'Arcy se fonde sur le principe de conservation de la force totale d'un système dans lequel un effet produit équivaudrait à la puissance qu'un agent a pu perdre, sans déroger pour autant au fait que « nulle action ne se perd dans la Nature[34] ».

Présumons donc que la mesure de l'effet se fasse selon la quantité d'action : la dépense minimale de quantité d'action équivaudrait à une situation où l'addition des produits *mv* après le choc donnerait une somme nulle. Pour étayer cet argument, d'Arcy intègre à son analyse des considérations critiques énoncées par d'Alembert dans l'article « Cosmologie » au tome IV (1754) de l'*Encyclopédie*, qui rejoignent les arguments qu'il a lui-même exposés dans son premier mémoire. Pour faire bref, la suggestion est de remplacer la notion de changements survenus dans la nature par celle de changements survenus dans la quantité de vitesse des corps lors du choc. Le raisonnement de d'Alembert confirme celui de d'Arcy. D'Alembert part de la supposition de Maupertuis selon laquelle deux corps durs A et B se meuvent dans la même direction avant le choc avec les vitesses respectives *a* et *b*. Après le choc, leur vitesse commune est notée *x*. Comme le corps A a perdu la vitesse $a - x$ et le corps B a gagné la vitesse $x - b$, on peut avec Maupertuis déterminer une quantité d'action minimale nécessaire pour produire ce changement de vitesse des corps impliqués dans le choc, suivant la formule $A(a - x)^2 + B(x - b)^2$. Celle-ci s'accorde bien avec la formule ordinaire de mesure du choc des corps durs $x = \frac{Aa + Bb}{A + B}$. Mais il s'en faut que

---

34 Voir *ibid.*, p. 505.

cela représente nécessairement le « changement arrivé dans la Nature », car l'on pourrait se contenter d'additionner les changements de quantité d'action survenus dans les deux corps, suivant la formule $Aaa - Axx + Bxx - Bbb$ et tenir le résultat pour la mesure du minimum de dépense. Mais alors cette autre mesure possible de la moindre action ne correspondrait plus à la formule de la loi du choc des corps durs. D'Alembert conclut alors : « Quoi qu'il en soit, il semble qu'on pourrait concilier ou éviter toute difficulté à cet égard, en substituant aux mots *changement dans la Nature*, qui se trouvent dans l'énoncé de la proposition de M. de Maupertuis, les mots *changement dans la vitesse* : alors l'équivoque vraie ou prétendue ne subsistera plus[35] ».

Dans le même esprit, d'Arcy revient sur le calcul de la quantité d'action supposée minimale dans le cas de la loi de la réfraction lumineuse. Il rejoint alors l'interprétation que donne d'Alembert du minimum établi selon l'addition de l'action avant et après le franchissement par le rayonnement lumineux de la surface de séparation des milieux diaphanes : ce calcul, celui que symbolise la loi des sinus en dioptrique, ne correspondrait plus à la mesure de la dépense dans le cas du choc des corps durs inélastiques. Il ajoute d'ailleurs qu'en catoptrique, dans les cas de réflexion sur des surfaces de courbures diverses, le parcours du rayon contrevient diversement au principe de la moindre action, qui ne s'appliquerait que rapporté à des surfaces planes. Cette remarque rejoint celle émise par d'Alembert : « Il est vrai qu'on pourrait faire cadrer ici [cas de miroirs concaves] le principe, en rapportant toujours la réflexion à des surfaces planes ; mais peut-être les adversaires des causes finales ne goûteront pas cette réponse ; il vaut mieux dire, ce me semble, que l'action est ici un *maximum*, et dans les autres cas un *minimum*[36] ».

À propos de la loi du repos, illustrée par le cas de corps faisant pression de façon antagoniste sur les bras d'un levier, que Maupertuis fait dépendre du principe de la moindre action, d'Arcy fait voir que ce

---

35 D'Alembert, « Cosmologie », *Encyclopédie*, tome IV, 1754, p. 296. Dans ce même passage, d'Alembert fait allusion à l'argument analogue développé par d'Arcy : « C'est une objection que l'on peut faire à M. de Maupertuis, qu'on lui a même faite à peu près [objection émise par d'Arcy] ; avec cette différence que l'on a supposé $Axx + Bxx - Aaa - Bbb$, égale à un *minimum*, en retranchant la quantité $Aaa - Axx$ de la quantité $Bxx - Bbb$, au lieu de la lui ajouter, comme il semble qu'on l'aurait aussi pu faire : car les deux quantités $Aaa - Axx$ et $Bxx - Bbb$, quoique l'une doive être retranchée de Aaa, l'autre ajoutée à Bbb, sont réelles, et peuvent être ajoutées ensemble, sans égard au sens dans lequel elles agissent ».

36 *Ibid.*, p. 295, cité dans *HAR*, 1752 [1756], p. 512.

principe ne s'applique que pour autant que d'autres suppositions sont introduites qui renvoient aux principes fondamentaux de la statique. Objection ou plutôt réserve qu'il voit reprise par d'Alembert et que d'Arcy cite d'après l'article « Cosmologie » de l'*Encyclopédie* :

> [Maupertuis] applique encore son principe à l'équilibre dans le levier ; mais il faut pour cela faire certaines suppositions, entr'autres que la vitesse est toujours proportionnelle à la distance du point d'appui, et que le temps est constant, comme dans le cas du choc des corps ; il faut supposer encore que la longueur du levier est donnée, et que c'est le point d'appui qu'on cherche : car si le point d'appui et un des bras était donné, et qu'on cherchât l'autre, on trouverait par le principe de l'action que ce bras est égal à zéro. Au reste les suppositions que fait ici M. de Maupertuis, sont permises ; il suffit de les énoncer pour être hors d'atteinte, et toute autre supposition devrait de même être énoncée[37].

À la lumière de cette concordance des critiques émises par d'Arcy et d'Alembert, il ne faudrait pas estimer cependant que tous deux s'accordent sur le statut à conférer au principe de la moindre action. Selon d'Arcy, ce principe n'est qu'une hypothèse sans fondement, ou plutôt fondée « sur des suppositions gratuites[38] » dont Maupertuis prétend inférer les lois fondamentales de la nature. Dans la mesure où il s'agit d'atteindre la raison suffisante causale de tous les phénomènes d'ordre mécanique dans l'univers physique, une justification du principe apparaît requise, qui puisse établir d'une part la parfaite cohérence de tout ce qu'on en infère par rapport aux diverses lois du mouvement et qui fasse d'autre part l'économie de toute supposition *ad hoc* servant à ajuster l'explication à des ordres particuliers de phénomènes. D'Arcy est par ailleurs convaincu qu'un autre principe pourrait assumer cette fonction épistémologique, qui serait un principe de conservation en vertu duquel nulle action ne se perdrait dans la nature[39], un principe de conservation de l'action qui serait véritablement un « principe métaphysique » :

> Voilà tout ce que je dirai à présent sur la démonstration de la conservation de l'action comme principe métaphysique, me réservant à en traiter plus amplement dans un autre temps : je me bornerai dans ce Mémoire à en

---

37   *Ibid.*, p. 296, cité dans *HAR*, 1752 [1756], p. 511. D'Arcy ajoute de fait après la supposition que la vitesse est toujours proportionnelle à la distance du point d'appui : « comme je l'ai exprimé que la vitesse angulaire soit constante ».

38   *Idem.*

39   *Ibid.*, p. 513.

montrer l'application au phénomène de la lumière, et la réunion de plusieurs principes mécaniques à cette seule loi. Je vais rappeler à cet effet le principe de Dynamique dont j'ai déjà parlé [...][40].

D'Arcy prétend, somme toute, avoir obtenu la formulation d'un véritable principe métaphysique unificateur des lois de la mécanique, susceptible de se substituer à celui de Maupertuis, par sa propre démarche d'établissement et d'exploitation du principe du moment cinétique.

Le jugement de d'Alembert est différent, et d'abord moins négatif, puisqu'il porte au crédit de Maupertuis la proposition d'un principe d'unification des lois du mouvement pour les corps tant durs qu'élastiques. Mais, pour servir à cette fin, le principe a requis divers ajustements qui ont permis de le faire correspondre à la formulation des autres principes de la mécanique, à l'instar de « toutes les vérités mathématiques [qui] au fond [...] ne sont que la traduction les unes des autres[41] ». Ce principe comme vérité de type mathématique est de vaste usage, soutient d'Alembert, comme Euler l'a montré notamment dans les mémoires qu'il a publiés dans l'*Histoire de l'Académie royale des sciences et belles-lettres* de Berlin pour l'année 1751, soit qu'il puisse s'appliquer directement à l'explication de certains ordres de phénomènes, soit qu'il le fasse moyennant diverses suppositions auxiliaires, « plus ou moins arbitraires[42] ». Quant au statut de principe métaphysique que Maupertuis entendait lui conférer, d'Alembert le récuse pour autant qu'à ses yeux, aucun principe de type mathématique, dont la vérité est posée suivant la seule détermination des concepts, ne saurait y prétendre :

> La définition de la *quantité d'action* est une définition de *nom purement mathématique et arbitraire*. On pourrait appeler *action*, le produit de la masse par la vitesse ou par son carré, ou par une fonction quelconque de l'espace et du temps ; l'espace et le temps sont les deux seuls objets que nous voyons clairement dans le mouvement des corps : on peut faire tant de combinaisons mathématiques qu'on voudra de ces deux choses, et on peut appeler tout cela *action* ; mais l'idée primitive et métaphysique du mot *action* n'en sera pas plus claire[43].

---

40 *Ibid.*, p. 516-517.
41 D'Alembert, « Cosmologie », *Encyclopédie, op. cit.*, p. 296.
42 *Ibid.*, p. 297.
43 *Idem.*

D'Alembert rattache alors sa critique du principe tel que défini par Maupertuis à une interprétation épistémique de tous les principes analogues :

> En général tous les théorèmes sur l'action définie comme on voudra, sur la conservation des forces vives, sur le mouvement nul ou uniforme du centre de gravité, et sur d'autres lois semblables, ne sont que des théorèmes mathématiques plus ou moins généraux, et non des principes philosophiques[44].

Permettez-moi de conclure ici cette analyse de façon provisoire, car il reste sans nul doute infiniment plus de choses à dire au sujet de ce remarquable échange entre académiciens de Paris et de Berlin. La finalité réelle de l'échange était, me semble-t-il, la volonté d'évaluer la portée scientifique et le statut épistémologique du principe de la moindre action dans un cadre qui était double : il s'agissait d'une part de la constitution d'une dynamique intégrée, permettant l'unification des lois du mouvement ; d'autre part, de la détermination d'une raison suffisante causale des lois régissant le système de la nature. C'était là un double enjeu qui retenait l'attention dans les deux académies. Il n'est pas sans intérêt de noter que c'est lorsque Maupertuis s'engage dans le traitement de sujets relevant de la philosophie spéculative et qu'il publie des textes illustrant ce virage, que la question des fondements de la dynamique et du système de la nature prend le pas sur des recherches plus techniques et plus circonscrites et suscite un élargissement de l'investigation proprement scientifique en direction de la métaphysique. Même cette partie de la controverse de la moindre action qui a semblé être cantonnée à une querelle de revendication de priorité en faveur de Maupertuis ou contre lui et que nous n'avons pas traitée ici, devrait sans doute être réinterprétée en tenant compte de l'enjeu épistémologique qui s'y rattache. J'aimerais aussi suggérer que tels des concours lancés ultérieurement par l'Académie de Berlin ont pu découler jusqu'à un certain point des

---

44 *Idem.* La position critique énoncée par d'Alembert à l'égard de toute interprétation métaphysique des principes de la statique et de la mécanique est caractéristique de son épistémologie et conforme à sa propre entreprise de clarification, d'unification et de fondement de ces principes en tant que rationnellement nécessaires. Voir à ce sujet Firode, Alain, *La Dynamique de d'Alembert*, Montréal, Bellarmin, Paris, Vrin, coll. « Analytiques », 2001.

questions qui avaient été soulevées dans cette discussion savante, qui ne semblait concerner au départ que des spécialistes de mécanique et d'optique, néanmoins philosophes[45]. À l'Académie des sciences et des belles-lettres de Berlin, le style d'interprétation des principes fondamentaux de la philosophie de la nature comme métaphysiquement fondés à la façon de Maupertuis connaîtra une certaine postérité dont témoigneront entre autres les mémoires philosophiques et scientifiques de Nicolas de Béguelin. À l'Académie des sciences de Paris, le jugement proféré par d'Alembert et la conception des principes qu'il avait soutenue servirent d'assises à ce que l'on peut tenir pour une jurisprudence scientifique appelée à perdurer par la suite. En témoigne l'*Éloge de M. le comte d'Arcy*, prononcé par Condorcet à l'Académie des sciences en 1779 :

> Le principe de la conservation du mouvement giratoire, comme celui de la conservation des forces vives, comme celui de la moindre action, enfin, comme tous les autres principes du même genre, peut être sujet à quelques exceptions, ou plutôt à quelques modifications ; le calcul en avertit, il indique, il corrige les erreurs où l'on pourrait tomber en donnant à ces principes une trop grande étendue ; ainsi, ils peuvent toujours être employés comme des formules mathématiques. [...] on se tromperait en regardant aucun de ces principes comme une des lois invariables de la Nature[46].

Condorcet développe alors l'idée qu'en général ces principes doivent être combinés pour assurer la solution de tous les problèmes de mécanique, un seul ne suffisant pas à remplir cette fonction, si ce n'est un principe formulé par d'Alembert dans son *Traité de dynamique*, « parce qu'il est direct, et qu'il n'est pour ainsi dire que l'expression mathématique des notions premières et essentielles de l'action et du mouvement ; il est aussi le seul, et par la même raison, qui puisse donner la démonstration de

---

45   Voir notamment le concours de 1756, prolongé jusqu'en 1758, sur la question de savoir « si les principes de la statique et de la mécanique sont de vérité nécessaire ou contingente », voire celui de 1763 sur la question de savoir « si les vérités de la Métaphysique en général, et en particulier les premiers principes de la Théologie naturelle et de la Morale, sont susceptibles de la même évidence que les vérités mathématiques, et au cas qu'elles n'en seraient pas susceptibles, quelle est la nature de leur certitude, à quel degré elles peuvent parvenir, et si ce degré suffit à la conviction ». Pour une analyse préliminaire des mémoires soumis au concours de 1756-1758, voir Charrak, *Contingence et nécessité*, chap. IV, *op. cit.*, p. 121-136.

46   Condorcet, Nicolas Caritat de, « Éloge de M. le comte d'Arci », *HAR*, 1779 [1782], p. 54-70, ici p. 59.

tous les autres, et qui nous fasse distinguer le sens dans lequel chacun d'eux peut être regardé comme vrai[47] ».

François DUCHESNEAU
Université de Montréal

---

47 *Idem.* Condorcet renvoie sans doute ici à la solution du problème général formulé par d'Alembert dans le *Traité de dynamique*, IIe partie, chap. I, Paris, chez David, 1743, p. 51 : « Pour trouver le Mouvement de plusieurs Corps qui agissent les uns sur les autres. Décomposez les Mouvements a, b, c etc. imprimés à chaque Corps, chacun en deux autres a, α ; b, β ; c, x ; etc. qui soient tels, que si l'on n'eût imprimé aux Corps que les Mouvements a, b, c etc. ils eussent pu conserver ces Mouvements sans se nuire réciproquement ; et que si on ne leur eût imprimé que les Mouvements α, β, x, etc. le système fût demeuré en repos ; il est clair que a, b, c seront les Mouvements que ces Corps prendront en vertu de leur action ». Le principe affirme que dans un système de points matériels liés entre eux, que ceux-ci soient mus librement ou solidairement, l'équation des quantités de mouvement (mv) demeure constante, par égalisation des gains et des pertes.

RÉVERBÉRATIONS

L'académisme de Fontenelle, de Paris à Berlin

INTRODUCTION

Si l'on a tôt fait d'identifier « philosophie des Lumières », « progrès » et « modernité », l'image que l'on en donne a parfois un caractère quelque peu abstrait ou naïf. Les avancées de la raison théorique auraient pour conséquence nécessaire de se traduire par des avancées du côté de la raison pratique, sans que l'on sache vraiment comment une telle opération s'effectue, ni comment elle se cristallise. Pourtant, la formation des académies a donné lieu à des discussions nombreuses au XVIIIe siècle qui illustrent que ces enjeux étaient le sujet de tensions. Entrer dans ces discussions permet de rendre plus sensible l'hétérogénéité des postures, et conséquemment de complexifier la manière quelque peu simpliste de rapporter uniformément la pensée des Lumières à une idéologie du progrès de la « raison instrumentale » dont la modernité serait une sorte d'épiphanie[1].

Il importe d'initier une lecture proprement philosophique de considérations d'ordres très variés sur le rôle des académies tel qu'il est formulé par les intellectuels qui gravitent autour d'elles. J'appelle *académisme* une certaine modalité de la pensée des Lumières qui suppose une manière, pouvant tolérer une certaine variation dans ses formulations, de penser la production, l'institution et l'opération du savoir dans le champ social. L'académisme constitue à ce titre un lieu théorique où se rencontrent des visions de la modernité, visions qui ont en partage

---

1   Je pense bien sûr ici aux thèses fondatrices de T. Adorno et M. Horkheimer, exprimées dans *La dialectique de la Raison. Fragments philosophiques* (traduction d'É. Kaufholz), Paris, Gallimard, coll. « Bibliothèque des Idées », 1974, p. 21-57. Mais on sait toute l'importance de ce texte pour la réception des Lumières au XXe siècle.

le fait de considérer que les académies sont une manifestation de la différence des modernes en ce qui a trait à l'institution du savoir, mais qui peuvent tout à fait diverger sur la signification de cette différence.

Cette étude s'attarde donc à dresser une sorte de tableau des caractéristiques de l'académisme de Fontenelle tel que l'on peut le reconstruire à partir de traces qu'il laisse dans son *Histoire de l'Académie royale des sciences*, et de sa réception chez Samuel Formey, lui-même secrétaire de l'Académie de Berlin de 1748 à 1781, et rédacteur de son *Histoire*. L'intérêt de la démarche est justement de rendre visibles les variations que cet académisme peut accueillir, et ainsi d'offrir un éclairage nouveau sur les manières dont la modernité s'y définit, et sur ce qui y est constitutif de la philosophie des Lumières.

FONTENELLE : DE L'HISTOIRE DE L'ACADÉMIE AU PROGRÈS DE L'ESPRIT HUMAIN

Pour comprendre l'académisme de Fontenelle, on doit situer ses remarques sur le rôle des académies en regard de la manière dont il envisage l'histoire de l'esprit humain[2]. Depuis ses écrits sur *L'Origine des Fables* et l'*Histoire des Oracles* ou la *Digression sur les Anciens et les Modernes*[3], il est devenu évident pour Fontenelle que l'esprit humain ne s'étudie que par l'intermédiaire de ses « productions » que sont les arts et les lettres, les sciences et les techniques, les mœurs et les gouvernements, et que cette étude doit prendre le caractère d'une histoire afin de rendre compte des formes prises par l'esprit dans le temps, mais surtout aussi de voir toutes les erreurs dont il est susceptible lorsqu'il avance à tâtons. C'est de cette étude qu'émane le constat fontenellien que la condition des modernes est le résultat

---

2   Voir, sur cette notion et le rôle de Fontenelle dans son développement, l'ouvrage classique de Jean Dagen : *L'Histoire de l'esprit humain dans la pensée française de Fontenelle à Condorcet*, Paris, Klincksieck, 1977.

3   Pour ces trois textes, on se réfèrera à : Bernard Le Bouyer de Fontenelle, *Digression sur les Anciens et les Modernes et autres textes philosophiques*, sous la direction de S. Audidière, Paris, Classiques Garnier, 2015.

d'un changement important qui a entraîné une « nouvelle manière de penser » se répandant indifféremment dans tous les domaines du travail de l'esprit[4]. Or, si Descartes est le plus souvent présenté par Fontenelle comme le point de bascule de l'histoire de l'esprit, il faut, comme on l'a montré ailleurs[5], tenir compte du fait que c'est la fécondité de la science cartésienne, et non sa fondation métaphysique qui constitue une véritable rupture. Comme cela apparaîtra dans cette première partie, en dépit de son cartésianisme apparent, Fontenelle subvertit entièrement le dispositif cartésien de fondation de la science dans une expérience métaphysique en lui substituant un mécanisme institutionnel de régulation de la production des savoirs.

Pour lors, prenons une scène relativement typique, comme celle que l'on trouve dans l'*Histoire et Mémoires de l'Académie Royale des Sciences* de 1701[6]. Fontenelle y raconte une suite de tractations liées à un mémoire envoyé par Jean Bernoulli pour faire suite à des découvertes présentées l'année précédente sur la phosphorescence du mercure dans les baromètres. La scène fait voir comment la relation du naturaliste à son propre projet et à ses propres raisonnements est soumise à une série d'interférences par lesquelles son isolement – où il risque le solipsisme – est brisé. Bernoulli, nous est-il dit, a fourni à l'Académie un « système » qui explique que le degré de phosphorescence serait corrélatif au degré de perfection du vide qui est fait au préalable dans le baromètre, le contact avec l'air produisant une pellicule qui diminuerait la luminosité du mercure.

---

4   Ainsi : « L'esprit géométrique n'est pas si attaché à la géométrie qu'il n'en puisse être tiré, et transporté à d'autres connaissances… L'ordre, la netteté, la précision, l'exactitude qui règnent dans les bons livres depuis un certain temps, pourraient bien avoir leur première source dans cet esprit géométrique, qui se répand plus que jamais… », « Préface sur l'utilité des mathématiques et de la physique, et sur les travaux de l'Académie des Sciences », dans *Histoire et Mémoires de l'Académie Royale des Sciences*, 1699, p. I-XIX, ici p. XII. Toutes les références à l'*Histoire et Mémoires de l'Académie Royale des Sciences* seront toujours faites sous la forme *HMARS*, suivi de l'année de référence, renvoyant non à l'année de publication, mais à l'année dont il est fait l'histoire. L'orthographe a été modernisée.

5   Je me permets ici de renvoyer à mes propres travaux antérieurs sur la question : Rioux-Beaulne, Mitia, « What is Cartesianism ? Fontenelle and the Subsequent Construction of Cartesian Philosophy », dans D. Antoine-Mahut, S. Nadler, T. Schmaltz, *The Oxford Handbook of Descartes and Cartesianism*, Oxford, Oxford University Press, 2019, p. 481-495 ; « Ne livrer que la moitié de son esprit : Fontenelle devant Descartes », *Corpus. Revue de philosophie*, n° 61, « Matérialisme et cartésianisme », 2011, p. 241-262.

6   « Sur le phosphore du baromètre », *HMARS*, 1701, Physique générale, p. 1-8.

Fontenelle explique alors que l'Académie a essayé de reproduire l'expérience en respectant les conditions posées par Bernoulli et que cela a conduit à la construction de baromètres qui ne répondaient pas aux prédictions du savant. La narration par Fontenelle de l'échange qui s'ensuit illustre comment la fragilité de la raison humaine doit faire l'objet d'une compensation par le recours à un tiers. Homberg se saisit du problème à son tour et émet ses propres conjectures qui conduisent à de nouvelles expériences infirmant l'hypothèse de Bernoulli. L'Académie lui écrit et reçoit de nouvelles lettres de l'intéressé « pleines d'observations nouvelles, & de nouvelles preuves de son Système[7] », parmi lesquelles se trouve un procédé de nettoyage avec une lotion à l'esprit de vin qui a un caractère décisif :

> Mais il se tenait si sûr de ses lotions, qu'il demanda qu'on lui envoyât ces Mercures avec toutes les précautions qu'on voudrait, & s'offrit de les renvoyer lumineux. La confiance qu'on eut à sa parole empêcha l'exécution de ce qu'il proposait[8].

Le tableau permet de rendre compte du fonctionnement de la *raison* scientifique *moderne* telle que la conçoit Fontenelle : le savant fait une expérience, dont il s'efforce de rendre compte par un « système » ; il soumet son hypothèse *et* son protocole expérimental à l'Académie qui charge d'autres savants de reproduire l'expérience pour confirmer le « système », ce qui permet un retour vers le savant, qui doit alors relancer le processus de démonstration. La probité conférée aux naturalistes, enfin, suffit à terme à mettre fin au doute et à la critique : l'Académie s'arrête et tranche en faveur (ou non) du « système ». On a donc un schéma où la raison individuelle est constamment mise en cause et fait l'objet d'un contrôle institutionnel.

L'épisode ainsi raconté permet, par ailleurs, de compléter cette mise en scène du travail de cette *raison moderne* en l'inscrivant dans le cadre plus général de la philosophie expérimentale, laquelle s'appuie, notamment, sur un art d'inventer qui réserve une place à l'erreur en montrant sa fécondité. Il arrive, par exemple, qu'elle mette l'ingéniosité en marche, et favorise ainsi le développement de systèmes auxquels on accordera son assentiment, et dont on retirera ensuite les erreurs qui ont d'abord servi à leur élaboration :

---

7   *Ibid.*, p. 5.
8   *Ibid.*, p. 6.

Il est vrai que la Pellicule, que M. Bernoulli avait d'abord imaginée comme un obstacle à la sortie impétueuse de la matière subtile, ne paraît plus guère entrer dans ce Système, & qu'il suffit pour empêcher la lumière, que les interstices du Mercure occupés en partie & embarrassés de quelque matière étrangère qui ne s'en dégage pas facilement, contiennent trop peu de matière subtile. Aussi la Pellicule fit-elle toujours de la peine à l'Académie ; mais vraie ou non, on lui a toujours l'obligation d'avoir été la première pièce de l'ingénieux Système de M. Bernoulli, & de l'avoir conduit à tout le reste[9].

On aurait tort de penser que c'est là un aspect conjoncturel ou anecdotique : Fontenelle est en général assez clair sur la mise hors circuit de toute tentative de fonder le savoir scientifique. Déjà, les *Entretiens sur la pluralité des mondes* présentaient la physique cartésienne sans jamais évoquer son socle métaphysique et les *Doutes sur le système physique des causes occasionnelles* faisaient l'impasse sur la nécessité de recourir à Dieu ou à tout autre principe non matériel en physique. L'*Histoire de l'Académie royale des sciences*, pour sa part, met au clair le fait que la connaissance peut très bien progresser sans assise métaphysique :

> Les premières notions de la Physique, l'essence de la Matière, par exemple, & la nature du Mouvement, quoique les plus simples en elles-mêmes, ne sont pas les plus claires ; & ces Principes qu'il semblerait qu'on devrait connaître parfaitement, avant que d'aller plus loin, demeurent cependant assez peu connus, & on ne laisse pas d'avancer[10].

Cette mise entre parenthèses de la métaphysique est un thème récurrent de l'*Histoire*, mais si elle semble parfois, comme ici, simplement être un corps de savoirs avec l'absence duquel on peut compter, Fontenelle ne manque pas, ailleurs, de nous informer sur les raisons épistémiques plus sérieuses de cette exclusion de l'Académie :

> Nous n'avons guère représenté le P. Malebranche que comme Métaphysicien ou Théologien, & en ces deux qualités il serait étranger à l'Académie des Sciences, qui passerait témérairement ses bornes en touchant le moins du monde à la Théologie, & qui s'abstient totalement de la Métaphysique, parce qu'elle paraît trop incertaine & trop contentieuse, ou du moins d'une utilité peu sensible[11].

---

9   *Ibid.*, p. 7.
10   « Sur la continuation du mouvement », *HMARS*, 1701, Physique générale, p. 14-15, ici p. 14.
11   « Éloge du P. Malebranche », *HMARS*, 1715, p. 93-114, ici p. 108.

La dénégation du besoin pour l'esprit humain de se donner un point d'ancrage hors de lui-même se présente en fait selon deux régimes argumentatifs : le premier, que l'on vient de voir, s'appuie sur l'idée que la raison de *chacun* fait l'objet d'une régulation par la raison d'un témoin placé en tiers, comme Dieu l'est dans la métaphysique cartésienne. Seulement voilà : ce témoin n'est pas absolument transcendant par rapport à l'expérience du sujet – c'est une société de gens doués de la même faillibilité –, si bien que la confirmation qu'il donne ne confère pas la certitude, mais seulement un ajout de vraisemblance. Il donne à penser, en revanche, qu'il y a une certaine unité de l'esprit humain qui confère à ses découvertes un degré de vraisemblance toujours plus grand au fur et à mesure que celles-ci trouvent des assises dans la cohérence globale du système des connaissances. En un sens, et c'est là le deuxième régime argumentatif, au travers de la systématisation progressive des connaissances, l'esprit humain fait en quelque sorte l'expérience de sa capacité à rencontrer le vrai, comme lorsque Saurin parvient par le calcul différentiel à résoudre le problème des sous-tangentes :

> Toutes les fois que la Géométrie arrive à ces sortes de dispositions ou *d'Ordonnances* bien réglées, c'est là par soi-même une preuve de vérité, & une preuve agréable, & cela d'autant plus que ces Ordonnances sont plus étendues[12].

La vérité d'une proposition ou d'un « système » dépend ainsi de la manière dont cette proposition ou ce « système » entre en résonance avec le savoir institué, ou encore institue de lui-même un savoir auquel des propositions et des « systèmes » vont se lier dans l'avenir. De ce point de vue, la garantie de vraisemblance d'une découverte découle à proprement parler de sa fécondité, entendue ici non seulement dans la perspective d'une extension possible de son domaine d'application, mais aussi au sens où elle contribue à unifier le savoir. De ce point de vue, l'unité de la raison n'est pas posée de manière originaire en Dieu, mais sert d'horizon « régulateur », si l'on veut, pour la détermination de ce qui peut accéder au rang de savoir. C'est ce qui apparaît dans la fameuse « Préface sur l'utilité des mathématiques et de la physique », l'un des textes-phares de l'effort de promotion de l'Académie par Fontenelle :

---

12 « Sur un cas particulier des tangentes », *HMARS*, 1716, Géométrie, p. 45-47, ici p. 47.

Jusqu'à présent l'Académie des Sciences ne prend la Nature que par petites parcelles. Nul Système général, de peur de tomber dans l'inconvénient des Systèmes précipités dont l'impatience de l'esprit humain ne s'accommode que trop bien, & qui étant une fois établis, s'opposent aux vérités qui surviennent. [...] Ainsi le Recueil que l'Académie présente au Public n'est composé que de morceaux détachés, & indépendants les uns des autres, dont chaque Particulier, qui en est l'Auteur garantit les faits & les expériences, & dont l'Académie n'approuve les raisonnements qu'avec toutes les restrictions d'un sage Pyrrhonisme. Le temps viendra peut-être que l'on joindra en un corps régulier ces membres épars, & s'ils sont tels qu'on les souhaite, ils s'assembleront en quelque sorte d'eux-mêmes[13].

« Le temps viendra peut-être »… L'expression indique bien que la science doit s'accoutumer à exister sans fondation ultime, sans que l'unité de son système ne lui soit donnée d'avance, et en conservant, à l'égard des raisonnements qui lient les expériences les unes aux autres, une attitude de « sage pyrrhonisme ». Elle est, pour ainsi dire, sans autre objet que l'expérience collective que les êtres humains font du monde.

Ce qui filtre au travers de ces remarques, c'est aussi une *transformation du sujet de la connaissance*, lequel n'est plus le *moi* du *cogito*, mais le *nous* que recouvre l'expression « esprit humain », et que l'Académie incarne – preuve en est cette remarque saisissante de l'Éloge de Chirac :

Chaque Médecin particulier a son savoir qui n'est que pour lui, il s'est fait par ses Observations & par ses Réflexions certains principes, qui n'éclairent que lui ; un autre, & c'est ce qui n'arrive que trop, s'en sera fait de tout différents, qui le jetteront dans une conduite opposée. Non seulement les Médecins particuliers, mais les Facultés de Médecine semblent se faire un honneur & un plaisir de ne s'accorder pas. [...] M. Chirac voulait établir plus de communication de lumières, plus d'uniformité dans les Pratiques. Vingt-quatre Médecins des plus employés de la Faculté de Paris auraient composé une Académie, qui eût été en correspondance avec les Médecins de tous les Hôpitaux du Royaume, & même des Pays étrangers, qui l'eussent bien voulu[14].

La dimension importante de cette description est que l'académisme tel qu'il est compris par Fontenelle fait exploser l'Académie elle-même en l'ouvrant sur un réseau de correspondants dont elle recueille les

13 « Préface sur l'utilité des mathématiques et de la physique », *HMARS*, 1699, *op. cit.*, p. XIX.
14 « Éloge de M. Chirac », *HMARS*, 1732, p. 120-130, ici p. 127.

expériences, produisant, par abstraction, un état de notre compréhension d'un phénomène. Prenant l'exemple de la pleurésie, il écrit :

> Dans un temps où les Pleurésies, par ex. auraient été plus communes, l'Académie aurait demandé à ses Correspondants de les examiner plus particulièrement dans toutes leurs circonstances, aussi bien que les effets pareillement détaillés des Remèdes. On aurait fait de toutes ces Relations un Résultat bien précis, des espèces d'Aphorismes, que l'on aurait gardés cependant jusqu'à ce que les Pleurésies fussent revenues, pour voir quels changements ou quelles modifications il faudrait apporter au premier Résultat. Au bout d'un temps on aurait eu une excellente Histoire de la Pleurésie, & des Règles pour la traiter, aussi sûres qu'il soit possible. Cet exemple fait voir d'un seul coup d'œil quel était le Projet, tout ce qu'il embrassait, & quel en devait être le fruit[15].

De cette manière, c'est véritablement l'Académie comme corps qui devient l'ancrage du véritable sujet de la connaissance, puisque c'est elle qui est le dépositaire des observations spontanées, de leur organisation en système, et de l'expérimentation programmée qui s'assure de l'adéquation du système avec les phénomènes. Elle est aussi ce qui assure la pérennité des savoirs et instaure de la continuité dans le processus de leur élaboration. Le commentaire de Fontenelle sur le projet de Chirac est ainsi très clair sur le fait que l'organisation d'une académie en réseau permette de pallier le fait que les savoirs soient fragmentés et dispersés. L'Académie a le pouvoir de transcender les limites temporelles et spatiales des sujets que sont les savants pour faire de l'esprit humain le lieu où les savoirs se cumulent et se mettent en relation de manière totalement autonome.

C'est l'un des traits de cette extension du sujet du savoir à l'esprit humain que de fonctionner dans deux directions, où chaque fois l'Académie incarne une sorte de relais : elle reçoit le fruit d'observations qui arrivent d'elles-mêmes de la part de ses membres, elle les met en forme, raisonne, trouve des systèmes, auxquels elle redonne ensuite à ses membres la tâche de leur donner plus de consistance. De la sorte, elle cesse d'être dépendante du hasard et peut se donner un programme :

> Quoique le Flux et le Reflux ait passé pour une merveille impénétrable à l'esprit humain, peut-être la cause en est-elle découverte, & tout l'honneur en serait dû à M. Descartes. Mais ce qui pourra paraître surprenant, on peut

---

15 *Ibid.*, p. 127-128.

plutôt se flatter d'avoir le Système, que s'assurer d'avoir les Phénomènes avec assez d'exactitude. L'Académie songea donc à tirer de différents endroits des Observations sur le Flux & le Reflux, faites par des gens habiles, & à profiter d'un avantage qu'elle avait pour cela, le plus grand qu'elle pût jamais souhaiter. [...] Il ne fut donc question que de dresser un Mémoire sur la manière d'observer, qui serait envoyé sous son autorité dans tous les Ports de France[16]...

Et ce qui est ici relation bidirectionnelle avec ses membres est, pour Fontenelle, redoublé par la relation que l'Académie entretient avec le public : le travail d'historien – souvent à tort réduit à un exercice de vulgarisation – qu'il a entrepris à titre de secrétaire visait ouvertement à répandre « l'esprit géométrique » hors du strict domaine de la philosophie naturelle et, ce faisant, à produire une véritable culture scientifique, laquelle, en retour, favorisera un esprit d'invention dont se nourrira l'Académie[17]. Cette dernière est donc une sorte d'*opérateur* qui confère à l'esprit humain – dont le travail n'a pas commencé avec elle – une plus grande puissance[18].

Fontenelle a, depuis son renouvellement en 1700, contribué à définir le rôle et l'organisation de l'Académie[19] : c'est alors en effet qu'il en devient le secrétaire, et la rédaction de son histoire deviendra un lieu permanent d'inscription du programme qu'elle poursuit et de la

16 « Sur le flux et le reflux », *HMARS*, 1701, physique générale, p. 11-13, ici p. 11.
17 Sur ce point, voir les analyses de J. B. Shank, dans : *Before Voltaire. The French Origins of "Newtonian" Mechanics, 1680-1715*, Chicago et Londres, The University of Chicago Press, 2018, p. 298 *sq.* S. Gaukroger (*The Collapse of Mechanism and the Rise of Sensibility. Science and the Shaping of Modernity, 1680-1760*, Oxford, Oxford University Press, 2010, p. 237) affirme que l'habileté de Fontenelle a justement été de transformer le statut et les aspirations de la philosophie naturelle en leur donnant une place dans la République des Lettres.
18 « L'affranchissement pour Fontenelle est un processus collectif, qui prend tout son sens au sein d'une communauté, envisagée sur deux niveaux : le public et les savants. Le principe moteur d'un discours scientifique, dont la nature profonde est d'être en constante évolution, est donc le partage, fondant la société des savants sur une forme de communisme des idées et des découvertes », Armand Guilhem, « Science et politique chez Fontenelle : une dynamique de l'affranchissement », *Revue Fontenelle*, n° 6-7, « Fontenelle, l'histoire et la politique du temps présent », Presses universitaires de Rouen et du Havre, 2010, p. 325-335, ici p. 335.
19 Simone Mazauric (*Fontenelle et l'invention de l'histoire des sciences à l'aube des Lumières*, Paris, Fayard, coll. « Histoire de la pensée », 2007, p. 83) souligne en effet que le système de références par lequel Fontenelle renvoie d'un volume à l'autre sert à « favoriser la construction de l'identité de l'institution, par le moyen de la constitution de sa mémoire, contenue dans ces volumes ».

manière dont elle s'y prend. L'idée est ainsi de montrer que l'histoire de l'Académie participe d'une histoire longue de l'esprit humain qui a cherché ses modalités de fonctionnement à tâtons. *De l'Origine des Fables* défendait déjà la continuité entre les mythes de l'Antiquité et la philosophie des modernes sur la base du fait que c'est toujours la même raison qu'on y voit à l'œuvre, mais une raison, au départ, prise dans une oralité qui recompose sans cesse ses productions et en efface l'origine. La *Digression sur les Anciens et les Modernes*, pour sa part, ajoutait à ce constat que la rupture entre deux âges tient surtout à la « manière de raisonner », laquelle est visible parce que le témoignage écrit permet de comparer les ouvrages d'époques diverses. L'*Histoire du renouvellement de l'Académie* ajoutera à la particularisation de la modernité la question de l'institutionnalisation du savoir. Fontenelle y oppose notamment l'Académie royale des sciences de Paris en train de se constituer aux précédentes en montrant que ces dernières n'avaient, pour ainsi dire, pas encore saisi réflexivement ce dont elles étaient capables. Dans les premières académies : « L'amour des sciences en faisait presque seul toutes les lois[20] ».

Ainsi, mues par un simple affect, les premières académies, vivant au gré des passions, sont soumises à des effets de dissolution et de recomposition qui rendent leur travail souvent aussi fragmentaire et disséminé que lorsqu'il est le fait d'individus isolés : c'est qu'elles ne se sont pas encore ressaisies elles-mêmes dans un véritable corps. La mouture seconde, en revanche, est précisément l'effet d'une compréhension de ce que peut être la puissance d'un tel corps, qui se laisse décrire par le jeu d'une métaphore politique – rappelant Bacon et Hobbes – lui donnant toute sa signification.

> De là se forma une Compagnie presque toute nouvelle, pareille en quelque sorte à ces Républiques, dont le Plan a été conçu par les Sages, lorsqu'ils ont fait des Lois, en se donnant une liberté entière d'imaginer, & de ne suivre que les souhaits de leur raison[21].

---

20 Bernard Le Bouyer de Fontenelle, *Histoire du Renouvellement de l'Académie Royale des Sciences en 1699*, Paris, Boudot, 1708, p. 35-68, ici p. 36.

21 *Ibid.*, p. 39. Au sujet de cette métaphore, A. Niderst (*Fontenelle*, Paris, Plon, coll. « biographique », 1991, p. 202) écrit : « On peut, en effet, regarder la nouvelle Académie des sciences comme un État idéal. Un compromis raisonnable y est institué entre la démocratie et la monarchie ».

Ce passage fait voir que la cristallisation de l'Académie résulte d'une volonté politique, mais le geste remet l'institution immédiatement sous la seule autorité de la raison : ce sont les « sages » qui lui donnent sa loi, et non la volonté politique du Prince. De sorte que l'opération qui permet aux académies de passer du statut de sociétés informelles associées aux bienfaits d'un prince ou d'un seigneur à celui d'institutions officielles de la monarchie, cette fois liées non à la personne du roi, mais à l'État dont il est le représentant, ressemble à un anoblissement : c'est bien un gain de privilèges dont Fontenelle fait l'histoire, et non un assujettissement, puisque les savants cessent d'être à la solde d'une volonté particulière et s'affranchissent du caprice pour se mettre sous la gouverne de la seule recherche de la vérité.

La manière de faire voir l'intérêt de cette démarche royale, c'est de souligner qu'il y aura, si l'on veut, retour sur investissement[22]. Fontenelle argue ainsi que l'Académie pourra remplir la fonction de conseillère du roi : c'est le caractère *désintéressé* de la recherche que l'on y fait qui la rend bonne conseillère. En lieu et place d'un ministre philosophe (Machiavel), historien (Naudé) ou théologien (Richelieu), toujours susceptible de succomber à ses propres préjugés ou passions, l'Académie, en transcendant les individualités qui la constituent, attache les décisions politiques à la lumière de la raison. Au fil des découvertes qu'elle fait, des vérités qu'elle établit, elle fournit des indications sur ce qu'il conviendrait de faire dans le cadre d'une politique éclairée comme, lorsqu'en 1716, une sorte particulière de café est trouvée sur l'île de Bourbon (aujourd'hui La Réunion), près de Madagascar :

> Ce serait un avantage pour le Royaume d'avoir une Colonie, d'où il pût tirer ce fruit qui a une vogue si prodigieuse. La différence du Café de l'Île de Bourbon à celui d'Yémen serait peut-être à l'avantage du premier, quand elle serait bien connue, sinon on pourrait trouver le moyen de la corriger[23].

D'où cette remarque au détour d'un éloge :

22 Robin Briggs (« The Académie Royale des Sciences and the Pursuit of Utility », *Past & Present*, n° 131, mai 1991, Oxford University Press, p. 38-88, ici p. 39) place Fontenelle parmi ceux qui ont contribué à promouvoir l'utilité des Académies, notamment par le développement des sciences appliquées.

23 « Observations botaniques », *HMARS*, 1716, botanique, p. 34-35.

> Une Nation, qui aurait pris sur les autres une certaine supériorité dans les
> Sciences, s'apercevrait bientôt que cette gloire ne serait pas stérile, & qu'il lui
> en reviendrait des avantages aussi réels, que d'une marchandise nécessaire et
> précieuse dont elle ferait seule le commerce[24].

La politisation de l'Académie a un effet en retour sur sa vie en tant
que sujet de la connaissance où s'incarne un esprit humain sans autorité divine pour garantir la vérité de son savoir, ou pour orienter ses
recherches. Les interdits qui visent à limiter l'action de la *libido sciendi*
doivent être revus au nom de l'utilité qui est attendue de la recherche qui,
tant qu'elle est condamnée à attendre des ressources du hasard, voit sa
progression limitée. Sur ce point, l'un des exemples qui est constamment
convoqué par Fontenelle pour faire valoir la nécessité d'écarter les pré-
ventions morales et religieuses est évidemment celui de la dissection,
que l'Église réprouve. Fontenelle n'hésite jamais à l'écorcher au passage :

> Si l'on ouvrait un plus grand nombre de corps, que ce que l'usage permet d'en
> ouvrir, on trouverait avec le temps par toutes les conformations particulières,
> de grands éclaircissements sur la conformation générale[25].

Ainsi, l'affranchissement des savants par leur entrée à l'Académie
leur permet d'accéder à un domaine qui est proche de celui des libres
penseurs – celui d'une pensée sans entrave, sans autorité. L'enjeu n'est
pas lié à une contestation de telle ou telle croyance : c'est, bien plutôt,
la constitution d'un certain rapport à nos croyances. De sorte que ce à
quoi s'oppose ce que l'on pourrait appeler l'*esprit de recherche*, mais qui est
déjà, au fond, l'esprit scientifique, n'est rien moins que la superstition.
C'est ce que montre un éloge de Ruysch, qui a découvert un procédé
qui permet de conserver les corps des cadavres plus longtemps :

> Après un premier feu, quelquefois cependant assez long, essuyé de la part de
> l'ignorance ou de l'envie, la vérité demeure ordinairement victorieuse. [...] Les
> sujets nécessaires pour les dissections, & que la superstition populaire rend
> toujours très rares, périssaient en peu de jours entre les mains des Anatomistes,
> & lui, il savait les rendre d'un usage éternel. L'Anatomie ne portait plus avec
> elle ce dégoût, & cette horreur, qui ne pouvaient être surmontés que par une
> extrême passion. On ne pouvait auparavant faire les démonstrations qu'en

---

24   « Éloge de M. du Verney », *HMARS*, 1730, p. 123-131, ici p. 126.
25   « Diverses observations anatomiques », § II, *HMARS*, 1701, anatomie, p. 50-57, ici p. 51.

Hiver; les Étés les plus chauds y étaient devenus également propres, pourvu que les jours fussent également clairs. Enfin l'Anatomie, aussi bien que l'Astronomie, était parvenue à offrir aux Hommes des objets tout nouveaux, dont la vue leur paraissait interdite[26].

Et encore, l'obstacle n'est pas tant la superstition ou la religion en tant que telles, que la propension à arrêter le savoir, à considérer son état actuel comme un état définitif – en dernière analyse, tout dogmatisme. Le rapport adéquat à nos propres croyances doit intégrer une part de scepticisme[27] sur la base du fait que les avancées du savoir ne sont jamais dotées d'une certitude suffisante pour que l'esprit s'y fixe définitivement. Ainsi, le pyrrhonisme à l'égard des raisonnements étend sa sphère d'application jusqu'aux observations elles-mêmes :

D'Anciennes Observations, quelque exactes qu'elles aient été, & les conclusions qu'on en a tirées, ne doivent pas passer pour des vérités qu'il ne soit plus permis de révoquer en doute, ni pour des choses réglées auxquelles on ne touche plus. Qui sait si les sujets n'ont point changé depuis les Observations ? Il faut toujours revoir, toujours retourner sur ses pas, & ne se croire jamais dans une possession paisible des vérités physiques[28].

En un sens, ce qui se joue, c'est la définition d'une *politique de la recherche*, et ce, à deux niveaux.

Dans un premier temps, Fontenelle fait valoir, page après page, la nécessité de laisser absolument libre cours à la recherche[29]. On ne saurait dresser un plan ou une méthode *a priori* de la science à venir, il faut au contraire laisser à eux-mêmes les savants qui, suivant leurs trajectoires singulières, ne manqueront pas d'apporter leurs fruits aux travaux de l'Académie, même de manière inattendue :

---

26 « Éloge de M. Ruysch », *HMARS*, 1731, p. 100-109, ici p. 105.
27 Susana Seguin (« Du discours sur la nature au langage scientifique », *Revue Fontenelle*, n° 6-7, *op. cit.*, p. 311-324, ici p. 324) parle à ce sujet de scepticisme ponctuel, c'est-à-dire pouvant s'accommoder d'un optimisme quant à la formation diachronique du savoir.
28 « Sur les eaux de Passy », *HMARS*, 1701, chimie, p. 62-66, ici p. 62.
29 Comme le dit Michel Blay (« Science, conception de la science et politique de la science chez Fontenelle », *Revue Fontenelle*, n° 6-7, *op. cit.*, p. 283-294, ici p. 294) : « Fontenelle en inventant, au plein sens du terme, la politique de la recherche, a souligné qu'il ne pouvait pas y avoir de développement de la connaissance sans liberté, sans, si je puis dire, une organisation par l'État de cette liberté ». Cette réflexion est reprise dans son article intitulé « Quand les politiques de la science et de la recherche oublient les leçons des Lumières », *Raison présente*, n° 172, « Lumières présentes », octobre-décembre 2009, p. 59-69, ici p. 69.

Il arrive souvent aux Chimistes, & aux autres Physiciens, qu'en chemin d'une vérité purement spéculative, ils rencontrent quelque chose d'utile[30].

Cette position est cependant tempérée par l'idée que les normes du vrai, même si elles changent, évoluent de manière unidirectionnelle, et peuvent et doivent être adoptées de manière consensuelle par l'Académie, laquelle est en mesure en même temps, par sa constitution propre, de les revoir. On se souviendra, notamment, de cette injonction claire :

> Amassons toujours des vérités de Mathématique et de Physique au hasard de ce qui en arrivera, ce n'est pas risquer beaucoup. Il est certain qu'elles seront puisées dans un fonds d'où il en est déjà sorti un grand nombre qui se sont trouvées utiles[31].

À un autre niveau, cette *politique de la recherche* doit s'entendre comme une réponse à ce nouveau rapport à nos croyances qui s'implante avec la montée de l'académisme : c'est que la légitimité du pouvoir ne peut plus s'acquérir par l'appui d'une caste reconnue comme ayant un rapport privilégié à la vérité – par exemple une caste religieuse. Au contraire, elle lui viendra désormais de sa capacité à produire les conditions institutionnelles de la recherche de la vérité. Descartes avait sa morale par provision, c'est-à-dire un ensemble de règles à suivre en attendant que la vérité soit atteinte, mais aussi qui dispose adéquatement à sa recherche : Fontenelle propose une véritable *politique provisoire*, qui sera celle des États modernes[32]. C'est tout l'appareil théologico-politique qui est ici mis à mal, sous prétexte qu'il relève d'une rationalité ancienne qui cherche à se perpétuer, alors que son temps est fait.

Dans cette politique, l'État s'appuiera sur ses savants[33], et leur activité savante sera la preuve publique de la probité de l'État. Mais, de manière

---

30   « Sur les sels volatils des plantes », *HMARS*, 1701, chimie, p. 70-71, ici p. 71.

31   « Préface sur l'utilité des mathématiques et de la physique », *HMARS*, 1699, *op. cit.*, p. XI.

32   Sur ces questions, voir notamment : J. Dagen (« Fontenelle et l'invention de la politique », *Littératures classiques*, n° 55, vol. 3, « Libertinage et politique au temps de la monarchie absolue », 2004, p. 131-143, ici p. 136), qui écrit du politique : « réalité d'ensemble qui se modifie dans le cours de l'histoire, l'élément culturel y jouant un rôle décisif, sous le nom, chez Fontenelle, de philosophie, et selon le sens d'une évolution philosophique qu'on ne saurait interpréter que comme manifestation d'un progrès dont l'institution religieuse doit faire les frais ».

33   « C'est durant [la Régence] que Fontenelle proclame le plus explicitement la volonté de mettre la science et les savants au service de l'État, au nom de la recherche du bien public »

plus fondamentale, il devra instaurer un climat politique qui favorise l'échange libre d'idées et limite toutes les formes d'adoration pouvant tendre au fanatisme. Il ne s'agit évidemment pas, ici non plus, d'une politique fondée sur un désespoir de la raison, mais simplement sur sa mise en marche vers la vérité.

> Pour cet amas de matériaux, il n'y a que des Compagnies, & des Compagnies protégées par le Prince, qui puissent réussir à le faire, & à le préparer. Ni les lumières, ni les soins, ni la vie, ni les facultés d'un Particulier n'y suffiraient. Il faut un trop grand nombre d'expériences, il en faut de trop d'espèces différentes, il faut trop répéter les mêmes, il les faut varier de trop de manières, il faut les suivre trop longtemps avec un même esprit[34].

On voit alors que la protection du Prince est avant tout une garantie de la liberté des savants – de leur indépendance comme assurance du désintéressement de la recherche qui peut seule convenir à la noblesse de l'entreprise. En clair : l'intérêt de l'État sera mieux servi si ses serviteurs sont désintéressés, et ceux-ci seront désintéressés s'ils ne sentent pas leur dépendance à l'égard du Prince. L'Académie formera, ainsi, une noblesse qui ne sera ni de robe ni d'épée, une noblesse qui n'est pas conférée par la naissance, mais par l'*ethos*.

En effet, la noblesse naturelle qui est celle des académiciens, et qu'en fin de compte l'institution de sa compagnie officialise, est l'un des *leitmotive* des *Éloges*, lesquels servent donc d'illustration constante de l'existence d'une caste d'individus dévoués à la tâche d'étendre le royaume de l'esprit humain. Les savants ne deviennent académiciens qu'à la faveur de la démonstration de leur amour pour la science, lequel s'acquiert souvent *en dépit* des parents et de l'école, en dépit du danger et des obstacles. Ainsi Joseph Sauveur est-il décrit comme un *soldat* de la science, puisqu'il va jusqu'à se rendre sur des théâtres d'opérations pour y faire des observations :

> Il exposait sa vie, seulement pour ne négliger aucune instruction, & l'amour de la Science était devenu en lui un courage guerrier[35].

(Simone Mazauric, « Fontenelle : sciences, libertinage et politique », *Revue Fontenelle*, n° 6-7, *op. cit.*, p. 280).

34 « Préface sur l'utilité des mathématiques et de la physique », *HMARS*, 1699, *op. cit.*, p. XVIII.

35 « Éloge de M. Sauveur », *HMARS*, 1716, p. 79-87, ici p. 83.

Le modèle de l'honnête homme dressé par Fontenelle au fil des *Éloges* est de ce point de vue des plus instructifs relativement à ce qui est en train de s'instituer comme un *ethos* faisant office de modèle de l'individualité moderne. S'il est vrai qu'il faut pouvoir entretenir avec ses propres croyances un rapport de distance, c'est qu'est reconnue la nécessité de faire en sorte que la recherche de la vérité s'effectue dans un climat caractérisé par la *douceur* de mœurs, c'est-à-dire sans amour-propre outrancier, sans dureté dans la critique. On l'apprend parfois *a contrario*, ce qui montre que c'est un idéal vers lequel on tend[36], et qui n'est jamais pleinement réalisé, comme lorsque certains savants nous sont montrés trop irascibles, et conséquemment comme manquant de la civilité requise par l'Académie – c'est le cas d'Antoine Parent, que Fontenelle traite assez sévèrement :

> La recherche de la vérité demande dans l'Académie la liberté de la contradiction, mais toute société demande dans la contradiction de certains égards, & il ne se souvenait pas assez que l'Académie est une société[37].

Non seulement il est question ici de se rappeler que l'Académie est une société, mais Fontenelle est bien souvent conduit à énoncer que la diversité des points de vue peut s'avérer être un facteur de fécondité :

> Le grand avantage des compagnies résulte de cet équilibre des caractères[38].

En bref, l'académisme de Fontenelle apparaît comme attaché à un programme où les questions de vérité et de légitimité politique sont intimement liées d'une manière nouvelle, ou moderne – bien que prolongeant à n'en pas douter la modernité déjà en marche chez Bacon et ses émules de la Royal Society, de même que chez les académiciens italiens[39]. C'est l'arrangement spécifiquement fontenellien des différentes caractéristiques de l'académisme qui lui donne son originalité, arrangement qui est très organique et dont émane une vision claire

---

36   Voir les analyses de Lorraine Daston (« The Ideal and Reality of the Republic of Letters in the Enlightenment », *Science in Context*, vol. 4, n° 2, automne 1991, Cambridge University Press, p. 367-386, ici p. 379 *sq.*), qui fait remarquer que, précisément, l'idéal est souvent en porte-à-faux par rapport à la réalité.

37   « Éloge de M. Parent », *HMARS*, 1716, p. 88-93, ici p. 90.

38   « Éloge de M. du Verney », *HMARS*, 1730, *op. cit.*, p. 123-131, ici p. 127.

39   Voir, à ce sujet, l'article de Pierre Girard au sein de ce recueil.

de ce que pourrait être la modernité, que l'on peut résumer en cinq points : 1) l'effacement d'un recours à un fondement métaphysique pour garantir la vérité de la science, en lui substituant 2) la constitution d'un sujet collectif qui rend possible une pérennisation du savoir, une accumulation historique et géographique des données. Cette extension de la recherche suppose 3) l'établissement d'une indépendance complète de l'Académie, laquelle est seule en mesure de servir l'intérêt politique de l'État qui la met sur pied, 4) mise sur pied qui commande pour sa part d'adopter une « politique par provision », c'est-à-dire un système reconnaissant que sa fondation même doit être à même de se laisser transformer par la science à venir, étant entendu que (5) cette science est assurée du désintéressement complet de ceux qui y travaillent, en favorisant le développement d'un véritable *ethos* de chercheur.

LA NORMALISATION BERLINOISE

En 1745, quand Frédéric II entreprend de réformer l'Académie de Berlin, c'est Samuel Formey qui, à titre de secrétaire, se charge de théoriser le rôle et le fonctionnement de l'Académie (bien que d'autres académiciens, comme Maupertuis, écrivent également sur le sujet[40]). De Fontenelle à Formey, si quelque chose reste de l'académisme du premier, c'est peut-être au détriment de ce qui en fait l'essentiel. On le verra dans ce qui suit : la spécificité de la reformulation berlinoise de la théorisation philosophique des statuts et des fonctions de l'Académie est qu'elle raffine l'affirmation de la modernité que l'on trouve chez Fontenelle, mais qu'elle le fait au prix d'un détournement qui annonce déjà la méprise dont souffrira jusqu'à aujourd'hui une compréhension répandue de l'idéal des Modernes.

On a affaire à une sorte de chiasme : au fur et à mesure que s'intensifie la légitimation des académies, que se normalise leur existence et que se standardise leur production, s'amenuise en même temps leur puissance transformatrice. On pourrait dire que, jusqu'à un certain point, le fait même que leur légitimité ne soit pas en crise illustre ce qu'il en est

---

40 Voir, à ce sujet, l'article de Christian Leduc au sein de ce recueil.

d'elles : leur présence dans le paysage sociologique a été stabilisée et circonscrite, les académies ne dérangent plus, elles ont été… assujetties. Peut-être faudra-t-il voir dans le mouvement encyclopédique *et sa critique des académies* une sorte de constat que l'institution d'un corps académique est encore, pour le pouvoir, une manière d'instrumentaliser le savoir plutôt que de s'en faire l'instrument…

Pour illustrer cette structure chiasmatique, il est utile de lire les textes de Formey où il traite de l'Académie et ceux où il est question de Fontenelle. Ces derniers seront laissés de côté ici, mais ils pourraient faire l'objet d'une étude à eux seuls, tant Formey s'y montre maître dans l'art de l'éloge ironique. Fontenelle y apparaît comme un bel esprit d'un siècle révolu et dont l'attachement au cartésianisme illustrerait le caractère dépassé. Toutefois, c'est bien aussi la définition fontenellienne d'un certain esprit moderne qui y est visé. Dans les textes qui théorisent l'appareil académique, Formey, pourrait-on dire, offre le portrait d'une autre modernité en marche, laissant ainsi le projet fontenellien en plan.

Cette mise à distance de Fontenelle laisse pourtant filtrer, ici et là, une certaine proximité qui illustre comment, peut-être malgré lui, Formey a poursuivi son effort d'institutionnalisation d'une pensée de l'Académie. Comme Fontenelle, d'ailleurs, il présentera cette pensée, de manière générale, toujours sous la forme d'apartés, dans ses introductions aux volumes de l'*Histoire de l'Académie royale des sciences et des belles-lettres de Berlin*, dans des discours brefs présentés sous la forme de *Considérations* ou d'*Essais*, ou encore au fil des *Éloges* des académiciens.

Partant de ces derniers, l'analyse des modalités d'énonciation de Formey tend à montrer qu'il confère à l'exercice du genre hagiographique une fonction légèrement différente de celle qui lui est attribuée par Fontenelle. Suivant un plan pourtant assez similaire, en apparence, à celui généralement adopté par Fontenelle, qui retrace l'enfance, les premiers travaux, la reconnaissance publique, la mort, pour se terminer par un portrait moral du savant, Formey accentue certains traits : il insistera, par exemple, sur la lignée dont le savant est issu, s'il le peut, ou glissera rapidement sur le fait qu'il vient d'une famille bourgeoise, insistant ensuite sur son caractère de « bon élève », là où Fontenelle souligne souvent à gros traits son mépris de « l'école » ou de la vocation que ses parents ont prévue pour lui. Ainsi, les savants de l'Académie de Berlin apparaissent plus jeunes destinés à devenir des membres de l'illustre compagnie, alors que ceux de l'Académie de Paris le deviennent souvent contre vents et marées. L'*Éloge de M. de Beausobre* est exemplaire à ce sujet :

> Charles Louis de Beausobre, Pasteur de l'Église Française de Berlin, & Membre de l'Académie Royale, naquit à Dessau le 24 Mars, 1690. Nous n'irons point chercher d'autre illustration à son origine que celle qu'il tire d'un Père, qui a tenu l'un des premiers rangs dans l'Église & dans la République des Lettres. Ce n'est pas qu'on ne trouve dans la Famille de Beausobre les prérogatives dont on ne manque guère de faire un étalage fastueux, dans celles qui n'en ont point d'autres ; mais nous les croyons trop étrangères à la Vie d'un Ecclésiastique & d'un Savant, pour y insister[41].

De la même manière, le récit fontenellien aime à montrer que c'est à l'Académie qu'il revient d'avoir découvert un talent et de l'avoir signalé au public : c'est elle qui élit, et la sanction royale arrive simplement pour confirmer le choix ; Formey, de son côté, aime à montrer que le savant s'est d'abord illustré, qu'il a reçu des honneurs des princes et des monarques, et que la nomination à l'Académie relève d'une sorte de couronnement. Ainsi, extrait du même éloge :

> Lorsque l'Ouvrage fut imprimé, ils eurent l'honneur d'en présenter le premier Exemplaire, vers le commencement de 1718 au Roi Frédéric Guillaume, de glorieuse mémoire, à qui il était dédié. Ce Monarque le reçut avec bonté, & témoigna à ces deux Ministres qu'il était disposé à leur faire éprouver des marques réelles de sa bienveillance[42].
>
> Si M. de Beausobre n'était pas de l'Académie, il méritait depuis longtemps d'en être. Mais il a presque toujours été éloigné des postes & des prérogatives qui semblaient lui être dues… L'Académie lui rendit justice au mois d'Octobre de l'année 1751[43].

L'éloge signé Formey, moins orienté sur l'*ethos* du savant que l'Académie viendrait consacrer et cultiver, donc moins orienté sur le rôle transformateur et civilisateur de l'Académie, fait fonctionner le système en sens inverse : elle prend elle-même un caractère honorifique et se trouve ainsi

---

41 « Éloge de M. de Beausobre », *Histoire de l'Académie royale des sciences et belles lettres*, tome IX, année 1753, p. 525-532, ici p. 525. Comme pour l'histoire de l'autre académie, nous utilisons ici, par convention, l'année de référence de l'histoire, non celle de sa publication. Pour distinguer ces volumes de ceux de l'autre académie, nous utiliserons l'abréviation *HAB*.

42 *Ibid.*, p. 527.

43 *Ibid.*, p. 530-531.

surtout propre à entériner l'*ethos* que l'État monarchique dont elle est un rouage a déjà défini comme honorable.

Ce qui transparaît ici, c'est une conception différente de ce que signifie une *politique de la recherche* : ce qui commande l'institution de l'Académie est le besoin pour la monarchie de Frédéric de travailler à sa propre glorification par la démonstration de sa capacité à mobiliser les forces savantes de l'Europe. De ce point de vue, l'annexion des académies déjà existantes ne constitue pas un affranchissement, mais une mise sous tutelle. En fait, Frédéric Ier normalise un état de fait pour s'en approprier les bénéfices sous la forme d'un « ornement » :

> Personne n'ignore comment l'idée de ces Compagnies savantes naquit en Europe dans le siècle passé, & comment on les a vu se multiplier à l'envi dans les principaux Royaumes de cette partie du Monde. [...] L'utilité déjà reconnue de ces Sociétés fit donc souhaiter à FRÉDÉRIC I. d'enrichir sa Capitale d'un semblable ornement[44].
>
> Les Lettres Patentes pour l'érection de cette Société furent datées du 11 Juillet MDCC. jour de naissance du Monarque qui était venu au Monde le 11 Juillet MDCLVII. [...] et le jour solennel de l'inauguration fut fixé au 19 Janvier MDCCXI. On avait célébré la veille l'Anniversaire du Couronnement de FRÉDÉRIC I. & cette seconde Fête méritait bien d'être en quelque sorte liée à la première[45].

Formey, dans l'« Histoire du renouvellement », s'attache à montrer que la vie de l'Académie de Berlin ne peut être racontée sans que soient décrits les aléas de la monarchie prussienne, rappelant par là que l'institution demeure éternellement sous la dépendance de la volonté du Prince. Le ton, parfois à la limite de la flagornerie, finit par donner l'impression que la *politique (monarchiste) de la recherche* ne se donnera pas pour unique plan directeur celui que lui ordonne la raison scientifique – c'est la raison d'État qui, malgré tout, est déterminante.

Cet ordre de choses n'est pas innocent. S'il est vrai que l'histoire de l'esprit humain, chez Fontenelle, impose d'accepter que les normes du savoir puissent varier dans le temps et d'une discipline à l'autre, et donc forcer une réorganisation constante des domaines du savoir, et une extension possible du territoire de la raison à des sphères dont on

---

44 « Histoire du renouvellement de l'Académie en MDCCXLIV », *HAB*, tome I, 1745, p. 1-9, ici p. 2.
45 *Ibid.*, p. 3.

la croyait exclue, Formey substitue à ce pluralisme épistémologique une séparation claire et permanente des domaines de légitimité. Ainsi, s'il est vrai que l'Académie de Berlin accomplit en son sein une *réconciliation* importante des disciplines, c'est en même temps dans le sillage d'une clarification importante de son statut en regard d'autres institutions dont elle est environnée : Formey, donc, produit les distinctions qui permettent de structurer le désordre des productions de l'esprit, commençant par quelques exclusions :

> J'entends par [Académies] les Sociétés ou Compagnies de gens de lettres, établies pour la culture & l'avancement des Sciences. Je n'y comprends pas les Académies qu'on nomme des Arts ; à plus forte raison celles qui ont pour objet les exercices du corps. Ces établissements entreraient plutôt dans la notion des Universités [...] quant aux Belles-Lettres [...] je les restreins à leurs parties théorétiques & didactiques[46].

C'est que l'Académie a son domaine propre – à d'autres institutions reviennent d'autres territoires. Ainsi, un an plus tard il écrit :

> Si [la lutte contre l'ignorance et la barbarie] est faisable, ce n'est qu'à des Corps, à des Compagnies, qu'elle est réservée. L'union des forces les augmente. Quand de semblables Corps jouissent de la considération qui leur est due, ils peuvent être le soutien de la bonne cause dans l'étendue de leur sphère & de leur vocation. L'Église veille au dépôt sacré de la Religion ; les Tribunaux au maintien des Lois : c'est aux Académies à faire régner un savoir épuré, solide, fécond en fruits précieux[47].

Formey adopte une position qui consiste à narrer l'histoire à partir de la fin, posant le présent comme *terminus ad quem* : au lieu que les académies, comme chez Fontenelle, soient l'effet de forces historiques aveugles que l'esprit humain saisit réflexivement pour en intensifier l'opération sans préjuger de ce qu'elles auront à devenir, Formey présente l'état actuel des institutions comme norme pour évaluer l'écart qui nous sépare d'un passé révolu, mais qui prend désormais un sens. Dans le premier cas, la modernité ne prétend pas être porteuse de la

---

46 « Considérations sur ce qu'on peut regarder aujourd'hui comme le but principal des Académies, et comme leur effet le plus avantageux », *HAB*, tome XXIII, 1767, p. 367-381, ici p. 370.

47 « Considérations sur ce qu'on peut regarder aujourd'hui comme le but principal des Académies, et comme leur effet le plus avantageux. Second Discours », *HAB*, tome XXIV, 1768, p. 357-366, ici p. 364.

signification du passé, elle s'en fait l'héritière, elle ne parle pas *pour* le passé, mais *avec* lui, elle ne prétend pas en révéler la signification cachée, mais incarner l'une de ses directions possibles. Formey, au contraire, s'éloigne toujours plus de ses prédécesseurs. Ainsi, après avoir donné un « échantillon du ton qui régnait alors [au XIIᵉ siècle] dans les conversations des Savants », il s'écrie : « Quelqu'un pourrait-il bien évaluer à quelle distance l'esprit humain était alors du point auquel nous le voyons parvenu[48] ? » Il ajoute alors :

> Je ne ferai pas remonter fort haut la naissance des Académies, telles que je viens de les définir. Quand on aurait la complaisance de qualifier ainsi la Société de gens de lettres que Charlemagne établit par le conseil d'Alcuin, je n'y verrais qu'une ombre & une ébauche très imparfaite des Académies modernes. Je sais que ce Prince fit choix des plus beaux Génies de son Empire, & qu'il ne dédaigna pas d'être leur Confrère. C'est assurément tout ce qu'il pouvait faire ; mais, ce qui était impossible pour lui, c'était de créer des objets propres à occuper une Académie, & de rendre ses Académiciens capables de les traiter. [...] Aussi les siècles de fer & de plomb succédèrent-ils à ces fausses lueurs de savoir[49].

Ce réglage de la légitimité enfin conquise des instances qui font autorité chacune dans leur domaine confère à l'Académie des sciences et des belles-lettres un rôle fondamental dans le fonctionnement moderne de l'élaboration du savoir tel que le conçoit Formey. Il ne s'agit pas simplement d'augmenter la fécondité du travail de l'esprit humain en donnant aux savants les moyens de récolter et d'échanger, de systématiser et de relancer la recherche expérimentale. Formey veut que l'Académie serve d'autorité surplombant l'activité de l'esprit. En tant que bras épistémique du pouvoir royal, elle prolonge et dissémine le rapport que le politique entretient *déjà* avec la vérité :

> Le public littéraire est naturellement disposé à consulter les Compagnies savantes, & à regarder leurs réponses comme des décisions, des Oracles. [...] Un demi-siècle d'une semblable Dictature sagement exercée par une Académie, produirait les changements les plus avantageux dans l'étendue des contrées sur lesquelles son exemple a une influence immédiate, & ne pourrait qu'être utile à tout le reste du genre humain[50].

---

48   « Considérations... », *HAB*, 1767, *op. cit.*, p. 371.
49   *Ibid.*, p. 370.
50   « Considérations... Second Discours », *HAB*, 1768, *op. cit.*, p. 366.

La métaphore de la dictature – si on la met dans la balance avec celle de la République utilisée par Fontenelle – fournit une indication claire de la manière dont le rôle de l'Académie est pensé : c'est, en un sens, elle, et elle seule, qui constitue le sujet du savoir, et l'esprit humain est le réceptacle de ce qui s'y détermine comme tel. Elle n'ébranle pas l'ordre théologico-politique, elle le conforte au contraire, puisqu'elle vient s'installer aux côtés de l'Église dans le cercle des institutions qui donnent au Prince son lien privilégié avec la vérité, lien qui est le fondement de son autorité politique.

Cette place insigne que Formey voudrait donner à l'Académie le conduit d'ailleurs à juger, en 1770, qu'il faudrait que ce soit à cette institution que revienne la charge de réaliser une *Encyclopédie* digne de ce nom – l'ouvrage élaboré en France s'étant, de son point de vue, soldé par un échec prévisible, une société de gens de lettres étant une organisation trop lâche pour une telle tâche : « Je voudrais qu'une Académie des Sciences se chargeât de cette entreprise [la réécriture de l'*Encyclopédie*], & que ce fut la nôtre[51] ». La tâche de l'Académie n'est pas, de ce point de vue, d'infuser une culture scientifique dans le public, mais de lui transmettre la science faite, science qu'il admettra comme savoir avéré. C'est pourquoi l'Académie est à la science ce que l'Église est à la religion : elle détermine ce qui est vrai et le transmet au public[52]. Toute la différence de style et de configuration des *Histoires* de ces deux académies se tient là. Dans celle de l'Académie parisienne, on voit un Fontenelle qui met l'accent sur un double exercice 1) de formation du public à l'esprit scientifique, formation qui passe souvent par l'exemplification de ce qu'est une discussion scientifique qu'il réalise lui-même avec le mémoire qu'il

---

51   « Littérature moderne », *Nouveaux Mémoires de l'Académie royale des sciences et belles-lettres*, *HAB*, année 1770, p. 51-60, ici p. 55. Il convient de noter que dès 1756, Formey avait formé le projet de faire une réduction de l'*Encyclopédie* – réduction qui se chargerait aussi de « corriger » les « erreurs » des encyclopédistes. Voir à ce sujet : Georges Roth, « Samuel Formey et son projet d'"Encyclopédie réduite" », *Revue d'Histoire littéraire de la France*, 54ᵉ année, n°3, juillet-septembre 1954, Presses universitaires de France, p. 371-374.

52   Alexander Schmidt (« Scholarship, Morals and Government : Jean-Henri-Samuel Formey's and Johann Gottfried Herder's Responses to Rousseau's *First Discourse* », *Modern Intellectual History*, vol. 9, n°2, août 2012, Cambridge University Press, p. 249-274, ici p. 260) fait justement remarquer que « *Formey declared the regulation of scholarship to one of the central aims of today's academies* ». Selon le même commentateur, pour Formey, le désaccord permanent des hommes de lettres fait de l'état des lettres un état comparable à l'état de nature hobbesien – l'académie doit donc en devenir le Léviathan.

présente, y insérant des commentaires, des compléments ou des critiques, et 2) de constitution d'une histoire de l'esprit humain, procédant par la mise en relation des mémoires avec l'histoire des disciplines concernées, avec d'autres mémoires présentés dans les années antérieures, *etc.* L'*Histoire* de Formey opte pour un mode plus factuel et reste focalisée sur la vie de l'Académie, si bien que l'on a plutôt l'impression d'une spectacularisation de la science en train de se faire que d'une invitation à y participer.

On comprend pourquoi, dans sa préface de 1745, Formey informe son lectorat que l'Académie de Berlin aura un système de classes tout différent de celui que l'on trouve ailleurs : il s'agit d'embrasser ce qui ailleurs est subdivisé en plusieurs académies, sciences (mathématiques et physique) et belles-lettres, et d'y ajouter une classe de *philosophie spéculative*. Et Formey de justifier cette décision :

> La Métaphysique est sans contredit la Mère des autres Sciences, la Théorie qui fournit les principes les plus généraux, la source de l'évidence, & le fondement de la certitude de nos connaissances. Ces beaux caractères ne convenaient pas à la vérité à la Métaphysique des Scolastiques, terre ingrate, qui ne produisait guère que des ronces et des épines. Et comme on n'en connaissait point d'autre, lorsque les principales Académies ont été fondées, on l'a laissée à l'écart avec une espèce de dédain [...]. Il était donc bien naturel de saisir avec avidité ces heureuses ouvertures, & de travailler en quelque sorte à polir & à perfectionner des Clefs qui ouvrent tout ce qui peut être ouvert à l'Intelligence humaine. C'est le but de la Classe Philosophique[53]....

La présence d'une classe de philosophie spéculative est donc bien, pour Formey, une manière de répondre aux décisions prises par les académies antérieures, lesquelles, se limitant trop aux sciences expérimentales ou aux arts, se livrent à l'élaboration d'un savoir sans fondation adéquate, sans certitude, sans délimitation claire de ses frontières – ce qui l'a peut-être rendu dangereux pour la foi. Ce qui était pour Fontenelle une chance – celle de voir la science faire l'économie d'un cadre métaphysique contraignant – apparaît pour Formey comme un risque à endiguer[54]. En constituant une classe de philosophie spéculative, Formey juge que l'Académie de Berlin confère à la philosophie un

---

53 Préface, *HAB*, 1745, p. v-vi.
54 Évidemment, cette manière de voir n'est pas nécessairement représentative de l'ensemble des académiciens de Berlin – voir à ce sujet les textes de Daniel Dumouchel et Christian Leduc du présent recueil.

rôle surplombant, celui de donner ses principes à la science, et donc de limiter aussi son domaine d'investigation, prix que la raison accepte ici de payer pour garantir sa liberté[55]. C'est déjà, quelques décennies plus tôt, une esquisse de la réponse kantienne à la question « qu'est-ce que les Lumières ? », où, pareillement, le philosophe demande à Frédéric II de lui laisser toute liberté de penser en l'assurant de ne pas sortir de bornes qui auront été fixées *a priori*.

CONCLUSION

Ce que j'ai essayé de montrer ici, c'est qu'il existe dans le champ même du travail philosophique de théorisation et de justification du rôle et du mode de fonctionnement des académies, au XVIIIe siècle, des tensions fondamentales, qui, à mon sens, renvoient à des manières différentes de comprendre le sens et le projet de la modernité. Formey et Fontenelle en incarnent, de manière saillante, deux polarités intéressantes. Pour le premier, la formation de l'Académie annonce le triomphe d'une modernité qui est déjà incarnée par la monarchie prussienne, laquelle se dote d'un État et de dispositifs de gouvernance qui signent le triomphe d'une raison qui est en pleine possession d'elle-même. C'est pourquoi ces dispositifs reflètent l'organisation de l'esprit humain lui-même : une Église pour fixer ses fins, une Académie pour sa vie terrestre, et un Souverain qui sait les faire cohabiter en harmonie. La garantie du progrès indéfini de la raison est donnée par la solidité et la rigidité du cadre, et la certitude qu'il incarne une sorte d'état définitif de la compréhension de l'esprit humain par lui-même. Pour le second, au contraire, la modernité n'est pas *encore* ce qui est réalisé, mais ce qui est désormais en marche. Ce qui constitue une chance de la faire triompher n'est pas la monarchie

---

55   En un sens, Formey donne une justification philosophique à ce qui existe depuis les premières académies comme l'Accademia dei Lincei, qui interdisait toute discussion de politique et de religion. Mais, pour ces premières académies, c'était toujours pour des raisons purement pragmatiques, comme le respect de règles de civilité qui font éviter les sujets susceptibles de générer des disputes (Yves Gingras, Peter Keating et Camille Limoges, *Du Scribe au savant. Les porteurs du savoir de l'Antiquité à la révolution industrielle*, Montréal, Boréal, 1999, p. 265 *sq.*).

française, mais ce qui lui est soutiré par l'Académie au nom de la modernisation nécessaire de l'État qui ne s'accommode plus d'autre chose que
d'une raison en train de se constituer, et qui, pour y parvenir, demande
d'échapper aux dispositifs hétéronomiques de gouvernance. Si l'esprit
humain se trouve ainsi représenté dans la forme que se donne l'État,
c'est non pas en tant qu'il s'y donne une forme définitive, mais en tant
qu'il accepte la nécessité de son remodelage permanent. Et pour cause :
l'Académie est ce à quoi aspirent les Modernes sur le fond d'une pensée
utopique, comme en fait foi l'Institut des Sciences et des Arts de Bologne,
dont Fontenelle dit : « On croit voir l'Atlantide du Chancelier Bacon
exécutée, le songe d'un savant réalisé[56] ». Or, le propre de cette utopie
est justement de donner à voir une modernité *sans fin*, une modernité
inquiète, « nom assez convenable aux Philosophes modernes, qui n'étant
plus fixés par aucune autorité cherchent & chercheront toujours[57] ».

Mitia RIOUX-BEAULNE
Université d'Ottawa

---

56   « Éloge de M. le comte Marsigli », *HMARS*, 1730, p. 132-143, ici p. 140.
57   *Ibid.*, p. 139.

L'HISTOIRE
DE L'ACADÉMIE ROYALE DES SCIENCES

ou l'invention d'un nouvel espace
de partage des savoirs

L'histoire de la fondation et du renouvellement de l'Académie royale des sciences de Paris est marquée par des enjeux économiques, politiques et culturels, qui en font l'un des symboles de la modernité à laquelle ce volume est consacré. De sa création par Colbert, dans la deuxième moitié du XVIIe siècle[1], aux changements introduits par les ministères de Louvois, puis Pontchartrain[2], son histoire se confond également avec les transformations épistémologiques provoquées par le développement de la science moderne[3].

Cet article voudrait insister sur un autre aspect par lequel l'Académie royale des sciences s'inscrit dans une « invention » de la modernité : il

---

1   L'Académie de Montmor, mais pas exclusivement, comme l'a montré Simone Mazauric, qui mentionne également le cabinet des frères Dupuy, les conférences du Bureau d'Adresse, organisées par Théophraste Renaudot, l'académie du père Mersenne, celle de l'abbé Bourdelot, les conférences de Jacques Rohault, parmi d'autres. Voir *Fontenelle et l'invention de l'histoire des sciences à l'aube des Lumières*, Paris, Fayard, coll. « Histoire de la pensée », 2007, p. 23-26. Voir aussi son article « Aux origines du mouvement académique en France : proto-histoire des académies et genèse de la sociabilité savante (1617-1666) », dans *Académies et sociétés savantes en Europe (1650-1800)*, Actes du colloque de Rouen de novembre 1995, textes réunis par Daniel-Odon Hurel et Gérard Laudin, Paris, Honoré Champion, 2001, p. 35-47.

2   Voir à ce sujet, René Taton, *Les Origines de l'Académie royale des sciences*, Paris, Palais de la Découverte, 1966 ; Roger Hahn, *L'Anatomie d'une institution scientifique. L'Académie des sciences de Paris, 1666-1803*, Paris, éditions des archives contemporaines, coll. « Histoire des Sciences et des Techniques », 1993 et plus récemment Éric Brian et Christiane Demeulenaere-Douyère (dir.), *Histoire et mémoire de l'Académie des sciences. Guide de recherches*, Londres-Paris-New York, Lavoisier, coll. « Tec & Doc », 1996, 449 p. Voir également la présentation qu'en fait Simone Mazauric, *op. cit.*, chapitres I et II, qui présente la naissance de l'Académie comme un phénomène complexe.

3   Voir David J. Sturdy, *Science and Social Status. The Members of the Académie des sciences, 1666-1750*, Woodbridge, The Boydell Press, 1995 ; Alain Viala, *Naissance de l'écrivain. Sociologie de la littérature à l'âge classique*, Paris, éd. de Minuit, coll. « Le sens commun », 1985.

s'agit de la décision de se doter d'un organe de communication propre, en langue vernaculaire, par lequel les membres de la compagnie rendraient compte au public de leurs activités et de la vie de l'institution, c'est-à-dire, la publication de l'*Histoire et Mémoires de l'Académie royale des sciences*. En effet, ce qui pourrait n'être considéré que comme un acte éditorial répondant à la mode grandissante des périodiques, ou encore comme les prémisses d'une entreprise de vulgarisation, constitue en réalité un acte politique significatif et, du point de vue de l'histoire intellectuelle, l'acte de création d'un nouvel espace public de diffusion des savoirs qui est également un geste épistémologique fort, lui aussi « moderne », par lequel le lecteur est invité à participer d'une manière différente à l'élaboration d'une histoire des savoirs en action.

Pour cela, il s'agira de montrer, dans un premier temps, comment cette publication constitue, du point de vue littéraire, le geste fondateur d'une « forme-sens » nouvelle qui permet à son inventeur, Fontenelle, d'écrire une histoire moderne des savoirs et de proposer à son lecteur une manière nouvelle d'appréhender, et les manifestations de la nature, et le discours de savoir qui peut en être élaboré.

L'article XL du règlement par lequel Louis XIV « renouvelle » la Compagnie en 1699 imposait au secrétaire perpétuel la rédaction d'une « histoire raisonnée » des activités annuelles de l'Académie qui devait être communiquée au public : cette décision signe donc la naissance de l'*Histoire et Mémoires de l'Académie royale des sciences*[4], dont le premier volume paraît en 1702 et dont la publication se poursuivra régulièrement durant tout le XVIIIe siècle[5]. D'autre part, une lettre de privilège accorde à l'institution le droit de faire imprimer « les Remarques ou Observations journalières, & les relations annuelles de ce qui aura été fait dans les assemblées de ladite Académie et généralement tout ce qu'elle voudra faire paraître en son nom, comme aussi les autres ouvrages, Mémoires, Traités ou Livres des

---

4   Le titre exact est *Histoire de l'Académie royale des sciences, année [...] avec les Mémoires de Mathématique et de Physique, pour la même année, tirés des registres de cette Académie.* Conformément aux usages, nous renverrons désormais aux différents volumes de la collection notée en abrégé *HARS*, suivi de l'année. Nos références étant essentiellement constituées de la partie « Histoire » du volume, nous signalerons plus particulièrement tout renvoi aux « Mémoires » par l'abréviation conventionnelle *HMARS*, suivie de l'année.
5   Le dernier volume de cette série est celui de 1790. Nous ne nous intéresserons ici qu'à la série de volumes rédigée par Fontenelle de 1699 à 1740.

particuliers qui la composent [...][6] ». La compagnie disposait donc d'une grande liberté d'action, puisqu'elle devenait son propre organe d'édition, ce qui lui permettait de satisfaire à la double exigence de communication auprès d'un public spécialisé (les *Mémoires*) et auprès du public mondain (l'*Histoire*), sans craindre les coups de la censure et sans avoir recours à un support extérieur, comme elle avait pu le faire avec le *Journal des savants*, entre 1665 et le renouvellement de la Compagnie.

Cette tâche était d'autant plus complexe que le secrétaire perpétuel, à qui il revenait d'écrire la nouvelle « histoire raisonnée », ne disposait pas vraiment de modèle générique sur lequel bâtir son travail. Non pas que des ouvrages de nature historique n'aient pas été publiés durant les premières années d'existence de l'Académie royale des sciences, mais il s'agissait essentiellement d'ouvrages limités à un savoir particulier, recoupant parfois des recherches menées au sein de l'Académie et qui n'offraient pas systématiquement l'histoire complète des découvertes ou du domaine de connaissances abordé[7]. Jean-Baptiste Du Hamel avait, par exemple, publié en 1698 le premier volume de la *Regiæ scientiarum Academiæ historia*[8], suivi d'un deuxième volume, paru en 1701[9]. L'ouvrage

---

6   Lettre du 6 avril 1699 citée par Anne-Sylvie Guénoun, « Les publications de l'Académie des sciences : le XVIIIe siècle », dans Éric Brian et Christiane Demeulenaere-Douyère (dir.), *Histoire et mémoire de l'Académie des sciences, op. cit.*, p. 113-128, ici p. 113.

7   On peut citer, à titre d'exemple, les *Mémoires pour servir à l'histoire naturelle des animaux*, de Claude Perrault, ou encore les *Mémoires pour servir à l'histoire des plantes*, de Dodart, publiés par l'Imprimerie royale en 1671 et 1676. Mais le plus souvent les publications émanant de la première académie correspondent à des observations particulières, ou sont composées de recueils de quelques mémoires portant sur un domaine particulier, comme les *Divers ouvrages de mathématique et de physique. Par Messieurs de l'Académie Royale des Sciences* [Roberval, Frénicle, Huygens et Picard], Paris, Imprimerie royale, 1693. À ce propos, voir Anne-Sylvie Guénoun, « Les publications de l'Académie des sciences : avant la réforme de 1699 », dans Éric Brian et Christiane Demeulenaere-Douyère (dir.), *Histoire et mémoire de l'Académie des sciences, op. cit.*, p. 107-112.

8   *Regiæ scientiarum Academiæ historia, in qua præter ipsius Academiæ originem et progressus, variasque dissertationes & observationes per triginta annos factas, quam plurima experimenta & inventa, cum Physica, tum Mathematica in certum ordinem digeruntur. Secunda editio priori longe auctior. Autore Joanne-Baptista Du Hamel, ejusdem Academiæ Socio & Exsecretario*, Paris, E. Michallet, 1698.

9   *Regiæ scientiarum Academiæ historia, in qua præter ipsius Academiæ originem et progressus, variasque dissertationes & observationes per triginta annos factas, quam plurima experimenta & inventa, cum Physica, tum Mathematica in certum ordinem digeruntur. Secunda editio priori longe auctior. Autore Joanne-Baptista Du Hamel, ejusdem Academiæ Socio*, Paris, J.-B. Delespine, 1701. Il s'agit en fait d'une deuxième édition augmentée, qui couvre les années 1699 et 1700.

a le mérite de raconter les origines de la première Académie et de tracer les grandes lignes des principales activités de la Compagnie entre 1666 et son renouvellement, en 1699. Mais, outre le fait qu'il s'agisse d'un travail rétrospectif extrêmement synthétique (Du Hamel résume dans le premier volume une année de travail académique en à peine quelques pages), le travail de l'ancien secrétaire n'a probablement pas servi de modèle à Fontenelle et l'on peut supposer que c'est plutôt l'inverse qui s'est produit. C'est en tout cas ce que l'on peut conclure quand on sait que le deuxième volume de l'*Histoire* de Du Hamel est largement inspiré des premiers volumes rédigés par Fontenelle lui-même, dont Du Hamel donne, pour l'essentiel, la version latine[10].

Fontenelle bénéficie donc d'une grande liberté dans l'élaboration de l'« histoire raisonnée » que l'Académie doit donner chaque année au public, même s'il doit d'emblée satisfaire aux objectifs fixés par l'institution, à savoir, la diffusion des travaux des savants, la communication au public des activités conduites par les académiciens et, en arrière-plan, l'exaltation de la politique scientifique du roi. Les premiers partis pris de l'*Histoire de l'Académie royale des sciences* rédigée par Fontenelle traduisent l'engagement du secrétaire perpétuel dans la politique de l'institution et dans les débats intellectuels du temps[11]. D'une part, le choix de la langue française comme langue de diffusion académique, que ce soit pour la partie historique, ou pour les mémoires donnés dans la deuxième partie du volume, tranche nettement avec le travail historique de Du Hamel, publié en latin, ainsi qu'avec les pratiques savantes de l'époque. D'autre part, la publication se fait sous l'autorité exclusive de l'Académie, son secrétaire perpétuel n'apparaissant jamais, contrairement à son prédécesseur, en son nom propre en tant qu'auteur : Fontenelle se fait le porte-parole de l'institution qu'il

10   En effet, le deuxième volume rédigé par Du Hamel reprend les activités de l'Académie durant les années 1699 et 1700, à un moment où Fontenelle était déjà en activité en tant que secrétaire perpétuel et de ce fait, responsable de la rédaction de l'*HARS*. C'est d'ailleurs ce qu'affirme l'« Avertissement » de l'*Histoire de l'académie royale des sciences depuis son établissement en 1666 jusqu'en 1686* : « L'Histoire Latine des années 1699 et 1700 que Mr. du Hamel a ajoutée dans la dernière édition de son ouvrage, a été faite d'après les volumes d'Histoire pour les mêmes années, écrits en français par Mr. de Fontenelle ; c'est ce que Mr. du Hamel dit lui-même au commencement de son sixième livre », *HARS depuis son établissement en 1666 jusqu'en 1686*, t. I, Paris, Martin-Coignard-Guerin, 1733, « Avertissement ». Ce texte préliminaire est rédigé par Louis Godin, adjoint-astronome, responsable de la publication des volumes de l'*HARS* et des *Mémoires* pour la période 1666-1699.
11   Notamment son engagement dans le camp des « Modernes » qu'étudie Simone Mazauric dans *Fontenelle et l'invention de l'histoire des sciences, op. cit.*, ch. VI.

représente et derrière laquelle il se cache, au point que cette dimension de sa production intellectuelle n'a pas toujours été considérée comme faisant partie de ses œuvres personnelles[12].

Chacun des volumes de *l'Histoire de l'Académie royale des sciences* est composé de deux volets principaux, reliés en un seul volume, mais reconnaissables à la pagination différente dont ils sont pourvus. La première partie est désignée par le titre d'*Histoire* ; la deuxième est celle des *Mémoires*, où sont rassemblés les travaux présentés par les membres de l'institution ou envoyés par les correspondants étrangers et approuvés par la Compagnie au cours des différentes séances ; leur publication est placée sous la responsabilité du secrétaire perpétuel, et constitue, de l'aveu même de Fontenelle, une forme d'annexe à la partie historique qui ouvre les volumes[13].

La différence entre les articles qui composent l'*Histoire* et les *Mémoires* est par ailleurs double. D'une part, l'*Histoire* ne se contente pas de résumer ou de commenter les mémoires publiés dans la deuxième partie du volume, elle possède un contenu propre, que le secrétaire de l'Académie juge tout aussi utile à la connaissance de l'institution que les travaux des académiciens, et qu'il appelle les « observations ». D'autre part, cette partie ne vise pas un public savant, mais plutôt des lecteurs curieux qui, sans avoir de grandes connaissances scientifiques, en ont suffisamment pour pouvoir apprécier les théories discutées à l'Académie. Fontenelle avoue donc se faire l'interprète des nouveaux savoirs en élaboration auprès du public :

> On a tâché de rendre cette Histoire convenable au plus grand nombre de personnes qu'il a été possible ; on a même eu soin dans les occasions d'y semer des éclaircissements propres à faciliter la lecture des Mémoires, et quelques-unes de ces pièces pourront être plus intelligibles pour la plupart des gens, si on les rejoint avec le morceau de l'Histoire qui leur répond[14].

L'apparente neutralité de la formulation impersonnelle ne trompe pourtant personne, c'est bien Fontenelle qui intervient pour rendre plus aisée la compréhension des mémoires et qui rajoute ses commentaires ou

---

12   L'anonymat sous le couvert duquel travaille Fontenelle ainsi que le caractère officiel de l'*Histoire de l'Académie des sciences* expliquent que ces textes soient souvent passés pour des écrits de circonstance sans grand intérêt pour la connaissance de la pensée de leur auteur.

13   « Ces Mémoires sont à peu près ici ce que sont dans une Histoire ordinaire des Actes originaux, ou des Preuves que l'on imprime quelquefois à la fin », *HARS*, 1699, « Préface », 1732, p. IJ.

14   *HARS*, 1699, « Préface », *ibid.*, p. IJ-IIJ.

des précisions qui donnent une identité propre à l'*Histoire de l'Académie royale des sciences*. D'ailleurs, certains des contemporains de l'auteur ont bien perçu la particularité du travail du secrétaire de l'Académie. Le jugement de l'abbé Trublet est ici éclairant :

> Mr. de Fontenelle éclaircit et approfondit la matière même des Mémoires, par les choses qu'il ajoute souvent de son fond[s] ; mais en éclaircissant, rectifiant et ajoutant, jamais il ne le fait sentir ; et cela est d'autant plus beau pour ceux qui le connaissent bien, qu'il ne laisse pas de désirer qu'on le sentît. [...] La marche, l'enchaînement, et la gradation des idées, est un des principaux caractères de son style [...]. Ce qu'il dit exprime ce qu'il omet, pour ceux qui savent entendre ; il faut à ses lecteurs moins d'attention que d'esprit[15].

Ainsi, lorsque Fontenelle s'adresse au plus grand nombre, il ajoute, discrètement, certaines considérations « de son fonds ». Il faut « [savoir] entendre » la voix de l'auteur dans les articles qui composent l'*Histoire de l'Académie royale des sciences* pour comprendre combien sa présence dans le texte est importante. Il faut donc nuancer le rôle de « vulgarisateur » que l'on a sans doute trop vite attribué à Fontenelle. Il est vrai que, dans ces écrits, celui-ci se fait pédagogue, afin de rendre intelligibles par le plus grand nombre de lecteurs les travaux des académiciens. Mais ceci ne l'empêche pas de laisser percevoir ses points de vue, de manière que l'on puisse légitimement se demander dans quelle mesure l'opinion même de Fontenelle, distillée à petites doses dans les différents volumes de la collection, aura contribué à former l'esprit d'une génération straté-gique, celle qui participe directement à la grande « crise des Lumières ». Le témoignage de d'Alembert, l'un de ses successeurs à l'Académie des sciences, laisse entendre toute l'influence qu'a pu avoir l'œuvre de Fontenelle sur des lecteurs avisés :

> Fontenelle, sans jamais être obscur, excepté pour ceux qui ne méritent pas même qu'on soit clair, se ménage à la fois le plaisir de sous-entendre, et celui d'espérer qu'il sera pleinement entendu par ceux qui en sont dignes[16].

15 Nicolas-Charles-Joseph Trublet, *Mémoires pour servir à l'histoire de la vie et des ouvrages de M. de Fontenelle*, Amsterdam, Marc-Michel Rey, Paris, Desaint et Saillant, 1761, p. 61 puis p. 15, cité par Claudine Poulouin, « La *Préface sur l'utilité des mathématiques et de la physique* de Fontenelle ne vise-t-elle qu'à rendre le progrès des sciences visible au "gros du monde" ? », *Revue Fontenelle*, nº 4, « Fontenelle entre science et rhétorique », Presses universitaires de Rouen et du Havre, 2006, p. 61-78, ici p. 63.
16 D'Alembert, *Éloge de La Motte suivi des notes sur l'Éloge*, dans *Œuvres complètes*, t. III, Iʳᵉ partie, Paris, Belin, 1821, p. 121-174, ici p. 138. Relevé par Claudine Poulouin, art. cité.

L'*Histoire de l'Académie royale des sciences* comporte donc plus que le simple compte rendu des faits marquants de l'histoire de la Compagnie, ou le commentaire simplifié des travaux présentés par ses membres. Fontenelle se permet de trier les informations, de varier la présentation des activités académiques (résumé formel et commentaire des mémoires ou « observations » et commentaires au sujet des conversations, des séances ou des lettres des correspondants), dont il faut tenir compte pour comprendre la finalité que le secrétaire perpétuel donne à ces pratiques dans une stratégie littéraire, historique, épistémologique, plus large.

Soyons plus précis : le fait que Fontenelle privilégie le traitement informel des faits académiques dans les « observations », ou qu'il décide de résumer et de commenter un ou des mémoires dans un compte rendu n'est pas indifférent. Certes, ses fonctions de secrétaire de l'Académie lui imposent de rendre compte d'un certain nombre de mémoires et d'ouvrages, et tous ces extraits ne présentent pas pour lui le même intérêt, ce qui peut provoquer quelques mécontentements : ainsi, le médecin Sarrazin, de Québec, rendit Fontenelle responsable de sa non-élection à l'Académie en raison du compte rendu peu éclatant qu'il avait fait sur ses travaux sur le rat musqué et le castor[17]... Mais Fontenelle n'en fait pas moins preuve d'esprit critique et son talent d'écrivain lui permet de glisser des prises de position très personnelles.

Parmi les procédés dont l'auteur dispose pour exercer son choix, le premier et le plus évident est la possibilité de ne pas rendre compte des travaux des académiciens et de laisser une place pour des travaux importants réalisés en dehors de l'Académie. À première vue, Fontenelle respecte ce qu'indiquait la préface de 1699 :

---

17 Un très rapide commentaire sur la description du castor par Sarrazin apparaît dans un compte rendu portant sur « Diverses observations anatomiques » dans l'*HARS* pour 1704, p. 36, alors que la partie *Mémoires* publie l'écrit de Sarrazin, p. 48-66. Fontenelle mentionne la description du rat musqué en 1714, p. 26. Le mémoire sera publié finalement en 1725, mais cette fois-ci Fontenelle se contente de renvoyer simplement à des « extraits » des mémoires de Sarrazin. Voir *HARS* pour 1725, p. 28 et *HMARS* pour 1725, p. 323-345. *Cf.* Françoise Bléchet, « Fontenelle et l'abbé Bignon. Du Président de l'Académie Royale des Sciences au Secrétaire Perpétuel : quelques lettres de l'abbé Bignon à Fontenelle », *Corpus. Revue de philosophie*, n° 13, « Fontenelle », 1990, Corpus des œuvres de philosophie en langue française, p. 51-62, ici p. 53-54.

> Quand [...] une matière contenue dans les Mémoires a été par elle-même si intelligible qu'elle n'eût pas pu l'être davantage dans l'Histoire, on s'est épargné la peine inutile de la répéter[18].

Conformément à ce principe, beaucoup de mémoires ne méritent que des renvois sommaires, voire très sommaires... Prenons pour exemple ce « grand recueil d'observations de M. Mery sur les hernies » :

> on le donne au public, parce qu'on l'a cru très utile pour la pratique ; mais on n'en fait point d'extrait dans cette histoire, tant parce que la matière est d'elle-même assez intelligible, que parce qu'elle ne serait pas au goût de ceux qui ne cherchent que le brillant de la théorie et des systèmes.
>
> Par les mêmes raisons, l'on ne dit rien ici des observations sur plusieurs hydropisies, faites par M. du Verney le jeune[19].

Une enquête purement statistique permet ainsi de constater que le nombre de mémoires faisant l'objet d'un compte rendu dans la partie historique diminue au fur et à mesure de la publication de l'*Histoire de l'Académie royale des sciences*. Si, en 1699, Fontenelle commente de manière plus ou moins étendue les trente-deux mémoires publiés dans la deuxième partie du volume, ce nombre diminue progressivement à partir de 1701, pour n'en représenter qu'un tiers en 1740 (douze mémoires sur trente-huit que comporte le volume), avec une moyenne, dans les années 1720-1730, d'une moitié de mémoires commentés.

Si, en revanche, on tient compte du nombre d'articles qui composent la partie *Histoire*, on constate également que la partie représentée par les mémoires diminue progressivement. Dans les premiers volumes de la série, la part occupée par ce que l'on nomme les « observations » (c'est-à-dire la partie où Fontenelle décide et des sujets et de la manière de les aborder) reste, somme toute, assez modeste, alors qu'elle se développe de manière sensible à partir des années 1710, pour devenir par moments presque aussi importante que les comptes rendus de mémoires, notamment dans les dernières années de son secrétariat. Fontenelle accorde donc de plus en plus d'importance aux comptes rendus d'ouvrages publiés en dehors de l'Académie elle-même, aux correspondances et aux observations diverses.

---

18 *HARS* pour 1699, « Préface », *op. cit.*, p. IIJ.
19 « Diverses observations anatomiques », *HARS* pour 1701, anatomie, 1743, p. 50-57, ici p. 56. Le renvoi à la page des *Mémoires* où se trouvent ces deux travaux apparaît toujours en marge.

Ces observations purement formelles démontrent que, même si l'Académie des sciences décide en tant que corps de la publication d'un mémoire, son secrétaire perpétuel peut bien se garder d'en rendre compte dans la partie historique, passant ainsi sous silence les travaux de l'un de ses confrères. Il est vrai que la « Préface » de 1699 avait annoncé que :

> Quand une matière n'a pu comporter d'être tournée d'une autre façon, et traitée moins à fond qu'elle n'était dans les Mémoires, ce qui arrive quelquefois en fait de [...] démonstrations de Géométrie et d'Algèbre, on a été réduit à la passer sous silence, à moins qu'il n'y ait eu lieu de marquer historiquement qu'on avait fait quelque progrès à cet égard[20].

Mais ce n'est pas précisément la clarté de la démonstration qui explique, par exemple, le silence de Fontenelle à l'égard d'un mémoire de Michel Rolle[21] publié en 1703 avec les *Mémoires* des académiciens[22], et pour lequel il n'y a ni extrait ni même mention dans la partie *Histoire* de cette année. C'est plutôt l'engagement de celui-ci auprès de l'abbé Gallois dans le combat contre les « infinitaires », accusés par Rolle d'obscurcir la géométrie par des erreurs indignes de cette noble discipline. Il ne commentera pas plus les autres mémoires du mathématicien, ni ceux de Gallois d'ailleurs, auxquels il renvoie de manière très sommaire[23].

Fontenelle n'a pas occulté ce débat qui secoue l'Académie des sciences durant les premières années du XVIIIe siècle, il en fait état notamment dans les *Éloges* des académiciens engagés dans cette querelle savante, mais l'*Histoire* en fait état également. Ainsi, à la fin du chapitre « géométrie » du volume de 1701, Fontenelle explique les origines de la querelle :

---

20 *HARS* pour 1699, « Préface », *op. cit.*, p. IIJ.

21 Michel Rolle (1652-1719), est élève astronome en 1685, puis pensionnaire géomètre en 1699, premier titulaire nommé par Louis XIV. Il devient pensionnaire vétéran quelques mois avant sa mort.

22 M. Rolle, « Du nouveau système de l'infini », *HMARS* pour 1703, 1720, p. 312-336.

23 On trouve, par exemple, cette indication dans un compte rendu intitulé « Sur la résolution d'un problème proposé dans le Journal de Trévoux, ou, sur une propriété nouvelle de la parabole », *HARS* pour 1701, géométrie, 1743, p. 85-90, ici p. 89 : « Quand il ne fut plus question des infiniment petits, M. Rolle donna quelques règles, mais sans démonstration, pour reconnaître d'abord en gros, et comme par un premier coup d'œil, quels seront les principaux contours et les rameaux d'une courbe, dont on a la nature exprimée par une équation algébrique. Cela dépend de plusieurs opérations d'algèbre sur les racines ». L'abondance d'indéfinis, l'imprécision introduite par la comparaison, laissent percevoir le peu d'importance que Fontenelle accorde à cette théorie.

Cette année s'éleva dans l'Académie une dispute dont elle fut assez longtemps, et peut-être trop longtemps occupée. La Géométrie que l'on appelle
des infiniment petits, est une méthode pour toutes les lignes courbes, fondée
sur un principe connu, et employé par les anciens géomètres, mais dont ils
n'ont pas pénétré l'étendue immense [...].

Fontenelle désigne ensuite les acteurs de la contestation :

Mais M. Rolle et M. l'Abbé Galois s'élevèrent contre une nouvelle méthode
qui prétendait de si grands avantages. Comme elle suppose perpétuelle-
ment l'Infini, et le comprend dans ses calculs aussi fréquemment et aussi
hardiment que le Fini, comme elle admet des grandeurs infiniment petites,
qui cependant se peuvent encore résoudre en d'autres grandeurs infiniment
plus petites, qui ont encore elles-mêmes leurs infiniment petits, et ainsi de
suite à l'infini, ils attaquèrent le système par ces endroits-là, qui paraissent
fourmiller de contradictions[24].

Nous savons ainsi qu'il tient pour responsable moins Rolle lui-même
que l'abbé Gallois, qui ne combattait la nouvelle géométrie « qu'avec le
secours, ou à l'abri d'un géomètre de nom[25] ». Mais il apparaît que le
mémoire de Rolle contre la géométrie des infinis ne lui semble clairement pas « marquer historiquement qu'on avait fait quelque progrès »
en matière de géométrie ; il ne fallait donc pas « annoncer cette nouvelle à ceux qui sont [...] bien aises d'apprendre que les Sciences ou les
Arts avancent[26] ». Ce mémoire est bien un travail de l'Académie, mais
il ne fait pas partie de son Histoire, encore moins de l'histoire de la
discipline. Et pour éviter toute confusion, Fontenelle le précise dans le
volume de 1704, non pas par un article de son *Histoire*, mais par un
« avertissement », placé en tête du volume et présenté dans une typo-
graphie différente (et donc matériellement à l'extérieur de l'*Histoire*), qui
explique les raisons de son silence par des formulations elliptiques et
impersonnelles qui ne cachent pas, pour qui sait entendre, l'engagement
personnel du secrétaire de l'Académie :

On a imprimé dans les *Mémoires de 1703, page 312*, un écrit de M. Rolle, intitulé,
Du nouveau Système de l'Infini. *Les Réflexions que diverses personnes ont faites*

24 « Sur la résolution d'un problème... », *ibid.*, p. 87 et 88.
25 « Éloge de M. Rolle », dans *HARS* pour 1719, 1721, p. 94-100, ici p. 98 ; *Œuvres complètes*,
    t. VI, 1694-1727, Paris, Fayard, coll. « Corpus des œuvres de philosophie en langue
    française », 1994, p. 484.
26 *HARS* pour 1699, « Préface », *op. cit.*, p. IIJ.

sur cet écrit, sur les principes qui y sont avancés, et sur les conséquences qu'on en pourrait tirer, obligent à déclarer que quoiqu'il se trouve parmi les autres ouvrages destinés à l'impression par l'Académie, son intention n'a jamais été d'adopter rien de ce qui s'y peut trouver[27].

L'absence de commentaire reste pourtant exceptionnelle. Certes, Fontenelle omet de faire quelques comptes rendus, mais il s'agit de travaux que l'on pourrait qualifier de mineurs[28]. Dans l'ensemble, il remplit ses obligations auprès de l'institution, en rendant compte des mémoires ou des ouvrages qu'il ne peut pas passer sous silence, mais il le fait de manière elliptique et en usant de tournures antiphrastiques qui confirment le jugement de l'abbé Trublet, lorsqu'il affirmait que ce que Fontenelle disait, « exprim[ait] ce qu'il omet[tait][29] ». Retenons, à titre d'exemple, ce commentaire en guise de compte rendu d'un ouvrage du mathématicien Vincenzo Viviani, correspondant de Jean-Dominique Cassini, reçu à l'Académie en 1702 :

> Cette année M. Viviani premier mathématicien du Grand Duc de Toscane, et l'un des huit Académiciens associés étrangers, envoya à l'Académie un livre qu'il avait fait, intitulé : *De locis solidis Aristæi senioris secunda Divinatio*, et dédié au Roi, dont il recevait une pension. C'est un ouvrage sur les coniques, plein d'une profonde géométrie, traitée à la manière des Anciens[30].

Seule l'une des cinq lignes consacrées à l'événement porte sur le contenu de l'ouvrage et toute l'appréciation de Fontenelle se résume à un adjectif qualificatif unique, « profonde », dont toute valeur positive est cependant annulée par la présence de la proposition adverbiale qui suit, « à la manière des Anciens ». Le compliment de Fontenelle tourne court, car le travail de Viviani n'apporte rien de nouveau à la connaissance des infinis, qui, seule, peut faire progresser le savoir mathématique. On croirait presque entendre Voltaire lorsqu'il affirmait, au sujet de l'abbé

---

27 *HARS* pour 1704, « Avertissement », 1745. En italiques dans le texte.

28 En 1733, par exemple, on ne trouve aucun commentaire dans l'*Histoire* d'un mémoire publié dans la deuxième partie du volume, « Mémoire où l'on donne les raisons pourquoi les chevaux ne vomissent point », par M. Lamorier, de la Société royale de Montpellier, *HMARS* pour 1733, 1735, p. 511-516, ici p. 511.

29 Nicolas-Charles-Joseph Trublet, *Mémoires pour servir à l'histoire de la vie et des ouvrages de M. de Fontenelle*, *op. cit.*, p. 15.

30 « Sur une nouvelle méthode concernant le calcul intégral », *HARS* pour 1702, 1743, géométrie, p. 61-64, ici p. 64.

Pluche : « on y cite un auteur, qui dit des choses si profondes, qu'on les prendrait pour creuses[31] »…

Ailleurs, c'est la juxtaposition des articles qui permet au lecteur de tirer des conclusions au sujet tant de la pertinence des travaux proposés à l'Académie que des opinions du secrétaire de l'institution. Un exemple représentatif de cette stratégie est donné par une série de comptes rendus d'ouvrages que Fontenelle propose dans le volume de l'*Histoire* pour l'année 1710, et qui réunit plusieurs approches critiques. Il s'agit, cette fois, des comptes rendus que Fontenelle propose, non pas de mémoires d'académiciens, mais de différents types d'écrits présentés par des correspondants de l'Académie, autrement dit de textes que sa charge ne lui imposait pas de commenter, mais qu'il fait le choix de présenter au public comme dignes de leur curiosité.

Le premier compte rendu concerne un écrit du naturaliste suisse Johann Scheuchzer, correspondant de l'Académie qui, de passage à Paris, présente lui-même devant la Compagnie une dissertation latine sur les « pierres figurées », dans laquelle il affirme que le Déluge universel est bien la cause de la présence de coquilles fossiles au sommet des montagnes[32]. Dans le même mémoire, Johann Scheuchzer expose une théorie physique du Déluge universel qui suppose que, le jour de l'inondation, Dieu lui-même ait brusquement arrêté la rotation de l'axe de la terre, provoquant, par inertie, la sortie des eaux des océans de leur lit naturel et donc l'inondation de toutes les terres découvertes[33]. Le deuxième compte rendu porte sur l'ouvrage du frère de Johann Scheuchzer, Johann Jakob, dont le sujet s'inscrit dans la continuité du précédent. Il s'agit de « l'*Herbarium Diluvianum*[34] », contenant un catalogue de différentes plantes fossiles qui prouvent, non seulement que le Déluge a eu lieu,

---

31 Voltaire, *Questions sur l'Encyclopédie (IV)*, art. « Déluge Universel », *Œuvres complètes*, vol. 40, Oxford, Voltaire Foundation, 2009, p. 363.

32 Johann Scheuchzer est considéré aujourd'hui comme un pionnier de la tectonique alpine. Son travail est beaucoup moins connu que celui de son frère, et pour cause : il ne publia presque rien de son vivant. Voir François Ellenberger, *Histoire de la géologie*, tome II, « La grande éclosion et ses prémices, 1660-1810 », Paris, Lavoisier, coll. « Tec & Doc », « Petite Collection d'Histoire des Sciences », 1994, p. 125-132.

33 « Diverses observations de physique générale » *HARS* pour 1710, 1732, physique générale, p. 15-30, ici p. 21. Les frères Scheuchzer s'inspirent de la théorie du naturaliste anglais John Woodward. Sur ce sujet, voir Susana Seguin, *Science et religion dans la pensée française du XVIIIᵉ siècle : le mythe du Déluge universel*, Paris, Honoré Champion, 2001, p. 74-79.

34 *HARS* pour 1710, *op. cit.*, p. 21-23. *Herbarium diluvianum collectum*, Zurich, Imp. D. Gesner, 1709, 44 p., in-folio.

mais qu'il a dû commencer au mois de mai, d'après la taille d'un épi d'orge conservé dans cet « herbier du Déluge ».

Les deux extraits qu'en donne Fontenelle sont marqués par la sobriété de l'hommage rendu aux deux auteurs, notamment à Johann, dont Fontenelle dit qu'il est l'un des « plus savants et des plus utiles correspondants » de l'Académie parisienne. Dans les deux cas, il résume de manière apparemment neutre le contenu des ouvrages qu'il commente sans bien évidemment mettre en cause ni la théorie défendue (l'origine organique des fossiles), ni l'événement invoqué (le Déluge biblique). Or, il présente la théorie des frères Scheuchzer comme une « hypothèse[35] », ou comme un « songe philosophique[36] », que l'on peut comparer à d'autres théories également présentées à l'Académie[37] sans que l'on puisse tirer d'autre conclusion que la nécessaire présence de la mer sur les terres émergées à une époque lointaine mais indéterminée. Seule une remarque finale, qui se présente comme un éloge de la puissance divine, peut en réalité être lue comme une antiphrase, si l'on tient compte de la place que Fontenelle accorde à l'intervention divine lors de la « chiquenaude » initiale et à la régularité des lois de la nature[38] :

> Cette manière d'expliquer le Déluge n'est pas moins simple que nouvelle ; lors même que Dieu fait des coups de sa puissance extraordinaire, et s'affranchit de ces lois si simples qu'il a établies, on peut croire que le Miracle s'exécute encore avec le plus de simplicité qu'il soit possible[39].

Or, l'effet ironique de cette remarque finale passe totalement inaperçu dans le contexte de l'*Histoire de l'Académie royale des sciences*, qui efface

---

35   *HARS* pour 1710, *op. cit.*, p. 21.

36   *Idem.*

37   En l'occurrence, l'origine séminale de certaines pierres, thèse avancée par Saulmon, élève mécanicien, mais surtout l'hypothèse d'un lent déplacement des rivages comme explication à la présence de restes de corps marins dans des terres émergées. Voir « Sur les Pierres et particulièrement sur celles de la Mer », *HARS*, 1707, 1730, physique générale, p. 5-7.

38   C'est ce qu'il affirme dans les *Doutes sur le système physique des causes occasionnelles* : « Dieu doit donc à toutes les parties de cette machine [de l'univers] un premier mouvement, si inégal qu'il lui plaira, il n'importe ; jusques-là les corps sont indifférents : mais il faut que tout ce qui arrive ensuite dans la machine, arrive en vertu de la disposition où elle est, et par la seule nature des parties qui la composent ». Voir l'édition de Mitia Rioux-Beaulne, dans *Digression sur les Anciens et les Modernes et autres textes philosophiques*, sous la dir. de Sophie Audidière, Paris, Classiques Garnier, 2015, p. 194.

39   *HARS* pour 1710, *op. cit.*, p. 21.

la présence du rédacteur des articles[40]. On comprend alors qu'on ait pu attribuer à Fontenelle une expression qui lui valut les moqueries de certains contemporains, lorsqu'il désigne les coquilles fossiles comme des « médailles du Déluge », comparables aux médailles grecques ou romaines et conférant même une plus grande certitude que ces dernières[41].

Il suffisait pourtant de lire le compte rendu qui suit immédiatement ceux des écrits des frères Scheuchzer pour comprendre la véritable opinion de Fontenelle sur la question. En effet, le troisième article de la série est consacré à un ouvrage manuscrit envoyé par un autre correspondant, le comte Luigi Marsili[42], intitulé *Essai de physique sur l'Histoire de la mer*[43]. Le ton est enthousiaste : « La manière dont il s'y est pris suffirait pour faire bien entendre ce que c'est que le Génie d'observation, et pour en donner un modèle[44] », affirme Fontenelle. Et cet enthousiasme se transforme même en vœu qui contraste avec le ton convenu des deux articles précédents : « Si l'on avait un nombre suffisant d'aussi bons mémoires faits par des observateurs qui eussent été postés en différents endroits du monde, on aurait enfin une Histoire naturelle[45] ». L'intérêt de Fontenelle se traduit par la longueur exceptionnelle du compte rendu : huit pages (contre à peine deux pour chacun des deux ouvrages des frères Scheuchzer), sans compter les articles qu'il tire du même ouvrage

---

40 La présence d'une note, en marge, rajoute cependant un élément critique, paré pourtant de la neutralité que lui confère le paratexte : Fontenelle y explique que le miracle intervenu du temps de Josué (le soleil se serait arrêté pour permettre à celui-ci de remporter la bataille de Gabaon) contredit les lois de la nature : « De là il suivrait, qu'au temps que Josué arrêta le Soleil, c'est-à-dire la terre selon Copernic, il a dû arriver un Déluge » (*ibid.*). Replacée dans le contexte du système copernicien, cette conséquence, invoquée par Scheuchzer, choque doublement la raison. Les mêmes causes produisant toujours les mêmes effets, non seulement les lois de la nature auraient dû être sérieusement contrariées mais le texte biblique aurait lui-même dû être remis en cause, puisque la Bible ne mentionne aucun Déluge du temps de Josué (Josué 10:8-14).

41 Fontenelle sera accusé à tort, notamment par Voltaire, d'avoir défendu la thèse diluvianiste. Or, l'expression apparaît dans le mémoire de Scheuchzer et Fontenelle ne fait que la récupérer pour son compte rendu. *Cf.* Susana Seguin, *Science et religion dans la pensée française du XVIIIe siècle : le mythe du Déluge universel, op. cit.*, p. 145-149.

42 Nommé correspondant de Jean-Dominique Cassini en 1699, Marsili, ou Marsigli, deviendra associé étranger en 1715. Il est actuellement considéré comme un précurseur majeur de l'océanographie moderne.

43 Ce mémoire sera finalement publié sous le titre *Histoire physique de la mer*, Amsterdam, 1725.

44 *HARS* pour 1710, *op. cit.*, p. 23.

45 *Ibid.*, p. 24.

et qu'il insère dans les chapitres « Chimie[46] » et « Botanique[47] », ce qui montre l'utilité multiple qu'il reconnaît à l'œuvre de Marsili. Les remarques sur la pertinence des observations se répètent tout au long de l'article : l'ouvrage est « considérable », les illustrations faites avec soin et les découvertes, notamment celles qui concernent le corail, d'une grande richesse.

Toute la première partie de l'article de Fontenelle porte essentiellement sur les observations de Marsili au sujet de la physique des mers, du fond marin, de la structure géologique des îles, ce qui inspire à l'historien de l'Académie une affirmation qui contredit totalement l'« hypothèse » du Déluge exposée dans le compte rendu précédent :

> De là on peut conjecturer, comme M. Marsigli, que le globe de la Terre a une structure déterminée, organique, et qui n'a pas souffert de grands changements, du moins depuis un temps considérable[48].

Contrairement au « songe philosophique » des frères Scheuchzer, construit sur une fiction physique ne reposant sur aucune preuve, la « conjecture » de Marsili se construit sur l'observation directe des côtes du Languedoc, où le savant italien s'était installé afin de préparer son mémoire. La régularité des phénomènes qui découle des observations marines s'inscrit dans une conception stable de la nature régie par des lois constantes, d'où l'intervention ponctuelle de la divinité semble exclue. Il est alors possible d'adopter les vues de Marsili et le pronom impersonnel « on », de portée générale, s'approprie les conclusions du naturaliste et valide la théorie présentée, ou du moins, la démarche intellectuelle qui la produit. Ainsi, plaçant le naturaliste italien en dernier lieu dans la série des comptes rendus, à la fin du chapitre consacré aux « observations

---

46 Il s'agit, comme pour la botanique, d'un véritable article, comparable à celui qu'il consacre d'habitude aux mémoires et non d'un simple compte rendu d'ouvrage ou d'une observation de chimie, comme c'est l'usage pour les travaux des correspondants. « Sur l'analyse des plantes marines, et principalement du corail rouge », *HARS* pour 1710, *op. cit.*, p. 48-54.

47 « Sur les plantes de la mer », *HARS* pour 1710, *op. cit.*, p. 69-78.

48 *HARS* pour 1710, *op. cit.*, p. 25. Cette opinion sera réaffirmée en 1716 : « quoique toutes ces conséquences paraissent se suivre assez naturellement – Fontenelle parle de l'origine des pierres –, c'est une espèce de témérité, même aux philosophes, que de vouloir les suivre si loin, et il suffit au reste des hommes que la surface de la terre soit depuis longtemps assez tranquille, et promette de l'être encore longtemps […] », « Sur l'origine des pierres », *HARS* pour 1716, 1718, physique générale, p. 8-16, ici p. 16.

de physique », Fontenelle donne le dernier mot à Marsili, à qui il revient d'affirmer la constance des lois naturelles contre les théories fantaisistes présentées par les frères Scheuchzer.

Le caractère officiel de l'*Histoire de l'Académie royale des sciences* n'interdit donc pas à Fontenelle de faire entendre son avis sur certains sujets délicats, tout comme la nature éclatée de la composition des volumes, subordonnée en grande partie à la présence des mémoires dans la seconde partie, n'interdit pas certaines stratégies de construction. Faute de pouvoir donner clairement son opinion, le secrétaire de l'Académie se sert des structures souples que sont les comptes rendus qu'il pratique à partir de sources fort différentes et avec des résultats, eux aussi, assez divers, pour proposer sa vision de l'histoire des savoirs en construction.

Je m'attarderai sur un troisième (et dernier) exemple. Il s'agit du compte rendu que Fontenelle écrit en 1721, sous le titre « Sur la libration de la lune[49] » et qui résume un mémoire de Jacques Cassini publié la même année. Le mémoire de Cassini explique comment les variations qu'il a observées sur l'apparence du disque lunaire correspondent à la combinaison de deux mouvements lunaires, l'un autour de la terre, l'autre autour de son axe, ce qui confirme les conclusions que son père, Jean-Dominique Cassini, avait avancées à la fin du siècle précédent. Sans reprendre la démonstration de Cassini, on peut retenir la modalité démonstrative choisie par l'astronome, essentiellement géométrique, et fort différente de celle qu'utilise Fontenelle pour le compte rendu. En effet, celui-ci renverse totalement la perspective discursive, réécrivant même de nombreux passages, et proposant une tout autre démarche démonstrative. Au final, les trente pages du mémoire de Cassini sont résumées en à peine trois pages essentiellement rassemblées à la fin du texte de Fontenelle qui en comporte treize. En revanche, les dix premières pages sont occupées essentiellement par une sorte de vision céleste, non pas de la Lune et de ses mouvements, mais essentiellement de la Terre et de ses mouvements, vus depuis la Lune : le mouvement autour de son axe, son déplacement sur le plan de l'écliptique, entre autres. Ce choix peut s'expliquer par le recours au principe d'analogie comme mode de production du discours astronomique. Mais il n'explique sans doute pas totalement l'apparition de la fiction dans le texte écrit par Fontenelle

---

49 « Sur la libration de la Lune », *HARS* pour 1721, 1723, astronomie, p. 53-65.

dans l'*Histoire de l'Académie royale des sciences*. Alors que l'observation est replacée sur la terre pour expliquer le mouvement de la Lune autour de son axe, notre auteur introduit cette « rêverie » totalement étrangère à l'analyse de Cassini :

> Il est certain que quand la Lune est en opposition ou pleine, son hémisphère inférieur voit le Soleil, et que quand elle est en conjonction, ou nouvelle, ce même hémisphère ne le voit point, un habitant de la Lune a donc un jour et une nuit, qui sont chacun de quinze de nos jours.

Désormais, sous la plume de Fontenelle, ce n'est plus l'astronome qui conduit l'observation mais une instance fictionnelle introduite dans ce voyage imaginaire :

> Il voit donc le Soleil tourner autour de lui en un mois, et s'il est dans le système de Ptolémée, naturel à toutes les créatures peu intelligentes, il croit ce mouvement du Soleil réel, mais s'il est copernicien, il en doute pour le moins, et croit que la Lune peut tourner en un mois autour d'elle-même. Pour nous que notre situation rend nécessairement coperniciens à cet égard, et qui savons certainement que le Soleil ne tourne pas autour de la Lune en un mois, nous savons donc certainement que la Lune tourne en ce temps-là sur son axe[50].

L'hypothèse à démontrer, le fait que la lune tourne autour de son axe, n'est pas formulée ici par une tournure spécifique ou par un verbe modalisateur (« supposons que »), mais par la présence de personnages imaginaires, les habitants de la Lune, à qui Fontenelle attribue toute une série d'actions et de croyances parfaitement actualisées (elles sont formulées au présent de l'indicatif, comme un fait et non comme des spéculations). Il est vrai que l'irruption d'extraterrestres ne saurait surprendre sous la plume d'un défenseur de la « pluralité des mondes » mais, par ce procédé, Fontenelle opère surtout un décentrement du regard porté sur le phénomène étudié qui aboutit essentiellement à la démultiplication du principe d'analogie. Non seulement les habitants de la Lune ont « un jour » et « une nuit » comme nous, mais ils tombent dans les mêmes erreurs que les Terriens lorsqu'ils supposent que le soleil tourne autour de la lune. Or, les habitants de la terre qui savent regarder le ciel, les « coperniciens », sont capables de corriger cette erreur et d'énoncer la vraie loi physique : c'est la Lune qui se déplace sur son axe.

---

50   *Ibid.*, p. 55.

Mais cette supériorité attribuée aux hommes n'est ni une affirmation de principe, ni une concession faite aux convenances. Si les hommes réussissent à expliquer la mécanique céleste, c'est qu'ils sont capables de voir ce que les autres ne voient pas, car ils acceptent de déplacer leur regard, et de se mettre, comme le fait Fontenelle lui-même, à la place des habitants de la lune. Les « coperniciens » savent donc utiliser l'imagination, non pas comme un ornement du discours, mais comme une démarche intellectuelle permettant un certain degré d'abstraction dans la production du raisonnement, ce qui fait pour Fontenelle la supériorité de la démonstration qu'il propose.

Nous savons que le principe du déplacement du regard, de la mise à distance de l'objet étudié par le biais de la fiction n'est pas nouveau en soi dans l'écriture scientifique, et notamment en astronomie. Mais la particularité de Fontenelle est qu'il diversifie les déplacements dans l'espace, démultipliant les angles d'observation. C'est ce que nous constatons dans ce même compte rendu, lorsque Fontenelle introduit un deuxième épisode fictionnel, toujours absent du mémoire de Cassini, et que nous pouvons définir comme une véritable expérience de pensée :

> Je suppose que je suis dans le Soleil, d'où je vois le globe de la Terre, sur lequel sont tracés visiblement tous les cercles de la sphère armillaire, l'Équateur et ses parallèles, les Méridiens, l'écliptique, les colures. Je suppose encore le globe immobile, et tellement placé à mon égard que je vois en même temps les deux pôles de la Terre. Il est clair d'abord qu'à cause de l'éloignement je vois le globe comme un disque, et qu'à cause de sa situation supposée je vois les pôles de la Terre sur deux points de la circonférence de ce disque diamétralement opposés, et que chacun des méridiens [...] que je vois sur le demi-globe exposé à ma vue se termine par ses deux extrémités à ces deux points des bords du disque qui représentent les pôles de la Terre [...][51].

L'hypothèse à démontrer repose ici sur un nouveau déplacement du regard, désormais entièrement assumé par l'auteur et doublement actualisé, sur l'énonciation à la première personne (« je suppose ») et sur l'utilisation de formules assertives, au présent de l'indicatif, construisant tout un réseau sémantique de la vue (« je vois », « visiblement », « sous mes yeux », *etc.*). Autrement dit, l'hypothèse se déploie ici sous la forme d'une hypotypose, figure rhétorique destinée à « faire voir » par le discours un

---

51 *Ibid.*, p. 56.

phénomène qui n'est somme toute qu'un pur jeu géométrique. Dans ce cas, la présence de cette nouvelle fiction transforme le spectacle céleste en un jeu de plans (le disque, le demi-cercle, l'écliptique), de lignes (l'Équateur, les Méridiens, les parallèles) et de points (les pôles terrestres). Fontenelle remplace ainsi le diagramme accompagnant le mémoire de Cassini par un processus de métaphorisation du discours qui parvient même à entraîner le regard du savant (et du même coup du lecteur) dans le processus de représentation et qui donne à ce passage une dimension pragmatique : dans le compte rendu de Fontenelle, « dire » c'est « faire ». Il parvient surtout à renverser le signe de la métaphore que constitue le diagramme de Cassini (des lignes que l'on voit comme un corps physique) et transforme alors le monde physique en métaphore des idées géométriques. Il lui suffit ensuite de déplacer le point de vue de son « spectateur » pour transformer à loisir le spectacle céleste et donner à voir au lecteur un nouveau « diagramme » mental :

> Ainsi si le globe de la Terre était exposé à ma vue de façon qu'un de ses pôles fût le centre apparent du disque [nouveau déplacement du regard], je verrais comme des droites toutes les portions de Méridiens tournées vers moi [...][52].

Fontenelle démultiplie ainsi l'expérience fictionnelle dans le texte, son spectateur change d'angle de vue à plusieurs reprises, et chaque déplacement donne lieu à un nouveau spectacle géométrique dont on peut déduire des principes physiques. Ce n'est qu'après ce « voyage imaginaire », qu'il peut tourner son regard vers la lune et, en appliquant le principe d'analogie, démontrer que la théorie de Cassini répond aux phénomènes ainsi « observés » : « Or pour appliquer tout ceci à la Lune, nous sommes dans le même cas à l'égard de cette planète[53] ». La démonstration prend alors, sous la plume de Fontenelle, la forme d'un voyage de l'esprit, de la terre à la lune, de la lune au soleil, puis du soleil à la lune, conduit par un narrateur qui change constamment d'angle de vue. Ainsi, devant la possibilité de décrire l'univers en utilisant un langage géométrique ou mathématique, comme le fait Cassini, Fontenelle choisit une modalité poétique, fictionnelle, celle du voyage dans un univers infini...

---

52 *Ibid.*, p. 57.
53 *Ibid.*, p. 63.

L'imagination agit ici comme un outil de l'esprit dans son effort de représentation et d'interprétation des phénomènes à expliquer. Passer d'une réflexion écrite en termes géométriques (le diagramme) à une mise en fiction signifie en même temps passer d'une structure rhétorique analytique statique à un discours de démonstration dynamique, celui de la pensée en train de s'élaborer. La fonction affabulatrice du discours ne correspond donc pas à une simple intention pédagogique de la part du secrétaire de l'Académie mais s'apparente à une revendication créatrice de la part du savant. La « feinte » introduite dans le texte, « faire comme si » on pouvait contempler le spectacle céleste, peut être vue comme un acte ludique dans l'énonciation mais aussi comme une nécessité pour l'esprit pour appréhender la complexe relation des astres. C'est ce qui apparaît dans un autre compte rendu astronomique « sur les mouvements apparents des planètes », dans lequel Fontenelle emploie encore le même procédé : réécriture du mémoire que reprend le compte rendu, notamment des planches, expérience de pensée sur la modalité du voyage, décentrement du regard, hypotypose et recours à l'analogie. Et Fontenelle d'affirmer : « On fera sur cette *fiction* les mêmes raisonnements, et on en tirera les mêmes conséquences[54] ».

Ainsi, si l'irruption de la fable dans le discours de savoir doit être bannie, en tant qu'elle exige l'adhésion de l'esprit à ce qui n'est qu'erreur d'interprétation, l'usage de la fiction devient légitime quand le savant a recours à celle-ci volontairement, autrement dit, quand la fiction est assumée comme telle, consciente de son statut et de sa raison d'être, et qu'elle affiche ses mécanismes et ses objectifs. En somme, tout comme, dans le contexte de l'*Histoire de l'Académie royale des sciences*, le langage vernaculaire devient métalangage, la fiction devient métafiction. Il est intéressant d'observer que Fontenelle retrouve ici les seules conditions qui, chez Spinoza, légitiment l'usage de la fiction, comme manifestation de la *potentia fingendi* : « si l'esprit en imaginant comme présentes les choses qui n'existent pas, savait en même temps que ces choses n'existent réellement pas, il regarderait cette puissance d'imaginer comme une vertu et non comme un défaut de sa nature[55] ». Bien évidemment, l'objectif de Fontenelle

---

54   « Sur les mouvements apparents des planètes », *HARS* pour 1709, 1733, astronomie, p. 82-88, ici p. 86-87. Fontenelle résume ici le mémoire de Jean-Dominique Cassini, « Du mouvement apparent des planètes à l'égard de la terre », *HMARS* pour 1709, *ibid.*, p. 247-256.

55   Spinoza, *Éthique*, II, 17, scolie, Paris, Gallimard, coll. « Bibliothèque de la Pléiade », 1954, p. 376-377. La question est encore plus clairement développée dans le *Traité de la réforme*

n'est pas de définir la fiction ni de poser les conditions de son usage et de son utilité dans le cadre d'une théorie gnoséologique. Mais, confronté à l'écriture des nouveaux savoirs et à leur communication auprès d'un public qui n'en maîtrise pas toujours les présupposés épistémologiques, ou les efforts de mathématisation, Fontenelle retrouve clairement des idées présentes dans la pensée de Spinoza. Ainsi, sous sa plume, la fiction, parce qu'elle s'inscrit dans une démarche réflexive qui interroge sa légitimité tout en exploitant ses potentialités, peut devenir un instrument puissant d'investigation scientifique ainsi qu'un bon moyen de faire comprendre au public la démarche des savants.

L'univers infini devient alors une grande scène d'opéra (pour reprendre une image bien connue) dont le spectacle céleste n'est que l'une des scènes mais pas la seule envisageable dans cet infini des possibles. L'univers de Fontenelle n'a donc rien de pascalien : il est rassurant et serein, peuplé de « spectateurs » capables d'interpréter la nature ; on peut s'y déplacer aisément, de la terre à la lune ou au soleil, se tourner vers une moule d'étang ou observer la variété des insectes, sans que ce spectacle ne perde jamais de son intérêt. La modernité du discours sur la nature que met en place l'*Histoire de l'académie royale des sciences* repose ainsi sur le travail d'écriture du secrétaire perpétuel de la Compagnie qui ne se contente pas de « consigner » l'histoire des découvertes de l'institution mais qui affiche les mécanismes réflexifs par lesquels le discours de savoir se construit comme tel, ce qui rappelle le principe défendu par Fontenelle dans la *Digression sur les Anciens et les Modernes* et par lequel il défendait, justement, la place de ces derniers :

> le même esprit qui perfectionne les choses en y ajoutant *de nouvelles vues*, perfectionne aussi la manière de les apprendre en l'abrégeant, et fournit de nouveaux moyens d'embrasser la nouvelle étendue qu'il donne aux sciences[56].

---

de l'entendement, § 56-57, texte établi conformément à la numérotation Bruder, traduit et annoté par A. Koyré, Paris, Vrin, coll. « Bibliothèque des textes philosophiques », 1994. Mon analyse rejoint sur ce point celle que propose Yves Citton de l'usage de la fiction chez Spinoza, « Merveille littéraire et esprit scientifique : une sylphide spinoziste ? », *Fictions classiques*, 2006, « Une poétique pour les fictions d'Ancien Régime ? », p. 5-6, http://www.fabula.org/colloques/document145.php. Voir également le commentaire que fait à ce propos Pascal Sévérac, *Le Devenir actif chez Spinoza*, Paris, Honoré Champion, 2005, p. 304 à 327.

56 *Digression sur les Anciens et les modernes*, *Œuvres complètes*, t. II, 1686-1688, *op. cit.*, 1991, p. 427-428. Je souligne.

Le travail d'interprète des savoirs que joue Fontenelle entre les XVIIᵉ et XVIIIᵉ siècles constitue une articulation essentielle dans la diffusion des nouvelles idées et l'illustration d'une transformation de la stratégie de diffusion des conceptions philosophiques souvent peu conformes aux dogmes chrétiens. Destinés à un large public, cultivé mais pas toujours érudit, écrits dans une langue spirituelle mais dénués apparemment des effets brillants et polémiques de certains de ses contemporains, les volumes de l'*Histoire de l'Académie royale des sciences* rédigés par Fontenelle ont contribué sans doute plus que d'autres à imposer de manière subtile et conciliante une certaine vision de la nature et du savoir auprès de l'opinion publique française mais aussi, du fait du prestige de l'auteur, de la nature et de la diffusion de certains de ses écrits, auprès d'un public de dimension européenne. De ce point de vue, l'auteur de l'*Histoire de l'Académie royale des Sciences* peut donc légitimement être considéré comme l'un des acteurs clés dans la pensée des Lumières et comme l'illustre ancêtre des encyclopédistes.

Susana Seguin
Université Paul-Valéry
Montpellier III
IHRIM – UMR 5317
(ENS de Lyon)
Institut Universitaire de France

JEAN BERNARD MÉRIAN

Métaphysique et empirisme
à l'Académie de Berlin

Jean Bernard Mérian (1723-1807) ne fait certes pas partie des philosophes les plus étudiés des Lumières berlinoises. Il s'agit pourtant d'une figure de médiation importante du savoir philosophique de l'époque. Philosophe berlinois d'origine suisse, il fut l'un des principaux acteurs de la Classe de philosophie spéculative de l'Académie royale des sciences et belles-lettres de Berlin, dont il devint membre en 1750. En tant que proche de Maupertuis, le premier président de l'Académie renouvelée par Frédéric II en 1745, Mérian fut l'un des principaux opposants à la philosophie de Christian Wolff à l'Académie de Berlin, étant entendu que, derrière Wolff, c'est bien la figure tutélaire de Leibniz et son influence sur la philosophie qu'il s'agissait de questionner. Les sympathies empiristes affichées par Mérian se déclinent au fil de nombreux mémoires de métaphysique, de psychologie et, dans une moindre mesure, de psychologie morale qu'il lira devant ses collègues de l'Académie entre 1749 et 1797[1]. En 1771 (il a alors 48 ans), il est élu directeur de la Classe de belles-lettres, poste qu'il occupera jusqu'en 1797, ce qui aura pour conséquence une certaine réorientation de ses recherches et l'amènera à s'intéresser à des questions d'histoire de la poésie. Il ne renonce pourtant pas à la philosophie spéculative, puisque c'est pendant cette période qu'il publie ses huit mémoires sur le problème de Molyneux, véritable somme historique et philosophique sur un débat qui accompagne la

---

1 Les mémoires de Mérian sont édités dans trois séries de publications de l'Académie : *Histoire de l'Académie Royale des Sciences et des Belles-Lettres de Berlin* [désormais : *HAR*] (mémoires lus entre 1745 et 1769) ; *Nouveaux mémoires de l'Académie Royale des Sciences et Belles-Lettres* [*NMAR*] (mémoires présentés entre 1770 et 1786) ; *Mémoires de l'Académie Royale des Sciences et Belles-Lettres* [*MAR*] (mémoires lus en français entre 1786-1787 et 1804). Je me référerai aux Mémoires de Mérian en indiquant l'année de leur présentation devant l'Académie et la pagination d'origine.

philosophie depuis l'*Essai* de Locke au moins jusqu'au *Traité des sensations* de Condillac en 1754, ainsi que des mémoires sur le *phénoménisme* de Hume et sur les deux courants principaux de la philosophie allemande de son époque, le rationalisme leibnizo-wolffien et le criticisme kantien. Comme d'autres membres de la Classe de philosophie spéculative, il a développé une animosité croissante à l'endroit de la philosophie critique de Kant à partir de la fin des années 1780, l'auteur de la *Critique de la raison pure* étant considéré par Mérian comme un représentant tardif d'une forme radicale de phénoménisme initié par Hume et conduisant, toujours selon Mérian, au scepticisme. Même s'il se réclame de l'héritage empiriste de Locke et de Condillac, et bien qu'il ait contribué à la tra-duction des œuvres de Hume en français à la fin des années 1750 et au début des années 1760 – parallèlement aux traductions allemandes effectuées par son collègue d'obédience plus wolffienne, Johann Georg Sulzer –, Mérian entretiendra toujours un rapport ambivalent à la phi-losophie humienne et à ses conséquences sceptiques potentielles. À la mort de Samuel Formey en 1797, Mérian devient Secrétaire perpétuel de l'Académie de Berlin, rôle qu'il occupera jusqu'à son décès en 1807.

LA PLACE DE LA PHILOSOPHIE SPÉCULATIVE
À L'ACADÉMIE DE BERLIN

Il n'est pas inutile de rappeler que la spécificité de l'Académie des sciences et des belles-lettres de Berlin est la présence d'une Classe de philosophie spéculative. J'ajoute que Frédéric II avait imposé le français comme langue de communication entre les membres de son académie ; ce privilège du français s'est maintenu *grosso modo* jusqu'en 1800. S'agissant de la philosophie spéculative, la position de Mérian est typique de ceux qui, à Berlin, défendent la spécificité et l'utilité de la philosophie spé-culative, et plus particulièrement de la métaphysique – la philosophie spéculative au sens large couvrant également les domaines de la morale, du droit politique et de l'histoire de la philosophie (c'est-à-dire de la réflexion historique sur la discipline philosophique en général). Il partage cette conviction avec ses confrères Samuel Formey – nommé Secrétaire de l'Académie en 1745 –, Nicolas de Béguelin, Johann Georg Sulzer et Louis de Beausobre, notamment. Rappelons que, selon le mémoire de Maupertuis consacré aux « Devoirs de l'Académicien » et lu devant l'Assemblée générale de 1750, l'Académie se divise en quatre Classes, qui embrassent toutes les sciences : la Classe de philosophie expérimentale, la Classe de mathématique, celle de philosophie spéculative, et finalement, la Classe « *de Belles-Lettres*, qui comprend les langues, l'histoire et tous les genres de littérature[2] ». Pour Maupertuis, la classe de *philosophie expérimentale*

> [...] comprend toute l'histoire naturelle, toutes les connaissances pour lesquelles on a besoin des yeux, des mains, et de tous les sens. Elle considère les corps de l'univers revêtus de toutes leurs propriétés sensibles ; elle compare ces propriétés, elle les lie ensemble, et les déduit les unes des autres. Cette science est toute fondée sur l'expérience. Sans elle le raisonnement toujours exposé à porter à faux se perd en systèmes qu'elle dément. Cependant l'Expérience a besoin aussi du raisonnement[3].

La *mathématique* « [...] dépouille [les corps] de la plupart de ces propriétés », de façon à ce qu'ils ne « présentent plus au géomètre que de l'étendue et des nombres[4] ». Toujours selon les « Devoirs de l'académicien » de Maupertuis, la *philosophie spéculative* pousse encore plus loin ce dépouillement des corps sensibles, puisqu'elle « considère des objets qui *n'ont plus aucune propriété des corps*[5] », à savoir Dieu, l'esprit humain et la nature ultime des corps :

> L'être suprême, l'esprit humain, et tout ce qui appartient à l'esprit est l'objet de cette science. La nature des corps mêmes, en tant que représentés par nos perceptions, si encore ils sont autre chose que ces perceptions, est de son ressort.
> Mais c'est une remarque fatale, et que nous ne saurions nous empêcher de faire : que plus les objets sont intéressants pour nous, plus sont difficiles et incertaines les connaissances que nous pouvons en acquérir ! Nous serons exposés à bien des erreurs, et à des erreurs bien dangereuses, si nous n'usons de la plus grande circonspection dans [517] cette science qui considère les esprits.

---

2   Maupertuis, Pierre-Louis Moreau de, « Des devoirs de l'Académicien », *HAR*, tome IX, 1750, Berlin, Haude et Spener, 1755, p. 511-521, ici p. 517. On notera qu'exceptionnellement, ce mémoire lu en 1750 est paru dans le recueil des mémoires présentés durant l'année 1753.

3   *Ibid.*, p. 514.

4   *Ibid.*, p. 515.

5   *Ibid.*, p. 516. Nous soulignons.

Gardons-nous de croire qu'en y employant la même méthode, ou les mêmes mots qu'aux sciences mathématiques, on y parvienne à la même certitude[6].

Ces réflexions s'inscrivent dans le contexte de débats intenses sur l'objet et la méthode en métaphysique qui conduiront, sous l'impulsion de Mérian, au concours de 1763 sur l'évidence des principes en métaphysique et en morale, remporté par Mendelssohn et où Kant obtient l'accessit. Derrière la mise en garde, la recommandation faite au métaphysicien de ne pas se fourvoyer dans la méthode mathématique, se cache également l'idée que les « objets » de la métaphysique sont fuyants et ne sont pas ouverts à l'expérience (ou à l'expérimentation) comme le sont les corps sensibles. La prudence s'impose donc au philosophe spéculatif, afin de ne pas confondre le probable et le certain :

> Si je vous expose ici toute la grandeur du péril des spéculations qui concernent l'Être suprême, les premières causes, et la nature des esprits, ce n'est pas [...] que je veuille vous détourner de ces recherches. Tout est permis au philosophe, pourvu qu'il traite tout avec l'esprit philosophique, c'est-à-dire, avec cet esprit qui mesure les différents degrés d'assentiment [...][7].

MÉTAPHYSIQUE :
MÉTHODES ET OBJETS

Mérian partage avec Maupertuis la volonté de séparer la démarche métaphysique de la méthode mathématique, qui a fait tant de tort à la philosophie, mais il considère que le perfectionnement de la science métaphysique passe aussi par une méthode fondée sur l'expérience. Bien que le physicien jouisse d'un « avantage considérable sur le spé-culateur[8] », Mérian soutient que « l'observation et l'expérience sont la base commune de la science des corps, et de celle des êtres immaté-riels[9] ». La réflexion sur la méthode légitime de la métaphysique est une

---

6   *Ibid.*, p. 516-517.
7   *Ibid.*, p. 517.
8   Mérian, « Discours sur la métaphysique », *HAR*, tome XXI, 1765, Berlin, Haude et Spener, 1767, p. 450-474, ici p. 456.
9   *Id.*

préoccupation durable de la pensée de Mérian. Dès son premier mémoire présenté devant la Classe de philosophie en 1749, Mérian revendique une méthode empiriste que l'on peut qualifier d'*analytico-génétique* : « on trouverait sans doute une solution aisée de la plupart des paradoxes de l'esprit humain, si l'on pouvait toujours reprendre le fil des pensées, et remonter jusqu'au point d'où elles sont parties[10] ». Il s'inscrit ainsi dans la continuité de la pensée de Condillac qui, s'inspirant lui-même des principes dégagés par Locke, ferait de la nouvelle métaphysique une anatomie des facultés :

> C'est encore à ces principes que notre siècle doit une connaissance plus exacte de l'homme, l'anatomie de ses facultés, tant de beaux ouvrages où tous les actes de l'âme sont réduits à un seul acte, ces Pygmalions nouveaux qui, en animant la statue humaine, ont dressé des statues à la Métaphysique[11].

Du point de vue de la méthode philosophique, Mérian opposera toujours la science *idéale*, calquée sur la méthode géométrique et visant la production d'un *système* de savoir, à la science qu'il appelle *réelle*, qui repose sur l'analyse.

> [...] la première suit la synthèse, et est aussi arbitraire, que les définitions, sur lesquelles elle s'établit ; la seconde suit l'analyse, et a autant de réalité, qu'en ont les expériences, dont elle part[12].

La voie mathématique, qui consiste à poser des définitions et à démontrer par des propositions identiques ce que l'on a supposé dans la définition, est fermée à la philosophie, qu'elle soit spéculative ou expérimentale, tout philosophe devant s'en remettre à l'expérience qui commande de ne pas s'écarter de la route que la Nature elle-même semble avoir tracée à nos spéculations[13].

---

10 Mérian, « Mémoire sur l'apperception de sa propre existence », *HAR*, tome V, 1749, Berlin, Haude et Spener, 1751, p. 416-441, ici p. 416.

11 Mérian, « Discours sur la métaphysique », *op. cit.*, p. 464.

12 Mérian, « Mémoire sur l'apperception considérée relativement aux idées, ou, sur l'existence des idées dans l'âme », *HAR*, tome V, 1749, Berlin, Haude et Spener, 1751, p. 442-477, ici p. 443. Il partage cette méfiance avec Condillac, qui avait publié la même année son *Traité des systèmes*.

13 Mérian, « Discours sur la métaphysique », *op. cit.*, p. 460. *Cf.* aussi les « Réflexions philosophiques sur la ressemblance », *HAR*, tome VII, 1751, Berlin, Haude et Spener, 1753, p. 30-56, ici p. 32.

Mérian insistera à plusieurs reprises sur la spécificité des objets de la métaphysique par rapport à ceux de la physique. Les objets métaphysiques possèdent une finesse et une subtilité particulières.

> Tantôt ils s'échappent lors même qu'on croit les avoir fixés ; tantôt ils sont obscurcis les uns par les autres ; souvent il n'y a qu'un instant propre à les saisir, et cet instant manqué ne se retrouve point : rarement on est maître de répéter ses observations ; et quand on y revient, le sujet a changé[14].

Mérian réfère ici à la difficulté que ressent notre esprit à se replier sur lui-même, c'est-à-dire à la difficulté que nous éprouvons à être à la fois l'observateur et la chose observée et à nous placer en quelque sorte hors de nous-mêmes. Quel que soit l'acte que nous contemplons, nous n'y avons accès que comme un acte passé, déjà accompli[15].

Jusqu'à présent, j'ai fait valoir que Mérian souhaitait fonder l'exercice de la métaphysique sur l'observation et l'expérience, tout en reconnaissant les limites qui affectent l'observation en métaphysique en raison de la nature même de ses objets. Par le secours de leurs artifices expérimentaux, qui pénètrent dans le corps, les décomposent, ou étendent la sphère des sens[16], le physicien, le chimiste, l'anatomiste, l'astronome *forcent la nature* à répondre à leurs questions, alors que la métaphysique ne possède pas ce secours dans ses spéculations. Si Mérian, après beaucoup d'autres, considère la métaphysique comme une « physique de l'esprit humain[17] », il va de soi qu'elle ne jouit pas des mêmes avantages que la physique des corps sensibles. Mais à bien y regarder, « c'est surtout dans

---

14 Mérian, « Discours sur la métaphysique », *op. cit.*, p. 456.
15 « 'Rien ne nous est mieux connu que l'âme, dit Leibniz, parce qu'elle nous est intime, c'est-à-dire intime à elle-même'. Mais ne faut-il point à l'esprit, comme à l'œil, une certaine distance pour apercevoir distinctement ? [...] Ces sortes de contemplations ne sont si difficiles et si incertaines que parce qu'elles se font sur le sujet même qui contemple, parce que nous sommes, tout à la fois, les observateurs et la chose à observer. La psychologie n'opère pas par des projections artificielles ; pour voir au-dedans de nous, il faut, *pour ainsi dire, nous placer hors de nous* [...]. La physique n'a aucun de ces désavantages. [...] Loin de rencontrer des écueils dans les objets de ses recherches, le physicien y trouve de nouveaux secours : non content d'interroger la nature, il la force à répondre » (*ibid.*, p. 456-457).
16 *Ibid.*, p. 457.
17 Mérian, « Parallèle historique de nos deux Philosophies nationales », *MAR*, vol. 48, 1797, Berlin, Decker, 1800, p. 53-96, ici p. 90. Sur l'analogie entre la métaphysique (et plus particulièrement la psychologie) et la physique, je me permets de renvoyer à mon article : « Johann Georg Sulzer. La psychologie comme "physique de l'âme" », *in* Girard,

les sciences auxiliaires que la physique triomphe[18] », c'est-à-dire dans l'application des mathématiques à la théorie des corps matériels ; en dehors des domaines mathématisables, l'avantage des sciences expérimentales sur les sciences spéculatives est loin d'être aussi évident.

Cette remarque est l'occasion pour Mérian de présenter un aspect intéressant de sa classification des différentes sciences métaphysiques.

> La métaphysique renferme trois sciences analogues à la physique, et que l'on pourrait nommer la physique des êtres immatériels : elle en renferme une quatrième analogue aux mathématiques [c'est-à-dire l'ontologie], et dont nous avons vu que les mathématiques sont une portion détachée[19].

Bref, l'ontologie qui, dans la genèse conjecturale des sciences ouvrant le *Discours sur la métaphysique*, est celle qui apparaît la dernière, possède un statut particulier par rapport aux « trois sciences transcendantes qui répondent à la physique[20] », à savoir la cosmologie, la psychologie et la théologie[21]. Pour Mérian, « [l']ontologie est le dictionnaire raisonné de nos idées : elle doit développer leur naissance, refaire leurs combinaisons, suivre leurs progrès ; elle est, en un mot, l'histoire fidèle de l'esprit humain[22] ». Par ailleurs, la frontière n'est pas toujours claire, chez Mérian, entre l'ontologie et la psychologie, cette dernière étant parfois définie comme « l'histoire naturelle de l'âme[23] ». Certes, les objets de l'ontologie sont plus larges que ceux de la psychologie ; ainsi, la *Dissertation ontologique sur l'action, la puissance et la liberté*[24] veut-elle se « renfermer dans l'ontologie » pour examiner de manière exacte nos notions d'action, de passion et de liberté indépendamment du domaine d'application,

---

P., Leduc, C. et Rioux-Beaulne, M. (dir.), *Les Métaphysiques des Lumières*, Paris, Classiques Garnier, coll. « Constitution de la modernité », 2016, p. 171-190.

18 Mérian, « Discours sur la métaphysique », *op. cit.*, p. 458.
19 *Ibid.*, p. 459.
20 *Ibid.*, p. 460.
21 Je laisse de côté les remarques intéressantes de Mérian sur les mathématiques, qui sont présentées comme une sorte de branche de l'ontologie qui se serait « émancipée », comme une « métaphysique de la quantité » (*ibid.*, p. 458).
22 Mérian, « Sur l'Identité Numérique », *HAR*, tome XI, 1755, Berlin, Haude et Spener, 1757, p. 461-475, ici p. 463.
23 Mérian, « Sur le désir », *HAR*, tome XVI, 1760, Berlin, Haude et Spener, 1767, p. 341-351, ici p. 341.
24 Mérian, « Dissertation ontologique sur l'action, la puissance et la liberté », « Seconde Dissertation sur l'action, la puissance et la liberté », *HAR*, tome VI, 1750, Berlin, Haude et Spener, 1752, p. 459-485 et p. 486-516.

qu'il soit physique, cosmologique ou moral. Toutefois, comme les deux sciences semblent viser la genèse de nos connaissances, il semble improbable que l'ontologie puisse faire entièrement l'économie de notions psychologiques. Réfléchissant à la genèse conjecturale de l'ontologie, sur la base des questionnements sur les corps, sur nous-mêmes et sur la « souveraine cause » qui les engendre, Mérian se demande comment l'esprit a pu parvenir jusque-là.

> En retournant sur ses pas, il voit qu'il a eu continuellement à lutter contre sa faiblesse. Son étroite capacité ne lui permettant ni d'embrasser ni de retenir au-delà d'un certain nombre d'idées, il ne lui resta d'autre ressource que de ranger ses idées en classes, d'attacher à chacune de ces classes un signe qui la fit reconnaître, en un mot, de créer les espèces et les genres, frêles mais utiles échafaudages de nos connaissances. De ces abstractions, fondues en un seul corps, on a fait une science à part, qui contient les éléments, et rassemble les matériaux de toutes les sciences[25].

L'ontologie est génétique, elle concerne la façon dont l'esprit humain acquiert ses idées et ses connaissances ; elle apparaît comme étant plus tardive dans l'ordre génétique des connaissances humaines mais elle ne peut produire sa réflexion qu'en s'attachant à la structure spécifique de la connaissance humaine. Un peu plus loin, Mérian prendra soin de rappeler que « [s]i nous réfléchissons sur le but de nos connaissances, nous verrons que la vraie étude de l'homme est l'homme, et que les autres ne sont intéressantes qu'autant qu'elles se rapportent à cette grande fin[26] ». S'agit-il de dire que la partie de la métaphysique spéciale qui correspond à la psychologie est la plus intéressante des trois ? Ou de dire que la psychologie est partie prenante de la constitution même de l'ontologie et de la métaphysique en général – la psychologie devenant coextensive à l'élaboration des autres parties de la métaphysique – et qu'elle en oriente en quelque sorte la finalité même, de telle sorte que le projet d'une métaphysique coïncide, en dernière analyse, avec ce que l'on pourrait appeler « l'anthropologie des Lumières » ? Mérian ne sera jamais tout à fait clair sur ce point. On peut dire, de façon provisoire, que toute ontologie s'enracine dans la psychologie, dans la mesure où elle constitue une sorte « d'anatomie » des connaissances et des

---

25 Mérian, « Discours sur la métaphysique », *op. cit.*, p. 451.
26 *Ibid.*, p. 452.

facultés humaines, mais que la « psychologie » au sens strict consiste à examiner la nature de l'âme humaine à partir de ses manifestations expérimentables (conscience de soi, connaissance, volonté, désir, plaisir/peine, imagination, sens moral, *etc.*). En somme, l'ontologie serait bien une « histoire de *l'esprit* humain », tandis que la psychologie serait une « histoire de *l'âme* humaine ».

CLARTÉ ET UTILITÉ DE LA MÉTAPHYSIQUE

Cela me conduit à une observation sur la méthode et la clarté en métaphysique, que Mérian présente lui-même comme une « remarque très curieuse[27] ». Il s'agit de voir, en premier lieu, que la science métaphysique a ses « côtés obscurs », mais qu'il en va de même de la physique, souvent opposée à la métaphysique pour sa clarté et son utilité :

> La physique, en rassemblant autour d'elle tout son appareil, peut-elle se vanter d'avoir deviné toutes les énigmes de la nature ? A-t-elle éclairci tous les doutes, expliqué tous les phénomènes ? Connaissons-nous, avec une entière certitude, les causes du ressort, de la force magnétique, de la lumière, de l'électricité, de la génération des animaux, le subtil mécanisme des corps organisés, le grand mécanisme de l'univers ? En parcourant l'histoire de cette science, on trouve partout des hypothèses détruites par des hypothèses, et souvent des erreurs modernes substituées aux erreurs anciennes[28].

Et en second lieu, il faut comprendre que le manque de clarté de la métaphysique tient à sa responsabilité particulière au sein du savoir, qui est d'investir les zones d'ombre des autres sciences, c'est-à-dire leurs *principes*, et que ces principes, justement, ne sont pas clairs :

> Le géomètre et le physicien, en passant sur les premières notions, se mettent d'abord au large, et laissent le doute et l'obscurité derrière eux. Le premier suppose des points, des lignes, des surfaces, des unités : le second prend les corps pour des êtres étendus, impénétrables, divisibles à l'infini ; il parle d'espace, de durée, d'action, de cause, de force, de mouvement. Si l'on met ces idées

---

27 *Ibid.*, p. 461.
28 *Id.*

au creuset de la spéculation, on les trouve remplies de difficultés ; mais c'est de quoi ils ne s'embarrassent pas. Poussez-les, de proposition en proposition, jusqu'aux confins de leurs sciences : ils seront obligés d'en demeurer là, ou de se sauver dans les bras de la métaphysique[29].

Non seulement la métaphysique, en vertu de sa capacité à réfléchir sur la genèse et les limites de nos savoirs, est capable de parvenir à une certaine clarté, mais par sa fonction d'interrogation des principes et du « fond métaphysique » de chaque science, elle revendique aussi une utilité pour le *progrès* des sciences expérimentales elles-mêmes que le mémoire de Maupertuis sur les « Devoirs de l'Académicien » hésitait à lui reconnaître. La question de la construction de la perception de l'espace, connue au dix-huitième siècle par la référence à ce que l'on a appelé le problème de Molyneux, est un exemple type, pour Mérian, de solution métaphysique à un problème laissé en plan par la physique – c'est-à-dire, en l'espèce, par l'anatomie et par la physiologie :

> On peut dire en général que chaque partie de la physique aboutit à un terme où s'ouvre un nouveau champ pour le spéculateur ; il y a même telles parties de physique qui ont besoin d'être rectifiées par la spéculation. Quand la doctrine des sens a passé par les mains du physicien, nous sommes encore fort éloignés de connaître les limites de nos différentes sensations : nous confondons la vue et le toucher ; et l'erreur est inévitable, si nous n'avons recours à une science plus relevée. L'optique nous fait voir, par des lignes, et par des angles invisibles, des distances, des figures, des grandeurs qui ne sauraient être l'objet de la vue. Ce ne sont ni les physiciens, ni les géomètres ; ce sont les métaphysiciens qui nous ont enseigné la vraie théorie des sensations[30].

Ce n'est donc pas un hasard si Mérian a décidé de consacrer une très longue étude, partagée en huit mémoires sur une période de neuf ans, à la manière dont les philosophes sont venus à bout de cette question[31]. Aux yeux de notre auteur, cette tâche impartie à la métaphysique est entièrement compatible avec la défense de l'approche empirique en philosophie, inaugurée par Locke et poursuivie par Condillac. « L'observation et l'expérience », dira plus tard Mérian, « demeurent toujours les sources vraies et primitives de tout ce que nous apprenons[32] ». Cela vaut tout

---

29 *Id.*
30 *Ibid.*, p. 455.
31 J'y reviens plus loin.
32 Mérian, « Parallèle historique de nos deux philosophies nationales », *op. cit.*, p. 88.

aussi bien pour les « spéculateurs transcendants », puisque les facultés auxquelles s'applique l'analyse métaphysique « ne [nous] sont pas connues avant qu'elles se déploient, et que leur action [nous] avertisse de leur existence[33] ». On remarquera, sans pouvoir développer cette question ici, que Mérian établit une équivalence entre l'empirisme et l'attitude antidogmatique, qu'il appelle éclectique, dans laquelle

> [...] le philosophe qui observe et expérimente, peut sans crainte proposer le résultat de ses expériences et de ses observations ; il peut y revenir, les refaire, les changer, les varier à son gré ; de même, le philosophe qui choisit, car c'est ce que signifie le mot d'Éclectique, demeure toujours le maître de son choix [...] ; au lieu que la concaténation systématique exclut cette flexibilité[34].

Chez Mérian, « l'éclecticisme[35] » désigne à la fois une méthode philosophique – l'empirisme –, un *ethos* de la recherche – l'attitude comparatiste dans l'élaboration de la vérité philosophique[36] – et la perspective qu'adopte le philosophe-historien qui réfléchit sur les bénéfices historiques des débats et des querelles métaphysiques.

LES PRINCIPES DE LA PSYCHOLOGIE

Cet esprit éclectique gouverne l'un des mémoires les plus importants de Mérian, le « Parallèle de deux principes de psychologie » (1757), qui permet de voir à l'œuvre deux tendances de la pensée de Mérian : une volonté de questionner les principes des différentes sciences, d'une part, et une ferme opposition à la manière de penser dogmatique, qui prend

---

33 *Id.*

34 *Ibid.*, p. 91.

35 Sur l'éclectisme chez Mérian, je me permets de renvoyer à mon article : « 'Hommes de nulle secte'. Éclectisme et refus des systèmes chez Jean Bernard Mérian », *in* Dumouchel, D., Ferraro, A. et Leduc, C. (dir.), « Éclectisme et critique des systèmes au XVIIIᵉ siècle », numéro thématique de *Dialogue. Revue canadienne de philosophie*, vol. 57, nᵒ 4, décembre 2018, Cambridge University Press, p. 745-765.

36 L'une des particularités de la pensée de Mérian est de réfléchir aux conditions institutionnelles de cet « empirisme éclectique », qui est rapproché de ce que Maupertuis, dans le mémoire déjà cité, appelait « l'esprit académique » (Maupertuis, *Des devoirs de l'académicien, op. cit.*, p. 512).

la forme d'une méfiance envers la pensée systématique, d'autre part. Mérian rappelle d'abord sa conviction éclectique : la première tâche de ceux qui se vouent aux sciences est de comparer les sentiments des prédécesseurs qui ont enrichi ces sciences. Cela est d'autant plus vrai dans les sciences qui doivent procéder par hypothèses, où la discussion, la comparaison des théories, permettent d'éviter la précipitation et le dogmatisme. Ces remarques s'appliquent à la psychologie, c'est-à-dire à la science philosophique qui se « propose l'homme intérieur comme objet ». Dans ce domaine, les philosophes ont toujours cherché des principes généraux, auxquels pourraient se réduire toutes les facultés et toutes les opérations de l'esprit. Aujourd'hui, dit Mérian, deux interprétations semblent se partager le terrain : celle qui prend pour principe la *faculté de sentir* et celle qui cherche le principe dans la *force de représenter*. L'effort de fonder la psychologie sur la *sensation* remonte à Aristote mais c'est surtout à l'école lockienne et au premier chef à Condillac que pense Mérian lorsqu'il parle des « philosophes modernes [qui] ont entrepris de déduire [de cet acte de sensation] tout ce qui se passe dans notre âme[37] ». Pour Condillac[38], « les sensations sont, tout à la fois, les matériaux et l'architecte », la sensation devenant elle-même « successivement tout ce que nous connaissons dans notre âme[39] ». Ainsi, « [d]ans une statue, qui s'anime par degrés, on voit se former d'un seul et même principe toutes les facultés, et toutes les opérations de notre intelligence[40] ». La théorie de la *représentation* renvoie à Leibniz et à ses successeurs en Allemagne. En posant l'âme comme force de représentation de l'univers, Leibniz ferait de la représentation une sorte de « long raisonnement dont les termes sont rapprochés et confondus[41] ». Pourquoi ? Parce que Leibniz présuppose qu'il y a une liaison universelle entre tout ce qui existe et que dans l'acte de représentation, *chaque être représente la totalité des êtres*. Ainsi, « le moindre changement qui arrive dans une substance est un tableau vivant de ce qui arrive dans toutes les autres[42] », et l'intelligence

---

37 Mérian, « Parallèle de deux principes de psychologie », *HAR*, tome XIII, 1757, Berlin, Haude et Spener, 1759, p. 375-391, ici p. 376.
38 Mérian a ici en tête le *Traité des sensations* de 1754, mais il connaît manifestement bien l'*Essai sur l'origine des connaissances humaines* de 1746 et le *Traité des systèmes* de 1749.
39 *Ibid.*, p. 377.
40 *Id.*
41 *Id.*
42 *Id.*

suprême – celle de Dieu – pourrait y lire l'histoire de l'univers. En tant que force ou substance représentatrice, notre âme renferme donc, selon cette hypothèse, sous forme de perceptions obscures – les fameuses « petites perceptions » – une infinité d'autres perceptions.

Je ne peux pas analyser ce texte en détail[43], mais on comprendra que Mérian n'est pas entièrement impartial dans la comparaison qu'il opère. Sa sympathie, au plan des idées, de la méthode et de l'*ethos*, va à l'hypothèse de la sensation, qui caractérise le projet empiriste. Il est important d'accepter le sens qu'accorde Mérian à la *représentation* qui commet à ses yeux l'erreur de réduire chacune de nos perceptions à une forme de *raisonnement*, comme s'il s'agissait de la conclusion d'un syllogisme inconscient. Car après tout, la question de la portée « représentative » des sensations (et des idées) se pose aussi de manière aiguë dans l'empirisme. Mérian conclut donc sans surprise que tant que l'on respecte le principe de l'expérience et de l'observation en psychologie – « tant qu'on ne sort pas de soi-même », dit-il –, la doctrine de la sensation semble plus propre à expliquer l'économie de l'esprit humain. Toutefois, l'examen « empirique » des principes de la psychologie conduit Mérian à souligner au moins deux aspects importants. Premièrement, il ne comprend pas comment la notion de représentation pourrait ne pas nous ramener à un matériau fourni par la sensation. Leibniz reconnaît lui-même que chaque esprit représente l'univers à partir d'une perspective spécifique et particulière qui est son « corps ». Mais alors, représenter dans un corps, ou par le moyen d'un corps, n'est-ce pas sentir ? La sensation est donc essentielle à tout esprit fini qui, sans elle, ne saurait représenter le monde. Dans sa critique des systèmes, Mérian développe une théorie des « besoins » inhérents à chaque système de pensée qui dictent en quelque sorte l'enchaînement des déductions, au détriment de l'expérience. Chez Leibniz, c'est le besoin de faire disparaître les intervalles entre les îlots de clarté de nos représentations qui l'a conduit à produire l'idée aberrante de *perception obscure* qui est un acte de l'âme qui ne fait rien apercevoir, une perception sans « aperception ». Deuxièmement, Mérian va exprimer quelques points de désaccord à l'endroit de la théorie de la représentation de Condillac, en suggérant que cette dernière, même si elle est moins « exposé[e] aux besoins » que l'est la métaphysique

---

43   Je l'ai fait en partie dans l'article précédemment cité : Dumouchel, Daniel, « 'Hommes de nulle secte'. Éclectisme et refus des systèmes chez Jean Bernard Mérian ».

leibnizienne dont la composante systématique est plus directe, pourrait bien « cach[er] des vues systématiques sous la modeste apparence de la simple observation[44] ». Mérian remarque que la sensation présuppose une valence affective inhérente dont la nature n'a pas été examinée[45]. De quelle nature sont le plaisir et la douleur que le *Traité des sensations* suppose liés aux sensations, à telle enseigne que sans cet « intérêt » la statue pourrait ne jamais sortir du simple sentiment (c'est-à-dire de la simple perception sensible) ? Condillac, en effet, « semble supposer que le plaisir ou la peine qui résulte d'une sensation n'est autre chose que cette sensation même. Je vois bien que cela est commode pour remuer la statue par un seul et unique principe ; mais cela ne m'en paraît pas moins difficile à digérer[46] ». Si le plaisir et la peine ne se réduisent pas à la sensation (de couleur, son, *etc.*), il se pourrait que Condillac ait introduit dans son raisonnement une *supposition* qui n'a pas le fondement empirique qu'il lui prête. Mérian s'est d'ailleurs employé à approfondir la nature de nos sensations agréables et désagréables dans un important mémoire ultérieur[47]. Mais globalement, c'est à toute forme de pensée *systématique*, fût-elle en accord avec les exigences de Condillac, que Mérian sera toujours réticent. La « science » métaphysique, et la science psychologique en particulier, ne conduisent qu'à des perceptions ou des *faits* qu'il convient d'approfondir, mais jamais à un enchaînement *systématique*. On pourrait alors se demander s'il s'agit encore d'une *science*, tant l'idée de système accompagne l'idée de science à cette époque.

L'APERCEPTION DE NOTRE PROPRE EXISTENCE

L'un des premiers mémoires que Mérian lit devant la Classe de philosophie spéculative, en 1749, « Sur l'apperception de sa propre existence », rappelle d'entrée de jeu que la méthode empiriste, en métaphysique, prétend parvenir, par la décomposition des connaissances humaines,

---

44 Mérian, « Parallèle de deux principes de psychologie », *op. cit.*, p. 389.
45 *Id.*
46 *Id.*
47 Mérian, « Sur la durée et sur l'intensité du plaisir et de la peine », *HAR*, tome XII, 1766, Berlin, Haude et Spener, 1768, p. 381-400.

à des perceptions primitives[48]. Qu'en est-il de ces faits primitifs (ou primordiaux) auxquels sa philosophie est censée nous reconduire ? La première de ces perceptions, et sans doute la plus fondamentale pour sa pensée, est ce que Mérian appelle l'aperception de notre propre existence, ou, si l'on veut, le *conscium sui*, puisqu'il ne semble pas encore exister de consensus autour de l'usage de l'expression française de *conscience de soi*. Il est difficile de sous-estimer le privilège philosophique que Mérian accorde à la question du Moi dans l'ensemble de son œuvre. Or, toute perception doit être l'objet d'un sentiment immédiat dans l'âme, c'est-à-dire justement d'une aperception possible. Il semble donc qu'au sein de ces perceptions primitives, nous soyons ramenés à un fait d'une certaine façon encore « plus primitif » que les autres, en l'occurrence celui de l'aperception. Cette aperception, on le verra, est biface : à la fois aperception de quelque chose et aperception de soi-même. Le caractère premier et prépondérant de l'aperception de soi-même, qui est reconduit dans l'ensemble de l'œuvre de Mérian, est lié à une forte préoccupation de notre philosophe relativement aux dangers potentiels du scepticisme. Dès le mémoire de 1749 sur l'aperception[49] et jusqu'au mémoire de 1793 sur le soi-disant « phénoménisme » de Hume[50], le besoin de trouver une riposte au scepticisme rationnel (ou pyrrhonien), d'une part, et d'autre part aux dérives sceptiques possibles de l'idéalisme, auquel il adhère lui-même vaille que vaille, sera une obsession continuelle.

À propos de l'enquête psychologique en général, Mérian dit que « les choses qui sont le plus près de nous, sont presque toujours celles que nous connaissons le moins[51] ». Cela vaut tout autant pour l'aperception. Ainsi, ce ne peut être qu'en « réfléchissant sur ce qui vient de se passer dans notre intérieur, que nous parvenons à nous former la notion de ce premier acte de l'être intelligent[52] ». En règle générale, de nos facultés, en tant que modifications de l'âme, nous ne connaissons rien d'autre que leur existence. Il faut renoncer à « sonder les abîmes de l'esprit humain » et nous limiter au « petit recueil d'observations[53] » que nous révèle

---

48   Mérian, « Mémoire sur l'apperception de sa propre existence », *op. cit.*, p. 419.
49   « Mémoire sur l'apperception de sa propre existence », *op. cit.*
50   « Sur le Phénoménisme de David Hume », *MAR*, 1792 et 1793, Berlin, Decker, 1798, p. 417-437.
51   Mérian, « Sur le désir », *op. cit.*, p. 341.
52   Mérian, « Mémoire sur l'apperception de sa propre existence », *op. cit.*, p. 417.
53   *Ibid.*, p. 418.

l'expérience. Le problème de l'aperception rejoint l'une des convictions les plus récurrentes de la pensée de Mérian : d'une part, tout ce que nous pensons est immédiatement présent à notre âme ; et d'autre part, il n'existe pas dans l'âme de perceptions inaperçues, ou en tout cas il n'y a pas de sens à parler de perceptions ou d'idées indépendamment du fait qu'elles sont aperçues par l'âme. Il y a donc deux *critères* de l'immédiateté de l'aperception : on peut l'envisager du point de vue de *l'indépendance* des objets aperçus par l'âme par rapport à toute aperception antécédente, ou du point de vue de la *présence* dans l'âme qui convient à toutes les pensées sans exception. Bref, nous n'avons d'idées qu'effectivement aperçues, et dans l'instant de leur aperception elles sont détachées de ce qui les suit ou de ce qui les précède dans l'âme[54]. On a vu que c'est sur cette conception qu'est fondée chez Mérian la critique des petites perceptions leibniziennes, qui supposent l'existence, dans l'âme, de perceptions inaperçues.

Tout le débat sur le *conscium sui* renvoie directement au *cogito* cartésien. Mérian entend montrer que la preuve cartésienne de notre existence en tant qu'être pensant ne peut pas être produite par une voie médiate, c'est-à-dire par le raisonnement et la réflexion. Il ressort de cette argumentation une forte préoccupation anti-sceptique qui révèle que la question de l'immédiateté de l'aperception de notre existence fusionne en partie avec la question de la certitude de la connaissance humaine. L'enthymème cartésien, c'est-à-dire la conception du *je pense, donc je suis* comme un raisonnement dont la certitude ne peut être que *médiate*, ouvrirait selon lui la voie à une contestation sceptique de cette « vérité » que Mérian tient pour la plus fondamentale de la connaissance humaine. Ces développements, où Mérian a principalement en tête le scepticisme de Sextus Empiricus[55], sont d'un intérêt certain pour la question du scepticisme au XVIIIe siècle,

---

54   *Ibid.*, p. 418-419. Mérian précise toutefois que l'aperception immédiate « ne peut être relative, qu'à nous-même, à nos idées, et à nos actions » (p. 419). Le premier mémoire de 1749 ne vise qu'à répondre à la première de ces possibilités. L'aperception relative à nos idées est l'objet du second mémoire de 1749 (« Sur l'apperception considérée relativement aux idées, ou, sur l'existence des idées dans l'âme ») et Mérian précise qu'il y envisage les idées « [...] en elles-mêmes, comme ne représentant qu'elles-mêmes, et par rapport à cette existence, qui leur appartient dans l'être apercevant » (p. 444). En ce qui concerne l'aperception relative à nos *actions*, il n'est pas déraisonnable de penser que ce sont les deux mémoires de 1750 qui composent la « Dissertation ontologique sur l'action, la puissance et la liberté » qui s'attaquent à ce problème.

55   *Ibid.*, p. 428. Il parle aussi d'un « pyrrhonisme le plus désespéré », p. 430.

mais je me contente d'indiquer que son interprétation fait du « je suis, j'existe » de la *Seconde Méditation* une « vérité intuitive, qu'on ne saurait même concevoir comme problématique, ou sujette à démonstration[56] ». L'immédiateté de l'aperception de soi-même rendrait impossible et inutile toute forme *d'argument* en faveur de sa propre existence.

Mérian exclut que la *réflexion* puisse engendrer la connaissance de soi-même (c'est-à-dire de sa propre existence), puisqu'elle ne peut que se replier sur une aperception passée qui lui préexiste – par exemple, *j'ai aperçu A, ou B*. Mais alors, la réflexion, d'une part, évoque une égoïté qui était déjà présente dans l'aperception initiale (c'est *moi* qui ai aperçu A ou B), tandis que d'autre part elle engendre elle-même une égoïté nouvelle, sans laquelle cette réflexion ne serait pas *ma* réflexion[57]. Il faut donc renverser la perspective : ce n'est pas la *réflexion* qui produit la certitude de la conscience de soi mais, au contraire, elle présuppose toujours cette conscience, au point que, sans elle, la réflexion ne pourrait pas s'exercer[58]. Le privilège de l'aperception de soi-même vient du fait que sans cette particularité qui affecte tous les états de l'âme – toutes les pensées –, nous ne pourrions jamais les reconnaître comme *les nôtres* ; en percevant quelque chose, le *moi* se co-aperçoit. Mérian en vient à la conclusion qu'aucune pensée (le fait d'apercevoir A ou B) ne peut exister « sans la *coaperception* de l'égoïté », faute de quoi nous ne pourrions même pas savoir « que ce fut [sic] nous, qui voyons, qui entendons, qui nous souvenons, qui raisonnons, et ainsi du reste[59] ». Le mémoire sur l'aperception considérée relativement aux idées précisera que « l'âme en tant qu'intelligente [ne peut] être conçu[e] cessant de s'apercevoir soi-même » et que « tout ce qu'on aperçoit [est] accompagné de l'*adaperception*, ou *coaperception*, de l'existence propre[60] ». Cela, dit Mérian,

56 *Ibid.*, p. 430.

57 *Ibid.*, p. 433.

58 Sur l'interprétation de ces passages, de même que sur la question de la conscience en général chez Mérian, je renvoie à l'excellente étude consacrée à « La conscience selon Mérian » par Bernard Baertschi dans son ouvrage *Conscience et réalité. Études sur la philosophie française au XVIIIᵉ siècle*, Genève, Droz, coll. « Bibliothèque des Lumières », 2005, chap. VI, p. 147-174, qui tire son origine de l'article intitulé « La conception de la conscience développée par Mérian », publié dans *Schweizer im Berlin des 18. Jahrhunderts*, M. Fontius et H. Holzhey (dir.), Berlin, Akademie Verlag, coll. « Aufklärung und Europa. Beiträge zum 18. Jahrhunderts », 1996, p. 231-248.

59 Mérian, « Mémoire sur l'apperception de sa propre existence », *op. cit.*, p. 433.

60 Mérian, « Mémoire sur l'apperception considérée relativement aux idées, ou, sur l'existence des idées dans l'âme », *op. cit.*, p. 445.

nous autorise à conclure, que nous nous apercevons immédiatement, et intui-
tivement ; on voit encore par là, que l'aperception de soi-même est le premier
acte, et un acte essentiel de l'être intelligent en tant que tel ; vu que toutes
les connaissances le présupposent, pendant que lui seul ne présuppose rien[61].

La certitude à la fois immédiate et première que cherchait Mérian
se ramène donc au *conscium sui*, qui est présupposé par toute autre
connaissance. Il s'agit de la seule idée qui soit absolument essentielle à
notre intelligence et dont on ne peut absolument pas se concevoir comme
étant privé. Mérian tente de saisir la spécificité d'une saisie immédiate
de soi-même qui ne tient pas de la réflexivité ; l'aperception ne repose
pas sur une duplication, « on ne s'aperçoit pas en tant qu'on aperçoit »,
dit Mérian, « mais *en tant qu'on existe*[62] ». Car Mérian parle bien de la
substance apercevante « qui, étant permanente et intime à elle-même[63]
[…], en qualité d'être pensant, […] s'aperçoit de son existence[64] ». La
méthode empiriste de Mérian, qui confine parfois à l'idéalisme, retrouve
ici une base cartésienne, en porte-à-faux avec le principe d'ignorance
de la substance dans la philosophie lockienne, qui sert pourtant de
référence à Mérian[65].

HUME ET LES LIMITES DE L'EMPIRISME

Mérian est conscient du fait que son empirisme métaphysique radical
est exposé au risque de conduire à l'idéalisme subjectif, c'est-à-dire à
l'enfermement de l'esprit dans ses idées ou ses représentations. C'est
cette erreur qu'il voit à l'œuvre chez David Hume qui pousse selon
lui l'idéalisme un cran plus loin que Berkeley, jusqu'à produire ce
qu'il va appeler un *phénoménisme*[66]. C'est la première fois, dans cet écrit
pourtant tardif, que Mérian croise le fer directement et explicitement

---

61 Mérian, « Mémoire sur l'apperception de sa propre existence », *op. cit.*, p. 434.
62 *Ibid.*, p. 435. Nous soulignons.
63 L'auteur renvoie ici aux *Essais de théodicée* de Leibniz, § 59.
64 Mérian, « Mémoire sur l'apperception de sa propre existence », *op. cit.*, p. 436.
65 C'est d'ailleurs ce qui a permis à Baertschi d'inscrire Mérian dans la catégorie de
    « l'empirisme cartésien d'expression française ».
66 Mérian, « Sur le phénoménisme de David Hume », *op. cit.*

avec la pensée de Hume. Ce qui est d'autant plus étonnant qu'il a pris part, à partir de 1758, à la première traduction française des essais du philosophe écossais[67] et que son collègue Sulzer en a donné, dès 1755, une traduction allemande[68]. On subodore la présence de Hume dans certains mémoires de Mérian, mais il est peu probable qu'il ait eu une connaissance directe du philosophe écossais avant le début des années 1750. On peut être étonné également de la férocité du verdict qui est posé relativement à l'empirisme de Hume que Mérian amalgame avec une forme radicale d'idéalisme où ne subsisteraient aucun point fixe ni aucune certitude.

La critique adressée à Hume en 1793 remplit chez Mérian deux fonctions essentielles : en premier lieu, elle vise à exonérer sa propre pensée de la conséquence sceptique qui semble la hanter – Mérian rejette ainsi sur Hume l'accusation de phénoménisme contre laquelle il aurait lui-même du mal à se prémunir ; en second lieu, elle permet d'identifier le criticisme kantien, alors en pleine vigueur en Allemagne, comme le prolongement du phénoménisme humien et de pointer par là même les dangers inhérents à l'entreprise critique de Kant. En rabattant la philosophie kantienne sur l'empirisme humien, la stratégie de Mérian vise à suggérer qu'une même énergie destructrice, sans contrepartie positive, est à l'œuvre chez les deux penseurs, et que la seule conception valable de la vérité métaphysique qui soit en accord à la fois avec son objet et avec la logique de la découverte reste l'éclectisme empiriste.

Mérian ne fait pas mystère de la portée polémique de sa lecture de Hume. D'entrée de jeu, il précise que le terme de *phénomène* n'est pas propre à l'auteur du *Traité de la nature humaine* qui préfère les termes d'impression ou de représentation. Il avoue l'emprunter à la « nouvelle philosophie allemande », c'est-à-dire à Kant. La pensée de Hume est présentée comme l'aboutissement de l'empirisme britannique qui se voit conduit, de Locke à Hume, en passant par Berkeley et par l'obscure secte des « Égoïstes », jusqu'à la dissolution de tout support ontologique fiable et identifiable, à la fois dans les objets extérieurs et dans le sujet

---

67 Citons ici les *Essais philosophiques sur l'entendement humain, par Mr. Hume, avec les quatre Philosophes du même auteur, traduit de l'anglais*, 2 tomes, Amsterdam, J. H. Schneider, 1758. Cette traduction de la première *Enquête* de Hume compose les volumes I et II des *Œuvres philosophiques de Mr. D. Hume*, qui seront suivis par les volumes III, IV et V.

68 Par exemple : *Philosophische Versuche über die menschliche Erkenntniss, von David Hume, Ritter*, Hamburg und Leipzig, bey Georg Christian Grund und Adam Heinrich Holle, 1755.

même de la représentation. Locke, dit Mérian, tout en marquant l'impossibilité de la connaissance des substances, avait arraché les qualités secondaires aux substances matérielles mais en leur laissant leurs qualités primaires ; de façon analogue, il avait reconnu l'existence des substances spirituelles. Berkeley a fait un pas supplémentaire en niant la pertinence des qualités primaires de la matière, pour ne conserver que les substances spirituelles avec les différentes modifications qu'elles subissent ou qu'elles causent. Le monde n'est désormais composé que d'esprits[69], mais du moins ces esprits sont-ils « de vraies substances[70] ». De Locke à Berkeley, on passerait donc de l'empirisme critique à l'idéalisme au sens strict. L'étape suivante est franchie par ces mystérieux spéculateurs que sont les Égoïstes, pour qui tous les êtres, que nous les percevions comme corporels ou spirituels, « ne sont que des phénomènes, des idées, des modifications de mon être[71] ». Toutefois, ce « persifleur » de l'idéalisme que constitue l'égoïste n'en continue pas moins à reconnaître *une* substance, la sienne. C'est cette toute dernière substance, ce dernier point d'ancrage minimal, que la théorie de Hume, en tant que dernière étape de cette dégradation de l'empirisme lockien, aurait fait disparaître, en *phénoménalisant* tous ses objets, externes ou internes. Il en va ainsi de la permanence des objets extérieurs, de la causalité, du moi et de la personne morale (c'est-à-dire celle que nous supposons capable d'agir par sa volonté libre).

Mérian entreprend de réfuter le scepticisme humien en examinant la notion même de *phénomène*. Il s'agit en fait moins d'une critique menée de front que d'une réduction à l'absurde des éléments qu'il juge les plus problématiques. La notion même de *phénomène* renferme l'idée de *paraître pour* ou *devant* quelque chose ou quelqu'un. La question se pose donc nécessairement de savoir par qui (ou par quoi) il peut être aperçu. Il n'y a donc, selon Mérian, que trois cas de figure possibles : soit le phénomène est aperçu par lui-même, soit il l'est par un autre phénomène, soit enfin il est aperçu par quelque chose qui n'est pas phénomène. Les deux premières hypothèses conduisant à des conséquences absurdes, il ne reste donc que le troisième cas de figure qui nous ramène à la reconnaissance d'un *substratum*, d'un sujet, ou de quoi que ce soit

---

69   Mérian, « Sur le phénoménisme de David Hume », *op. cit.*, p. 418.
70   *Id.*
71   *Id.*

qui n'est pas phénomène mais peut être affecté par ces phénomènes. Autrement dit, pour Mérian, il est impossible d'imaginer que les phénomènes s'entr'aperçoivent, dans une sorte de régression à l'infini, sans en venir à un point fixe qui ne sera pas un phénomène. L'argumentation repose sur le postulat que Hume est un sceptique radical qui voudrait prouver non seulement que toutes nos connaissances se réduisent à des phénomènes[72] mais que « tout *est* phénomène[73] ». Comme tout sceptique universel, Hume se rendrait coupable d'établir la contradiction qui consiste à vouloir prouver que l'on ne peut rien prouver[74]. Mérian ignore, ou feint d'ignorer, que le scepticisme métaphysique de Hume à l'égard de l'identité personnelle est rigoureusement négatif et consiste à dire que ni les approches traditionnelles, ni même sa propre genèse empirique des idées ne permettent d'identifier l'impression qui est à l'origine de l'idée d'un moi qui traverse le temps. Hume n'affirme pas que le « moi » *est* un « phénomène ». De la même manière, Mérian fait l'impasse sur le scepticisme modéré revendiqué par Hume et sur les dispositifs naturels par lesquels l'esprit produit, par exemple, l'inférence causale.

La critique de Hume est l'occasion, pour Mérian, de faire valoir à nouveaux frais ce qui constitue pour lui l'évidence première de la métaphysique, à savoir la persistance du moi et sa conscience de lui-même dans l'acte même de la représentation. De 1749 à 1793, Mérian reste convaincu que la vérité la plus primordiale est la différence entre le moi et les modifications qui viennent s'y peindre. Qu'est-ce que le moi ? C'est « la chose, l'être, le sujet, la substance qui [...] éprouve [ces modifications][75] ». Et cette conclusion ne s'applique pas seulement à nos perceptions *sensibles* immédiates mais aussi aux « copies » suscitées dans la *mémoire*, aux « simulacres » forgés par *l'imagination*, à toutes les *idées* qui en sont abstraites et aux *raisonnements* ainsi qu'aux « phénomènes spirituels les plus sublimes[76] ». Tout comme le spectacle suppose le spectateur, le moi est la « toile permanente » où viennent se peindre toutes les modifications du moi, mais aussi le fond qui rend possible

---

72 *Ibid.*, p. 425.
73 *Ibid.*, p. 426. Nous soulignons.
74 *Id.*
75 *Ibid.*, p. 430.
76 *Ibid.*, p. 429.

d'y établir une continuité, d'y noter des différences et de lier ces phénomènes de manière à produire des liaisons entre des phénomènes passés
ou coexistants.

Mérian accorde à Hume – ou du moins à son interlocuteur partiel-
lement imaginaire qui tient le rôle du phénoméniste – que nous ne
connaissons pas la nature de la substance que constitue ce moi ; il lui
concède aussi que « ce sont […] l'observation et l'expérience qui [nous]
portent à affirmer que nous ne connaissons que des phénomènes, parce
qu'elles ne [nous] présentent que des phénomènes[77] ». Or mon observation et mon expérience, précise-t-il, « me font constamment distinguer
ces phénomènes de Moi qui les aperçois[78] ». Cette perception primitive
de mon existence se borne à connaître que j'existe comme « sujet » de
mes représentations, sans aller jusqu'à connaître la nature même de mon
être. Pourtant généralement si méfiant face aux limites du langage, qui
reste souvent prisonnier de la tendance de l'esprit à favoriser les ressemblances, Mérian termine son réquisitoire en soulignant la tendance
universelle des langues humaines à présupposer la personnalité des
locuteurs par le biais des pronoms personnels ou de leur équivalent. Il
met au défi les phénoménistes – humiens ou kantiens –, qui veulent
soutenir leurs prétentions, de créer une langue philosophique purifiée
de toute inflexion pronominale.

L'IDÉALISME ET LE MONDE EXTÉRIEUR

Mais le détour par l'épouvantail humien ne change rien au fait que
persistera toujours chez Mérian une tension entre ce que l'on peut appeler
l'idéalisme et la fondation d'un savoir valable au plan intersubjectif. À ma
connaissance, Mérian ne fournit aucune réponse directe à ce problème.
L'empirisme est pour lui une méthode d'investigation qui conduit à une
sorte de pointillisme métaphysique où certaines perceptions, comme j'ai
voulu le suggérer, se révèlent plus fondamentales ou plus *primitives*. Mais
Mérian ne cherche à produire aucun enchaînement systématique des vérités

---

77 *Ibid.*, p. 434.
78 *Id.*

métaphysiques. C'est la rigueur de l'analyse *expérimentale*, d'une part, et la « vérification » éclectique par « l'esprit académique », d'autre part, qui lui servent de théorie de l'objectivité de la connaissance philosophique. Dans son *Discours sur la métaphysique* de 1765, Mérian fait l'éloge non seulement de « l'esprit académique » soutenu politiquement par la bienveillance de certains souverains éclairés, mais également de l'esprit *encyclopédique*, en référence à la grande entreprise intellectuelle collective à laquelle Diderot est alors en train de mettre le point final – du moins en ce qui concerne les volumes de textes[79]. Cette dimension collective de la production et de la validation du savoir apparaît comme une conviction profonde de Mérian au sujet de la science en général, aussi bien que de la métaphysique en particulier[80]. Certes, s'agissant de la justification de l'objectivité du savoir, la référence au Dieu chrétien et à la sagesse de sa Providence affleurent dans certains raisonnements de Mérian, mais tout porte à croire qu'il s'agit là de figures imposées, si je puis dire, dans la mesure où la connaissance de Dieu et de nos devoirs, du point de vue rigoureusement philosophique, reste dépendante de la méthode d'engendrement des connaissances qui prévaut dans la métaphysique en général.

De manière plus fondamentale encore, c'est la construction de l'extériorité du monde par rapport au moi qui reste un défi pour une pensée qui tend à l'idéalisme. Je fais l'hypothèse que c'est cette anxiété inhérente à l'empirisme de Mérian qui l'a conduit à accorder une grande attention aux débats suscités par ce qu'on a appelé le « problème de Molyneux[81] ». Car après tout, la solution de ce problème, proposé par

---

79 Au moment de lire son mémoire devant l'Académie, Mérian a pu avoir accès au moins aux sept premiers volumes déjà publiés.

80 Garve, qui traitera le même sujet à l'Académie en 1788 (« Discours sur l'utilité des Académies »), sera plus mitigé que Mérian et exclura la métaphysique des disciplines qui peuvent progresser par la discussion, la confrontation polie et la correction mutuelle que rend possible « l'esprit académique ». D'une part, les philosophes « tirent d'eux-mêmes les matériaux de leurs pensées […] » (*NMAR*, 1788 et 1789, Berlin, Decker, 1793, p. 460-468, ici p. 467) ; d'autre part, « […] chaque penseur revient sur les premiers éléments de la science et rebâtit de nouveau l'édifice depuis les fondements » (*id.*). La philosophie spéculative correspond davantage au modèle du « génie » qu'à celui de la collaboration scientifique : « […] toute communication au dehors interrompt et trouble cette intuition interne qui est la base des travaux du philosophe » (*ibid.*, p. 468). Pour une interprétation détaillée de ce mémoire de Garve, voir la contribution de Christian Leduc : « Christian Garve et la recherche académique », dans le présent volume.

81 Dans une littérature assez abondante sur cette question, je me limite à renvoyer à l'ouvrage de Marion Chottin, *Le Partage de l'empirisme. Une histoire du problème de Molyneux aux*

Molyneux à Locke, engage l'une des questions les plus fondamentales
de la métaphysique empiriste : comment peut-on, en se passant de
l'hypothèse d'un *sensorium* commun, rendre compte de l'articulation
d'idées qui tirent leur origine de sens différents, en d'autres termes,
comment rendre compte de la construction de la perception visuelle de
la distance, c'est-à-dire dans l'espace en trois dimensions ? Dans la série
de huit mémoires présentés devant l'Académie sur cette question entre
1770 et 1780, Mérian met en avant une pratique éclectique de l'histoire
de la philosophie qui tend à généraliser l'esprit académique à l'histoire
des débats philosophiques, aussi bien sur le long terme que dans la perspective d'une reconstruction de séquences historiques plus restreintes. Le
« Discours sur la métaphysique » soutenait que chaque science avait sa
métaphysique et que ce n'étaient pas les physiciens mais les métaphysiciens qui avaient fait avancer notre connaissance de la perception. Sur les
enjeux de la perception, les expériences purement physiques – c'est-à-dire
celles qui traitent ce sujet du point de vue purement *corporel* – sont insuf-
fisantes (y compris les chirurgies opérées sur des aveugles de naissance)
et les expérimentations nouvelles sont impossibles, voire dangereuses
ou cruelles[82]. En retraçant les étapes du débat lancé par Molyneux et
Locke et en mettant en balance les diverses solutions proposées par les
philosophes – notamment celles de Leibniz, de Berkeley, de Diderot et
de Condillac –, l'intention de Mérian était d'entrer lui-même en lice
et de formuler les conclusions philosophiques les plus plausibles de ces
échanges. Ainsi peut-il souligner que son dessein est :

> […] d'écrire une histoire raisonnée, où l'on verra les diverses solutions qui ont
> été données de ce problème, les principes et les arguments qui leur servent de
> base et d'appui, les conséquences que les philosophes en ont tirées, enfin les
> idées et les théories nouvelles qui ont résulté du conflit de leurs opinions. Je
> voudrais tracer un tableau qui représentât ces matières subtiles et abstraites
> sous toutes leurs faces, et avec toute la clarté dont elles sont susceptibles[83].

XVIIe *et* XVIIIe *siècles*, Paris, Champion, « Travaux de philosophie », 2014.

82   À cet égard, le huitième mémoire propose ironiquement une expérience d'une cruauté
        presque sadienne, qui consisterait à prendre des enfants au berceau et à les élever dans
        de profondes ténèbres jusqu'à l'âge de raison, avant de les placer dans la lumière…

83   Mérian, « Sur le problème de Molyneux – Premier mémoire », *NMAR*, 1770, Berlin, Voss,
        1772, p. 258-267, ici p. 258. Les huit mémoires de Mérian ont été lus devant les membres
        de l'Académie entre 1770 et 1780. Ces mémoires ont été édités par Francine Markovits :
        Sur le problème de Molyneux suivi de *Mérian, Diderot et l'Aveugle*, Paris, Flammarion, 1984.

Dans cet examen critique des hypothèses explicatives qui conduira à montrer la prépondérance de deux approches empiristes – celle de Berkeley et celle de Condillac dans le *Traité des sensations* –, Mérian se réserve une certaine fonction productive qui consiste à faire la part des mérites respectifs et à clarifier les réelles avancées obtenues. Tout en reconnaissant à Berkeley la paternité de l'idée selon laquelle c'est le toucher qui instruit la vision dans la perception des figures et des distances, c'est chez Condillac qu'il trouve l'affirmation *radicale*, généralement attribuée à Berkeley, qu'il ne peut pas, lorsque chaque sens est laissé à lui-même, y avoir d'étendue et de figures « visibles », dans la mesure où la figure suppose une certaine forme de « distance » et donc d'étendue, ne serait-ce que l'extension sur un « plan ». Par un étrange malentendu, Condillac attribuait d'un côté à Berkeley – qu'il ne connaissait que de seconde main, suivant Mérian – la thèse selon laquelle il ne peut y avoir ni étendue, ni figure parmi les idées purement visuelles – alors que, selon Mérian, Berkeley lui-même refusait qu'il y ait une *distance* visible[84], puisque la distance appartient au toucher, mais admettait néanmoins une certaine forme d'*étendue* visible dans la notion de figure. Et de l'autre côté, Condillac revendique pour lui-même la découverte qui revient vraiment à Berkeley, à savoir que c'est le toucher qui instruit la vision. Par la clarification des enjeux théoriques et la synthèse des progrès accomplis, Mérian s'attribue en quelque sorte un rôle actif dans cette « histoire éclectique » de l'explication métaphysique de la perception des figures et des solides dans l'espace.

Il faut, en terminant, rappeler la diversité des intérêts des membres de la Classe de philosophie spéculative, en ce qui concerne notamment la psychologie. Mérian tente de rester fidèle à une méthode d'investigation empiriste et éclectique, contrairement aux philosophes plus influencés par Leibniz, comme Sulzer, Beausobre et même Formey, qui auront tendance à suivre le mot d'ordre énoncé par Sulzer en 1759, qui exhortait les métaphysiciens à élargir la psychologie empirique en explorant les zones « obscures » de l'âme humaine[85]. Ils trouveront leur postérité

---

84 Chez Berkeley, la notion de distance est obtenue par jugement, et donc par des inférences.
85 Sulzer, Johann Georg, *Kurzer Begriff aller Wissenschaften und andern Theile der Gelehrsamkeit* [*Précis de toutes les sciences et des autres parties du savoir*], Leipzig, Johann Christian Langenheim, 1759, VI « Die Philosophie », § 206, p. 158-159. Voir la récente édition

dans le développement de la psychologie empirique et expérimentale, tandis que les théories de Mérian trouveront un certain écho chez Kant (pour l'aperception) et dans le prolongement de l'empirisme, notamment chez les Idéologues et chez Maine de Biran.

Daniel DUMOUCHEL
Université de Montréal

scientifique de ce texte : *Gesammelte Schriften. Kommentierte Ausgabe, Band 1 : Kurzer Begriff aller Wissenschaften*, herausgegeben von Adler, Hans und Décultot, Élisabeth, Zürich, Schwabe, 2014, p. 141.

CHRISTIAN GARVE
ET LA RECHERCHE ACADÉMIQUE

Christian Garve[1] est resté célèbre pour deux principales contributions à l'histoire de la philosophie du XVIIIᵉ siècle : d'une part, les études kantiennes ont insisté sur sa recension de la *Critique de la raison pure* qui inspira en bonne partie le compte rendu publié par Johann Georg Heinrich Feder. On sait qu'elle motiva Kant à répondre à l'objection selon laquelle sa doctrine transcendantale ne serait qu'une reformulation d'un idéalisme absolu. D'autre part, Garve lui-même est connu comme appartenant au courant des Lumières allemandes tardives, plus précisément en tant que partisan de la *Popularphilosophie*[2], mais aussi comme traducteur prolifique, en particulier d'œuvres de Cicéron et d'Adam Smith. La littérature secondaire souligne toutefois rarement qu'il fut un membre externe de l'Académie de Berlin et l'auteur d'un discours prononcé à l'occasion de cette admission dans lequel il réfléchit à la recherche en sciences et en philosophie. Son *Discours sur l'utilité des académies*, publié en 1793[3], reste pourtant une pièce importante pour comprendre l'évolution des discussions sur la place des académies scientifiques à la fin du siècle. La présente contribution vise à analyser ce texte et à en comprendre les positions à la lumière des débats entre académiciens berlinois. Principalement, il s'agira d'examiner quels sont

---

1   Christian Garve (1742-1798) est né et mort à Breslau, ville où il demeura pour l'essentiel de sa vie, à l'exception de séjours à Frankfurt an der Oder, pour sa formation universitaire, et à Leipzig, où il enseigna pour une courte période (1770-1772). Il publia plusieurs ouvrages et traductions, principalement dans les domaines de la morale, de la politique et de l'esthétique. Sa traduction du *De Officiis* de Cicéron (1783) fut bien reçue et attira notamment l'attention de Frédéric II. Il devint membre externe de l'Académie de Berlin en 1786.

2   À ce sujet, voir notamment ses *Einige Gedanken über das Interessierende* (Garve, *Sammlung einiger Abhandlungen*, I, Breslau, 1801, p. 193-286).

3   « Discours sur l'utilité des académies », *Mémoires de l'Académie Royale des Sciences et Belles-Lettres, 1788 et 1789*, Berlin, Decker, 1793, p. 460-468.

les avantages, d'après Garve et certains autres académiciens comme Maupertuis et Formey, de mener des recherches dans une académie, mais aussi de se pencher sur la présence d'une classe de philosophie spéculative qui est spécifique à Berlin.

QU'EST-CE QUE LA PHILOSOPHIE SPÉCULATIVE?

Les mémoires de l'Académie de Berlin visant à réfléchir à la spécificité et à l'utilité des académies s'inscrivent soit directement dans les travaux de la classe de philosophie spéculative, soit en relèvent du moins sur le plan théorique. Il appert ainsi que les considérations générales sur l'institution et la recherche scientifique qu'on y produit concernent plus immédiatement la démarche spéculative. Le mémoire de Garve est en ce sens exemplaire, puisqu'il contient des réflexions relatives à la fois à la recherche académique dans son ensemble et au rapport existant entre la philosophie et le milieu institutionnel dans lequel elle devrait évoluer.

Il a désormais été noté que l'Académie de Berlin est l'une des seules institutions scientifiques de ce type à inclure une classe de philosophie spéculative[4]. Lors de son renouvellement dans les années 1740 par Frédéric II, furent décidées une nouvelle division des classes et l'intégration de disciplines comme la logique, la métaphysique et la morale, lesquelles ne faisaient pas partie des domaines couverts antérieurement dans les académies scientifiques. Ni l'Académie de Paris, ni celles de Londres ou de Saint-Pétersbourg ne les incluent dans leur programmation de recherche. La raison principale en est certainement d'ordre institutionnel : à l'époque de la création des premières académies au XVIIe siècle, les savoirs philosophiques faisaient depuis l'époque médiévale l'objet d'études dans les écoles et les universités, de sorte qu'il ne semblait pas nécessaire de les inclure au sein d'institutions à prétention expérimentale et mathématique[5]. Nous reviendrons sur ce point, mais il semble que

---

4   Dumouchel, D. et Leduc, C., *La philosophie à l'Académie de Berlin au XVIIIe siècle*, « Introduction », *Philosophiques*, vol. 42, n° 1, printemps 2015, p. 7-10.

5   Voir Leff, Gordon, « The *trivium* and the three philosophies » in *A History of the University in Europe*, vol. 1, *Universities in the Middle Ages*, ed. by H. de Ridder-Symoens, Cambridge University Press, 1992, p. 307-336.

l'absence des disciplines métaphysiques ou morales s'explique aussi par une différence d'approches, la physique et la géométrie pouvant davantage tirer profit d'une situation où les savants partagent et discutent de leurs travaux, par opposition à la philosophie proprement spéculative[6]. Notons qu'au moment de sa création, l'Académie de Berlin avait pour modèle les institutions anglaise et française et ne possédait ainsi pas de classe qui se consacrait aux sujets spéculatifs. Leibniz mentionne comme critère de sélection l'influence pratique des sciences et maintient que les travaux des membres « considèreraient en particulier des applications utiles au bien public », surtout en mathématiques, en physique et dans les investigations expérimentales[7].

La situation change au milieu du XVIIIe siècle mais peu de sources textuelles permettent de l'expliquer. Dans la préface au premier volume de l'*Histoire de l'Académie royale des sciences et des belles lettres de Berlin*, le secrétaire général, Formey, mentionne brièvement l'importance des études en métaphysique, même si elles ne font habituellement pas partie des domaines couverts par une académie scientifique. La métaphysique est nécessaire à la recherche puisqu'elle « est sans contredit la mère des autres sciences, la théorie qui fournit les principes les plus généraux, la source de l'évidence, et le fondement de la certitude de nos connaissances[8] ». Sur la base d'une conception de la métaphysique d'inspiration wolffienne, comme discipline expliquant les premiers principes des connaissances et des choses[9], Formey donne une justification officielle mais qui laisse néanmoins en suspens plusieurs questions. En particulier, pourquoi les autres académies scientifiques, et même celle de Berlin avant la réforme de Frédéric II, ne comprenaient-elles pas de recherche spéculative ? À quoi servent plus exactement les spéculations

---

6   Le texte de référence sur le lien entre sciences et académie est certainement la *Préface sur l'utilité des mathématiques et de la physique* de Fontenelle qui paraît dans le premier volume de l'*Histoire de l'Académie royale des sciences* en 1699, p. I-XIX, rééditée dans *Digression sur les Anciens et les Modernes et autres textes philosophiques*, dir. par S. Audidière, Paris, Classiques Garnier, 2015, p. 305-318. Sur Fontenelle et ses réflexions quant au rôle des institutions académiques, voir les contributions de M. S. Seguin et M. Rioux-Beaulne dans le présent volume.

7   Lettre n° 254 de Leibniz à Jablonski du 12 mars 1700, dans *Sämtliche Schriften und Briefe*, Reihe I : *Allgemeiner, Politischer und Historischer Briefwechsel*, Band 18 – Teil B, janvier-août 1700, Berlin, Akademie-Verlag, 2005, p. 447-450, ici p. 448.

8   *Histoire de l'Académie royale des sciences et des belles lettres de Berlin* (abrév. *HARB*), 1745, Berlin, Haude, 1746, préface, p. v.

9   Formey, *La Belle Wolfienne*, tome IV, La Haye, Jean Neaulme, 1746, p. v-vi.

dans une institution scientifique ? Il paraît d'ailleurs assez manifeste que plusieurs académiciens berlinois de la même époque ne partageaient pas cet avis et s'opposaient à ce que les sciences physiques et mathématiques trouvent leur fondement dans des réflexions philosophiques ; pensons à d'Alembert et dans une moindre mesure à Voltaire qui niaient que la métaphysique joue ce rôle dans le développement des sciences. Le règlement de l'Académie n'est également pas très explicite. On y énonce que « la classe de philosophie spéculative s'appliquera à la logique, à la métaphysique, et à la morale[10] », sans rendre compte plus avant de cette nouvelle addition. La délimitation du champ de la philosophie spéculative se comprend à l'évidence par comparaison avec la philosophie expérimentale, entièrement tournée vers les données de la sensation, mais aussi avec les mathématiques et les belles-lettres qui n'emploient pas les mêmes méthodes et n'ont à l'évidence pas les mêmes objets[11]. Hormis ces comparaisons disciplinaires, il reste cependant difficile de justifier la présence d'une classe portant sur des matières spéculatives.

Il faut dès lors chercher ailleurs certaines précisions. Le principal texte qui nous en informe est le discours sur les *Devoirs de l'académicien* lu par Maupertuis quelques années après l'adoption des nouveaux règlements. Sans nécessairement exprimer un consensus entier entre les membres, Maupertuis semble pourtant énoncer des orientations générales qui seront pour l'essentiel suivies par les académiciens berlinois. Un extrait concerne directement la classe de philosophie spéculative et ses objets :

> La classe de philosophie spéculative est la troisième [classe]. La philosophie expérimentale avait examiné les corps tels qu'ils sont ; revêtus de toutes leurs propriétés sensibles. La mathématique les avait dépouillé[s] de la plus grande partie de ces propriétés. La philosophie spéculative considère des objets qui n'ont plus aucune propriété des corps. L'Être suprême, l'esprit humain, et tout ce qui appartient à l'esprit [sont] l'objet de cette science. La nature des

---

10 « Règlement de l'Académie », *Histoire de l'Académie Royale des Sciences et Belles Lettres, depuis son origine jusqu'à présent avec les pièces originales*, Berlin, Haude et Spener, 1752, p. 98-103, ici p. 99.

11 Pour une analyse plus complète de la division des classes, voir Leduc, C., « Speculative Philosophy at the Berlin Academy », in *Reshaping Natural Philosophy : Tradition and Innovation in the Early Modern Academic Milieu*, Sangiacomo, A. (ed.), Oxford, Oxford University Press, coll. « History of Universities », volume XXXIII/2, Special issue, 2020, p. 175-200.

corps mêmes, en tant que représentés par nos perceptions, si encore ils sont autre chose que ces perceptions, est de son ressort[12].

Maupertuis donne deux indications pertinentes pour nos analyses : d'une part, il circonscrit de manière générale les objets de la philosophie spéculative de façon à ce qu'elle porte sur les entités qui ne revêtent plus aucune qualité sensible. La spéculation permet d'aller au-delà des propriétés empiriques de la physique expérimentale et de l'étendue abstraite mathématique. D'autre part, il reprend en bonne partie la division traditionnelle des *metaphysicae speciales*, remise à l'ordre du jour par Wolff, puisque la philosophie spéculative concerne trois principaux objets, soit Dieu, l'âme et les corps, ces derniers en tant qu'ils ne se réduisent pas, encore une fois, aux seules propriétés sensibles étudiées dans la physique. Sans nécessairement exclure les preuves empiriques, la philosophie spéculative permet à l'évidence de dépasser le simple constat *a posteriori* ou sa formalisation abstraite géométrique[13]. Mais la question demeure de savoir pourquoi un académicien devrait admettre la spéculation comme domaine de recherche dans son institution. À quoi servent la métaphysique ou la morale pour l'investigation en anatomie, en mécanique ou en géométrie ? Maupertuis donne la réponse suivante :

> Si la plupart des objets que la philosophie spéculative considère, paraissent trop au-dessus des forces de notre esprit, certaines parties de cette science sont plus à notre portée. Je parle de ces devoirs qui nous lient à l'Être suprême, aux autres hommes, et à nous-mêmes : de ces lois auxquelles doivent être soumises toutes les intelligences ; vaste champ, et le plus utile de tous à cultiver ! Appliquez-y vos soins et vos veilles : mais n'oubliez jamais, lorsque l'évidence vous manquera, qu'une autre lumière aussi sûre encore doit vous conduire[14].

L'extrait est de nature programmatique et ne correspond pas nécessairement aux positions défendues par la suite chez les différents académiciens berlinois. Il indique cependant trois points importants qui semblent avoir largement convaincu : premièrement, comme c'est le cas de toutes les recherches dans une académie, il faut pouvoir appliquer ce que

---

12 Maupertuis, « Des devoirs de l'académicien », *HARB*, tome IX, 1750, Berlin, Haude et Spener, 1755, p. 511-521, ici p. 516.

13 Pour sa part, Jean-Bernard Mérian soutient que l'expérience est même essentielle à l'élaboration de thèses spéculatives. Sur ce point, voir la contribution de D. Dumouchel au présent volume.

14 Maupertuis, « Des devoirs de l'académicien », *op. cit.*, p. 517.

Maupertuis appelle l'esprit académique, aspect sur lequel nous reviendrons par la suite. Pour l'instant, retenons l'idée qu'il s'agit de délimiter les objets spéculatifs selon les capacités de notre entendement et de renoncer à répondre à des questions qui ne possèdent pas un niveau d'évidence suffisant. Maupertuis lui-même a proposé des principes métaphysiques dont la portée était restreinte, mais d'après lui rigoureuse, en particulier dans sa formulation du principe de la moindre action. Si la moindre action possède une cause téléologique et montre comment l'ensemble des lois de la nature est dans un rapport de dépendance ontologique à l'égard de la sagesse divine, ce principe ne saurait nous permettre de rechercher les finalités spécifiques à telles ou telles organisations ou fonctions physiques[15]. Autrement dit, la métaphysique est possible, mais elle doit se produire à l'intérieur des limites d'une certitude atteignable par l'esprit humain. Deuxièmement, la philosophie spéculative est utile en tant qu'elle nous oblige à l'égard de Dieu, des autres et de nous-mêmes. Le critère d'utilité, dont Fontenelle et Leibniz discutent en lien avec les mathématiques et la physique, s'étend chez Maupertuis aux disciplines spéculatives. Contrairement à ce que plusieurs philosophes allemands soutiennent à la même époque, tels Baumgarten et Meier[16], Maupertuis ne croit pas que la spéculation soit un exercice inutile qui n'aurait par conséquent aucune incidence sur la pratique et la vie courante. Même la métaphysique, discipline jugée théorique par excellence, est bénéfique en ce qu'elle complète les vérités de la foi[17]. Troisièmement, la logique, la métaphysique et la morale sont de la plus grande utilité aux académiciens parce que la recherche scientifique resterait incomplète, voire vaine, si elle n'était pas pensée à l'aune de son impact sur la religion et l'humanité. Même si les autres classes peuvent effectivement contribuer à démontrer la véracité de la religion[18], la philosophie spéculative y réussit davantage en ce qu'elle réfléchit à Dieu et à son rapport à l'univers. Pour sa part, il revient bien entendu à la morale de déterminer les devoirs envers soi-même et autrui, nécessaires à une conduite vertueuse et à laquelle tout académicien est obligé.

---

15 « Essai de cosmologie », *in* Maupertuis, *Œuvres*, I, Hildesheim, Olms, 1974, p. 3-78, ici p. 20-21. Sur le principe de la moindre action et certaines discussions qui s'ensuivirent à Berlin et à Paris, voir la contribution de F. Duchesneau dans le présent volume.

16 A. G. Baumgarten, *Metaphysica*, § 669 ; G. F. Meier, *Vernunftlehre*, § 247-253.

17 « Essai de cosmologie », p. 44.

18 « Des devoirs de l'académicien », *op. cit.*, p. 520-521.

Plusieurs travaux ultérieurs s'inscrivent dans cette conception de la philosophie spéculative ; on remarque que ce champ est d'ailleurs très actif durant les décennies qui suivent le renouvellement. D'importantes contributions de Mérian, Sulzer, Formey et Béguelin s'inscrivent dans ce programme de recherche et sont, dans une certaine mesure, fidèles aux idéaux de Maupertuis. Notons finalement que la place qu'occupent certains domaines particuliers se légitime plus facilement au sein d'une académie scientifique. On pense aux nombreux mémoires portant sur la psychologie qui étudie la nature et les facultés de l'esprit[19], mais aussi à la cosmologie ou métaphysique de la nature qui, de manière fonda-mentale, cherche les premiers principes de la physique[20]. Dans le but de conserver une utilité propre aux recherches académiques tout en se restreignant aux objets qui sont connaissables par évidence, la classe de philosophie spéculative est manifestement conçue dans le prolongement des activités scientifiques réalisées dans les autres classes.

L'ESPRIT ACADÉMIQUE

Le discours de Maupertuis mentionne un aspect qui sera ultérieure-ment discuté, notamment dans le texte de Garve. Il s'agit de souligner que les recherches scientifiques doivent se faire selon un esprit académique qui suppose, d'après Maupertuis, de mesurer « les différents degrés d'assentiment [distinguant] l'évidence, la probabilité, le doute » et de ne donner des spéculations que « sous celui de ces différents aspects qui leur appartient[21] ». Cette caractérisation est d'inspiration lockienne et s'inscrit dès lors dans une tradition qui ajuste les capacités cognitives aux objets de la connaissance[22]. Maupertuis soutient qu'il est particulièrement important d'user de l'esprit académique en métaphysique et en morale,

19   Voir notamment chez Sulzer : Dumouchel, D., « Johann Georg Sulzer. La psychologie comme "physique de l'âme" », in *Les Métaphysiques des Lumières*, dir. par P. Girard, C. Leduc et M. Rioux-Beaulne, Paris, Classiques Garnier, 2016, p. 171-190.

20   Leduc, C., « La métaphysique de la nature à l'Académie de Berlin », in *Philosophiques*, vol. 42, n° 1, printemps 2015, p. 11-30.

21   « Des devoirs de l'académicien », *op. cit.*, p. 517.

22   *An Essay Concerning Human Understanding*, IV, chap. XIV-XV.

car on pourrait facilement prendre pour évidentes des propositions qui sont seulement probables ou même douteuses. Ce type d'esprit doit ainsi accompagner toute démarche scientifique et sera largement adopté dans l'institution berlinoise.

De manière générale, l'esprit académique, en plus de se baser sur une démarcation des niveaux d'assentiment, se caractérise par deux autres aspects principaux. Le premier est hérité des conceptions de la science du XVIIᵉ siècle qui prônent la primauté de la méthode expérimentale. Contrairement à la manière dont les savants procèdent dans les écoles et les universités, l'académicien produit un savoir qui est le résultat de collaborations et d'échanges. Autrement dit, l'esprit académique se définit en ce qu'il permet un travail collectif, et non isolé. Le *Discours* de Maupertuis est encore une fois éloquent à ce sujet :

> Tous ces secours qu'on trouve dispersés dans les ouvrages et dans le commerce des savants, l'académicien les trouve rassemblés dans une académie ; il en profite sans peine dans la douceur de la société ; et il a le plaisir de les devoir à des confrères et à des amis. Ajoutons-y ce qui est plus important encore ; il acquiert dans nos assemblées cet esprit académique, cette espèce de sentiment du vrai, qui le lui fait découvrir partout où il est, et l'empêche de le chercher là où il n'est pas. Combien différents auteurs ont hasardé de systèmes dont la discussion académique leur aurait fait connaître le faux ! Combien de chimères qu'ils n'auraient osé produire dans une académie[23] !

À la manière de Bacon, Leibniz et Fontenelle, Maupertuis est d'accord pour défendre une conception communautaire de la production du savoir scientifique. Non seulement les échanges se font entre collègues et amis, mais les collaborations évitent la dispersion et reflètent un sentiment du vrai. Le travail individuel mène trop souvent à la construction de chimères et à la perpétuation des préjugés, tandis que la collectivité aiguise la critique et rend possible la découverte de théories scientifiques véridiques. On trouve déjà cette considération quelques années auparavant chez Formey qui vante les mérites d'une communauté académique :

> Les philosophes ayant secoué le joug tyrannique d'Aristote, se livrèrent pendant quelque temps à la manie de systèmes. De grands génies employèrent à élever ces édifices chimériques, un temps et des talents, dont ils auraient pu faire un beaucoup meilleur usage. Heureusement on sentit bientôt la vanité

---

23 « Des devoirs de l'académicien », *op. cit.*, p. 512.

de cette occupation, et l'on se hâta de prendre le bon parti, en se bornant à étudier la nature, à observer les phénomènes, et à enregistrer ces observations, en attendant qu'elles forment un corps complet, d'où l'on puisse déduire un système appuyé sur les fondements inébranlables de l'expérience[24].

Une académie rend possibles l'observation et l'étude des phénomènes pour former un corps complet de doctrine que seule une collectivité de savants peut accomplir. On constate d'ailleurs que de nombreux académiciens collaboraient certes au sein de la classe pour laquelle ils avaient été recrutés, mais également dans d'autres domaines. Le cas d'Euler est intéressant car si ses travaux concernent en très grande partie la classe de mathématique et de mécanique, on compte un certain nombre de mémoires spéculatifs portant sur des problèmes cosmologiques, tels que la nature de l'espace et du temps ou la question de la divisibilité de la matière. Il en est de même pour plusieurs autres membres : Sulzer, dont la production concerne pour l'essentiel la psychologie spéculative, lit et publie des travaux au sein de la classe de philosophie expérimentale ; pour sa part, Béguelin fait de même en ajoutant quelques contributions aux mathématiques ; Lambert est un cas assez unique mais en même temps exemplaire car il contribue aux quatre classes. On peut évidemment se poser la question de savoir s'il s'agissait de véritables collaborations au sens contemporain, étant donné qu'aucune des recherches de l'époque n'est le résultat d'investigations menées au sein de groupes ou de laboratoires de recherche. Il est toutefois évident que la manière de procéder se distingue en particulier de l'enseignement universitaire : les mémoires sont lus et discutés devant l'assemblée des membres avant d'être publiés, et sont en ce sens l'aboutissement de véritables échanges[25].

La deuxième caractéristique de l'esprit académique se comprend dans le contexte spécifique du milieu du XVIIIe siècle qui remet en question

---

24 « Histoire du Renouvellement de l'Académie en MDCCXLIV », *HARB*, tome I, 1745, Berlin, Haude, 1746, p. 1-9, ici p. 2.

25 Cet avantage de la collaboration scientifique dans une académie devient à ce point acquis par la suite qu'il fait dire à Formey que l'on n'a plus besoin de le justifier : « [...] ce sont certainement les académies qui, depuis leur établissement, ont le plus contribué, soit à défricher les terres incultes, soit à arracher les ronces et les épines de dessus celles qui en étaient couvertes », *in* « Considérations sur ce qu'on peut regarder aujourd'hui comme le but principal des Académies, et comme leur effet le plus avantageux. Second discours », *HARB*, tome XXIV, 1768, Berlin, Haude et Spener, 1770, p. 357-366, ici p. 358.

la méthodologie et la portée d'une philosophie de type dogmatique
et systématique : un savant qui œuvre au sein d'une académie évitera
ce qu'il est désormais commun d'appeler, à la suite de Condillac et de
d'Alembert, l'esprit de système. Les académiciens berlinois sont dans
l'ensemble d'accord avec ces derniers pour critiquer les principes abs-
traits et hypothétiques, mais le point sur lequel ils insistent est relatif
au premier critère tout juste examiné : la production de systèmes se
fait soit sur une base individuelle et repose ainsi sur une procédure
dogmatique, comme on en retrouve la concrétisation chez les métaphysiciens du XVIIᵉ siècle, soit à partir de l'ensemble des contributions d'un
corps scientifique, dont les travaux d'une académie sont la meilleure
incarnation. L'extrait précédent tiré de la préface de Formey exprime
d'ores et déjà cette idée en indiquant que le rejet de l'aristotélisme s'est
accompagné d'une « manie des systèmes » qui a mené à l'édification
de fictions théoriques. Maupertuis revient ailleurs sur cette question
en affirmant que les « systèmes sont de vrais malheurs pour le progrès des sciences : un auteur systématique ne voit plus la nature, ne
voit que son ouvrage propre[26] ». Il faut plutôt s'inspirer de Bacon qui
« considéra toute la connaissance humaine comme un édifice dont les
sciences devaient former les différentes parties[27] ». S'opposent ainsi chez
lui deux conceptions du savoir, la première issue d'une initiative isolée
et rendant son auteur aveugle vis-à-vis de la nature, la deuxième dans
laquelle il est possible de penser un ensemble complet des sciences
mais qui nécessite l'apport d'une pluralité de savants. On trouve cette
dernière conception chez de nombreux autres académiciens, entre autres
chez Dieudonné Thiébault :

> Les sciences, comme nous l'avons déjà observé, quelque éloignées, quelque
> distinctes qu'elles paraissent être l'une de l'autre, se rapprochent et se touchent
> par mille côtés divers, jusqu'à se confondre. Il n'en est aucune par conséquent,
> qui n'ait presque à chaque pas un besoin réel, un besoin pressant de toutes
> les autres : d'où l'on peut voir qu'en un certain sens, le mot *tout ou rien*, n'est
> pas tant la devise d'un ambitieux outré, que celle d'un homme d'étude qui
> veut avoir quelques succès ; que quiconque n'est pas *tout*, n'est effectivement

---

26 Maupertuis, « Lettre VII. Sur les systèmes », in *Œuvres*, II, éd. citée, 1965, p. 257-261,
    ici p. 257.
27 Maupertuis, « Lettre sur le progrès des sciences », in *Œuvres*, II, éd. citée, p. 375-431, ici
    p. 375.

rien; c'est-à-dire, que quiconque n'a pas fait au moins quelques courses, ou plutôt, quelques voyages, quelques séjours dans le pays de chaque science en particulier, n'en possède réellement aucune dans une certaine perfection[28].

Comme c'était le cas chez Condillac, il ne s'agit donc pas de renoncer à une mise en ordre systématique des connaissances, mais surtout de laisser de côté un type d'approche dogmatique de l'architectonique. À nouveau, la particularité de la théorisation à Berlin est d'arrimer cette conception du système des savoirs à une situation institutionnelle particulière. Rassembler les savoirs en une doctrine complète ou système des connaissances ne saurait véritablement s'accomplir qu'au sein d'une académie scientifique.

Ces deux principaux aspects de l'esprit académique se comprennent habituellement par opposition à la manière dont la philosophie et la science se réalisent dans les universités à cette période. Plus qu'un simple rejet de courants de type cartésien, leibnizien ou wolffien, les académiciens berlinois s'en prennent aux écoles et aux universités qu'ils jugent comme étant des lieux de production de préjugés dogmatiques dans lesquels le seul lien communautaire existant n'est pas celui d'une collaboration entre collègues et savants, mais un rapport d'assujettissement des élèves et des disciplines à l'égard de leurs maîtres. Dans son discours de réception, Jacob Weguelin résume bien cette critique des savoirs scolaires :

Les académies ayant un champ beaucoup plus libre que les écoles, elles sont par là même plus en état que celles-ci de briser les chaînes de l'autorité et de l'exemple. L'esprit borné des écoles vient souvent de ce qu'il faut proportionner l'enseignement aux regards faibles et distraits d'une jeunesse inquiète et avide de savoir[29].

Les écoles et les universités ne sauraient faire progresser les sciences, puisque la relation entre les savants qui y évoluent est de nature autoritaire et perpétue l'ignorance et la stérilité des systèmes. Le remède à ces dérives se trouve bien entendu dans le déplacement de la recherche vers les académies, y compris pour ce qui concerne les matières spéculatives.

---

28 Thiébault, « Discours de réception, où l'on traite des principaux avantages, que les Académies offrent à ceux qui en sont membres », prononcé le 25 avril 1765, *HARB*, tome XXI, 1765, Berlin, Haude et Spener, 1767, p. 515-525, ici p. 517-518.
29 Weguelin, « Discours de réception », prononcé le 20 novembre 1766, *HARB*, tome XXII, 1766, Berlin, Haude et Spener, 1768, p. 527-534, ici p. 527.

La seule manière de progresser en métaphysique et en morale, comme c'est le cas en physique et en mathématiques, consiste à adopter l'esprit académique et à les étudier dans un milieu institutionnel qui correspond à ce type de recherche.

LE MÉMOIRE DE GARVE

Ce cadre théorique et les justifications qui l'accompagnent sont assez représentatifs des orientations et des pratiques de la recherche propres à la génération d'académiciens qui furent recrutés lors du renouvellement ou dans les années qui suivirent. Maupertuis, Euler, Formey, Sulzer ou Mérian étaient tous à peu près en accord avec cette conception de la philosophie spéculative et de l'esprit académique à adopter dans la démarche scientifique. Plusieurs extraits cités précédemment sont plus tardifs et datent de la fin des années 1760, mais on comprend que leurs auteurs restent fidèles aux interprétations antérieures et les cautionnent en en peaufinant les arguments. Or, lors de la publication du *Discours* de Garve, le contexte a passablement évolué : beaucoup d'académiciens de la précédente génération ont soit disparu, comme Maupertuis, Euler et Sulzer, soit sont devenus moins actifs, comme Béguelin et plus tard Mérian. De nouveaux membres sont recrutés dans les années 1780 au sein de la classe de philosophie spéculative, principalement Louis-Frédéric Ancillon et Jean de Castillon, mais on constate quand même le début d'un déclin de la production en métaphysique et en morale. Notons qu'au début du XIXe siècle, les travaux de la classe de philosophie spéculative deviennent faméliques et certains volumes ne comprennent souvent qu'un ou deux mémoires philosophiques, en particulier de Schleiermacher qui en devient le secrétaire en 1815. Par la suite, elle fusionnera avec la classe historique et n'admettra plus de contributions proprement spéculatives.

Dans les analyses qui suivent, je proposerai l'hypothèse de lecture suivante : les arguments de Garve correspondent jusqu'à un certain degré à ces changements institutionnels. D'une part, sa position renforce l'idée que la recherche scientifique dans une académie passe nécessairement par une division du travail et une mise en commun des résultats. Garve ajoute de nouvelles considérations mais accentue surtout cet aspect que l'on trouvait auparavant chez Maupertuis ou Formey. D'autre part, Garve considère que la philosophie spéculative n'a jamais vraiment eu sa place dans une institution à visée scientifique. La logique, la métaphysique et la morale se prêtent difficilement aux conditions de l'investigation des sciences expérimentales ou des mathématiques. Sans prétendre anticiper la disparition de la philosophie spéculative au XIXe siècle à l'Académie de Berlin, l'interprétation de Garve pointe une inadéquation entre les approches respectives en philosophie et en sciences et l'impossibilité d'appliquer une même méthode à tous ces domaines d'étude.

DE L'INDIVIDUEL AU COLLECTIF

Garve débute son *Discours* en rappelant les avantages de la division et de l'organisation des disciplines visant en définitive à former une totalité doctrinale exhaustive. À la manière de Maupertuis, de Formey et, plus tard, d'Ancillon[30], il est ainsi d'avis que la spécialisation et la mise en relation des recherches expliquent principalement les succès scientifiques des académies. Il note toutefois qu'on a trop souvent oublié un point fondamental relatif au progrès des savoirs : si le travail d'une communauté de chercheurs vaut mieux que celui d'un savant isolé, l'histoire des sciences nous apprend néanmoins que, dans chaque discipline, il exista des génies et des précurseurs qui ouvrirent la voie aux générations ultérieures :

> Mais ils ne pensent pas que le grand mérite d'une découverte ne se manifeste que par les conséquences qu'on en tire, par les applications qu'on peut en faire, par les usages qui en résultent. C'est donc proprement la génération qui suit, qui peut seule fixer le prix des travaux de ses prédécesseurs, et le degré d'estime qui est leur est dû ; de là vient en partie qu'en fait de sciences et de philosophie, les anciens sont presque toujours préférés aux modernes, à ceux qui vivent et travaillent sous nos yeux[31].

---

30 Ancillon, fils, « Discours de réception », lu le 8 septembre 1803, *HARB*, vol. 12, 1803, Berlin, Decker, 1805, p. 49-58, ici p. 49-50.
31 Garve, « Discours », *op. cit.*, p. 461.

Au préalable, Garve note que des contemporains se plaignent parfois que leur époque n'a pas produit de génies à la hauteur de ceux du siècle précédent, comme Leibniz et Newton, et que les sciences et la philosophie seraient ainsi dans un état beaucoup moins favorable. D'après Garve, c'est non seulement méconnaître le développement de la recherche, mais aussi sous-estimer la différence de démarche entre précurseurs et héritiers. Les premiers sont certes parfois des génies, car ils ont pu, souvent dans un contexte peu fécond de la découverte scientifique, formuler des principes importants et des théories novatrices. Les seconds, qui récupèrent ces résultats et les considèrent comme une sorte de programme de recherche, ont donc la possibilité de former une communauté de savants en en examinant les nombreuses conséquences. De sorte que le terme de génie que l'on applique à des esprits jugés supérieurs est relatif à un développement épistémologique et a, par conséquent, trait à une prééminence :

> En général le mot de génie n'indique qu'une prééminence. Ce n'est pas une mesure exacte ; elle n'est pas non plus la même dans tous les siècles, et chez tous les peuples. Un homme de génie est un homme qui surpasse de beaucoup les autres dans les facultés intellectuelles, et dans les ouvrages qu'elles produisent. Or il est clair que s'il existe chez un peuple une très faible culture d'esprit, si les lumières y sont peu répandues, la raison humaine peu exercée, il est plus facile d'acquérir cette prééminence qui seule fait attribuer à un homme le titre glorieux de génie. Si tout le monde se mêle de raisonner, et raisonne assez juste, on ne donnera le nom de philosophe qu'aux esprits vastes et profonds[32].

Ailleurs, Garve définit plus précisément ce qu'il entend par cette notion de génie philosophique et scientifique : grâce à un instinct particulier ou à une aptitude à user de son attention, le génie est capable d'attribuer l'individuel au général et ainsi de connaître une chose de manière spécifique[33]. Mais l'important est d'inscrire cette conception du génie dans une temporalité qui la rend possible. Les capacités du génie sont reconnues comme telles dans des contextes historiques où la

---

32 *Ibid.*, p. 464.
33 *Versuch über die Prüfung der Fähigkeiten*, in *Sammlung einiger Abhandlungen*, I, *op. cit.*, p. 83. Rappelons que Garve traduisit l'*Essay on Genius* d'Alexander Gerard qui l'inspira certainement pour ses propres réflexions : *Versuch über das Genie*, Leipzig, Weidmann und Reich, 1776.

connaissance est peu cultivée ou l'est de manière inadéquate. Les grandes pensées de l'Antiquité ou du XVIIᵉ siècle se distinguent en ce qu'elles ont émergé à des époques où les sciences et la philosophie étaient ou bien dans un état stérile, ou bien à peu près inexistantes. Newton développa sa mécanique alors que la physique moderne n'en était qu'à ses débuts et reposait très souvent sur des hypothèses douteuses, principalement celles de Descartes. On pourrait en dire de même des premiers philosophes ou astronomes antiques. À cette caractérisation s'ajoute finalement une précision pertinente : les génies ne sont ainsi qualifiés qu'à condition que la postérité confirme l'originalité et la richesse de leurs contributions à l'histoire des sciences et de la philosophie.

C'est à ce moment que la recherche scientifique prend une forme différente et se constitue sur la base d'une division et d'une spécialisation selon un apport théorique donné. Le newtonianisme en est à nouveau un exemple patent : Newton a certes développé des théories fécondes en mathématiques, en mécanique, en optique et en astronomie, mais les nombreuses conséquences et les méthodes de calcul correspondant à ces phénomènes ainsi qu'à d'autres furent développées par les chercheurs subséquents qui permirent d'en étendre et d'en détailler la portée. La liste au XVIIIᵉ siècle est d'ailleurs assez longue et comprend plusieurs académiciens berlinois, dont Maupertuis, d'Alembert, Euler et Lagrange. Ces derniers ont bien entendu développé et complété de manière importante la mécanique et les mathématiques newtoniennes, mais ne peuvent pas être véritablement considérés comme des génies, du moins ne l'étaient-ils pas à l'époque de Garve. S'ils le sont, il revient aux générations futures de le déterminer[34].

Garve est également d'accord avec l'idée selon laquelle, à cette étape de l'investigation scientifique, seule une collectivité de savants est en mesure d'établir un corps de doctrine complet et systématique. D'ailleurs, cette idée découle des analyses précédentes en ce qu'une communauté, et non un chercheur individuel, saura véritablement hériter des premiers résultats d'un projet de recherche et apercevoir les liens entre les causes et les effets ainsi que l'utilité théorique et pratique de ses conséquences :

> De même, ce n'est pas une pure bizarrerie qui nous porte à admirer davantage les découvertes faites il y a un siècle que celles qui se font dans le temps

---

34   « Discours », *op. cit.*, p. 462.

où nous parlons. C'est que là nous voyons les causes et les effets, la vérité et
l'utilité des découvertes confirmées par le temps ; nous saisissons leur influence
sur tout le système de nos connaissances. Ici nous voyons encore les causes
sans effets, la vérité douteuse, l'utilité problématique[35].

Garve n'emploie pas l'expression d'esprit académique, mais cet
extrait, et quelques autres, vont dans ce même sens et favorisent une
certaine conception de la systématicité des sciences qui reposent sur
l'assemblage collectif des recherches plutôt que sur la constitution
individuelle de pensées à organisation architectonique. La fin de la
citation semble par ailleurs rejoindre les propos de Maupertuis : une
communauté de recherche perçoit adéquatement les degrés de vérités,
du douteux à l'évident, tandis qu'un individu qui produit des premiers
résultats doit se contenter du probable et de l'hypothétique, puisque
tous les effets des causes ou principes n'ont pas été examinés et situés
au sein du système des connaissances. Garve, comme la plupart de ses
collègues académiciens, n'est donc pas du tout hostile à une organisation
systématique des sciences ; seulement, celle-ci n'est rendue possible que
lorsque des générations ultérieures possèdent toutes les vérités relatives
à un domaine et les structurent en une théorisation générale.

En somme, Garve approuve pour l'essentiel la conception dominante
à l'Académie de Berlin concernant l'esprit académique et ses principales
caractéristiques. Il insiste toutefois sur l'importance de considérer l'ordre
de découverte des vérités scientifiques et non seulement leur ordre
d'exposition une fois les théories admises et confirmées. Sinon, on ne
saurait comprendre de façon appropriée le décalage entre les démarches
de recherche selon l'évolution des disciplines. On ne peut reprocher à
Descartes, Leibniz ou Newton de ne pas procéder collectivement et selon
une conception du système de la connaissance qui exige des expertises
différenciées, étant donné que l'état de la science à leur époque ne le
permettait pas. En retour, il ne sert à rien de vouloir retourner à une
recherche de type individuel une fois les théories fondées et en voie
de systématisation. L'utilité des académies se fait véritablement sentir
lorsqu'une postérité possède les moyens du travail spécialisé et collectif[36].

---

35 *Ibid.*, p. 462.
36 Soulignons que des réflexions similaires sont assez fréquentes non seulement à Berlin, mais
    aussi dans d'autres contextes de discussion de la recherche académique. On pense entre autres
    aux considérations de Voltaire qui, dans ses *Lettres Philosophiques*, compare les institutions

LA RÉFLEXION PHILOSOPHIQUE

Les propos de Garve prennent ensuite une orientation, disons-le, plutôt étonnante. Après des considérations sur la recherche scientifique et le génie, ce dernier dresse le constat suivant : si de grandes réussites en sciences et en mathématiques furent l'aboutissement de démarches au sein des sociétés savantes et des académies, on ne saurait trouver de résultats aussi positifs dans les sociétés littéraires et philosophiques. Par exemple, des personnes de grand mérite ont été admises à l'Académie française sur la base d'ouvrages désormais reconnus, qu'il s'agisse de Corneille, de La Bruyère ou de Racine, mais il semble que l'institution comme corps n'ait jamais produit des œuvres de même qualité[37]. Garve n'en reste pas aux seules réalisations littéraires mais étend ce constat à la philosophie spéculative. Pour ce qui nous concerne plus directement, il apparaît que même l'Académie de Berlin n'a pas produit, en tant qu'institution, des connaissances philosophiques aussi dignes que celles que ses membres ont pu composer hors de ses murs. La conclusion de Garve est en réalité assez juste et trouve son illustration chez des académiciens berlinois. Maupertuis, Euler ou Lambert ont rédigé des mémoires, certains dans la classe de philosophie spéculative, mais il est vrai qu'une part importante, voire centrale de leurs travaux est le fruit d'une démarche individuelle. Pendant qu'il est à Berlin, Maupertuis publie un deuxième ouvrage sur la génération des vivants, à la suite de la *Vénus physique*, et pour lequel il est resté célèbre[38] ; or il semble assez évident que ce travail ne repose nullement sur une collaboration, par exemple avec des collègues anatomistes à Berlin, tels Johann Theodor Eller ou Johann Philipp Heinius. Maupertuis cite des recherches plus expérimentales, entre autres celles de Buffon, mais l'approche du président de l'Académie de Berlin est manifestement individuelle, et non collective ; celui-ci aurait très bien pu arriver à ces résultats, et à plusieurs autres, sans posséder d'affiliation institutionnelle. Pour sa part, Lambert

---

anglaises et françaises (« Lettre XXIV. Sur les Académies », *Lettres Philosophiques, ou Lettres anglaises*, édition de Raymond Naves, Paris, Garnier Frères, 1962, p. 135).

37 « Discours », *op. cit.*, p. 466.

38 *Essai sur la formation des corps organisés*, Berlin, Prault, 1754.

publie pendant ses années berlinoises deux importants traités de philosophie, le *Neues Organon* portant sur des aspects méthodologiques[39] et l'*Anlage zur Architectonic* qui tente une classification des sciences selon les concepts simples et les principes généraux[40]. Encore une fois, ces productions spéculatives sont non seulement réalisées à l'extérieur de l'Académie, mais encore elles ne se conforment certainement pas à l'esprit académique tel qu'il a été défini auparavant.

Il existerait donc un écart entre deux types de publications spéculatives, les discours et les mémoires parus à l'Académie de Berlin, d'une part, et des ouvrages de plus grande ampleur sans lien essentiel avec l'institution académique, d'autre part[41]. Garve semble dire que le génie littéraire et philosophique se remarque principalement dans ce dernier type d'ouvrages dont on ne trouverait pas d'équivalent dans les mémoires lus et discutés devant l'assemblée académique. Mieux, que l'avancement en matière de morale, de politique et de métaphysique ne saurait dépendre d'une collectivité de recherche procédant entre ses membres à une division du travail relativement à un problème ou domaine particulier. À cette affirmation, Garve ajoute une explication :

> Mais d'où vient que des sociétés de gens de lettres ont fait faire de grands progrès aux théories des nombres et des figures, et non à celles de l'esprit, de la morale, de la politique ; qu'elles ont produit de savants écrits sur les sciences abstraites et non des ouvrages d'imagination et de goût ? Quant à ces derniers le problème paraît facile à résoudre. Le génie ne se communique par aucune espèce d'association. C'est une force toute individuelle, un pur don de la nature ; l'instruction peut lui fournir des matériaux et des règles, mais elle ne saurait le suppléer[42].

Ce que Garve défendait concernant les précurseurs des différents champs d'investigation scientifique peut maintenant se généraliser en ce qui a trait à certaines disciplines. Le progrès littéraire et philosophique s'évalue à la lumière des contributions des grandes figures qui, même si elles peuvent bénéficier de discussions au sein d'une société savante, n'en ont pas besoin pour s'accomplir. La philosophie s'enseigne bien

---

39 *Neues Organon*, Leipzig, Johann Wendler, 1764.
40 *Anlage zur Architectonic*, Riga, Johann Friedrich Hartknoch, 1771.
41 Formey discute de ce point dans ses *Considérations*, mais pour montrer que les publications qui favorisent véritablement l'avancement des connaissances sont celles qui sont produites au sein des académies : « Considérations… », *op. cit.*, p. 362.
42 « Discours », *op. cit.*, p. 466.

entendu et plusieurs en tirent avantage mais force est de constater qu'il ne s'agit pas d'un élément constitutif de la discipline. Au contraire, le propre de la recherche scientifique, telle qu'elle est pratiquée dans une académie, est qu'elle repose précisément sur des moyens de production collectifs et qu'elle parvient ainsi à des résultats plus rigoureux et féconds. La question est donc de savoir ce qui différencie véritablement la connaissance philosophique du savoir scientifique :

> Mais il est certain que les philosophes tirent d'eux-mêmes les matériaux de leurs pensées et puisent leurs idées dans les observations du sens interne. Il y a plus de différence entre les hommes par rapport à celles de leurs idées qui ne sont que des aperçus sur leurs propres facultés intellectuelles et morales, que par rapport à celles qui leur viennent des sens par l'impression des objets extérieurs ; et de même aussi le langage qui transmet les sensations, est beaucoup plus uniforme et plus généralement intelligible que celui qui exprime les sentiments de l'âme : ainsi les physiciens se communiqueront avec plus de facilité et d'utilité que les philosophes leurs connaissances et leurs idées[43].

Indépendamment de la différence entre génie philosophique et génie scientifique, Garve maintient qu'il existe dès le départ des sources et des méthodes distinctes selon les objets de recherche : d'une part, les sciences physiques et expérimentales portent sur la nature telle qu'observée dans le sens externe. Qu'il s'agisse des phénomènes astronomiques, mécaniques ou anatomiques, nous les percevons tous de manière à peu près semblable, les traduisons dans un langage uniforme et en tirons ainsi des théories générales compréhensibles et communicables. Il est par conséquent tout à fait naturel, même nécessaire, que la nature constitue l'objet de recherches menées par une pluralité de chercheurs qui peuvent échanger et confronter leurs preuves empiriques afin de constituer des théories vraies. Pour une recherche plus efficace, une expertise visant des phénomènes particuliers est d'ailleurs souhaitée, d'où la division des sciences en disciplines et sous-disciplines. En définitive, c'est la raison pour laquelle ces vérités peuvent être organisées de manière complète et former un système de connaissances correspondant à l'ordre dans la nature[44]. D'autre part, la philosophie, et l'on pourrait

---

43 *Ibid.*, p. 467.
44 Ancillon fils s'exprimera par la suite en des termes similaires en reprenant la distinction désormais traditionnelle entre esprit de système et esprit systématique : « [...] le vrai philosophe se garde de ces systèmes où la paresse se fixe, où l'orgueil se complaît et où

en dire de même des lettres, trouve dans le sens interne le matériau de sa réflexion. Contrairement à ce que soutiennent Mérian et Sulzer[45], Garve s'oppose toutefois à ce que la philosophie spéculative, en particulier sa partie psychologique, s'institue comme science empirique au même titre que la médecine ou la physique : la raison en est que la connaissance que nous avons de nos facultés et de notre esprit n'est pas aussi invariable et comparable que celle que nous acquérons par le sens externe. Chacun se perçoit intérieurement de manière différente, ce qui constitue un obstacle à peu près insurmontable si l'objectif est de conformer la psychologie aux conditions de la recherche scientifique et expérimentale. Les psychologues qui s'inspirent de l'approche de Wolff pourraient certainement répliquer à Garve non seulement que les faits internes possèderaient plus d'uniformité qu'il ne le pense, en particulier lorsqu'il s'agit de traiter d'idées claires et distinctes, mais que Wolff avait même envisagé une psychométrie qui rendrait possible la mathématisation des phénomènes de l'esprit et leur constitution en objet de science à la manière de la physique et de l'astronomie[46]. Pour sa part, Garve reste convaincu, comme l'est Kant à la même époque pour des raisons différentes[47], que la psychologie ne saurait atteindre le statut de discipline scientifique.

Défendant un point de cette interprétation, Garve adopte une position qui le distingue encore plus nettement de celle qui est habituellement soutenue à l'Académie de Berlin :

> Ajoutez à cela que comme c'est dans l'homme même qu'il faut chercher l'origine des idées philosophiques, ceux qui par leur génie sont appelés à les

---

l'ignorance seule peut se croire en sûreté, et il conserve l'esprit systématique qui marche lentement au système et défend d'en former, qui ne se contente pas d'amasser et d'entasser des matériaux, mais qui ne commence pas l'édifice par le comble », *Discours, op. cit.*, p. 55.

45   Dumouchel, « Johann Georg Sulzer. La psychologie comme "physique de l'âme" », art. cité.

46   Sur ce point, voir : Feuerhahn, W., « Comment la psychologie empirique est-elle née ? », *Archives de philosophie*, vol. 65, n° 1, janvier-mars 2002, « Wolff et la Métaphysique », présenté par Pierre-François Moreau et Jean-Marie Lardic, p. 47-64 ; Dyck, C., « A Wolff in Kant's Clothing : Christian Wolff's Influence on Kant's Accounts of Consciousness, Self-Consciousness, and Psychology », Philosophy Compass, vol. 6, n° 1, janvier 2011, p. 44-53.

47   *Premiers principes métaphysiques de la science de la nature*, dans *Kant's gesammelte Schriften*, Abtheilung 1 : *Werke*, Band IV, Kritik der reinen Vernunft (1. Aufl.), *Metaphysische Anfangsgründe der Naturwissenschaft*, Borrede, Berlin, Georg Reimer, 1911, p. 471.

approfondir, se forment un système dont toutes les parties tenant au caractère de leur esprit et aux points de vue qui leur sont particuliers, sont liées entre elles par une analogie de méthode, par des liens de ressemblance qui en font en même temps la solidité et le prix. Plus l'esprit d'un philosophe est profond et systématique, plus ses idées auront une forme qui lui sera propre, et plus elles différeront de celles des autres. De là vient qu'en fait de philosophie les découvertes des uns servent rarement de base aux systèmes des autres, et ne sont jamais que des modèles qu'on imite, ou des exemples dont on se sert[48].

L'extrait marque une rupture à plusieurs égards : premièrement, Garve rappelle que les idées philosophiques ne sont perceptibles qu'en soi-même, ce qui correspondrait au mode d'accès à des connaissances que l'on nomme souvent à l'époque aperceptives ou réflexives[49]. Le sens interne s'oppose ainsi au sens externe comme source de connaissance et départage également les disciplines philosophiques et scientifiques. Deuxièmement, le génie philosophique permet, à partir des idées, de les penser de manière profonde et systématique, c'est-à-dire de comprendre les liens entre les parties par analogie. Tous peuvent certainement apercevoir les rapports de ressemblance et d'analogie entre les idées philosophiques mais c'est au génie que revient la capacité d'y parvenir dans toute sa rigueur. Le caractère systématique auquel doit conduire la connaissance philosophique est un aspect étonnant et manifestement original de la thèse de Garve si on la compare à celle qui est défendue par Maupertuis, Formey et plusieurs autres : s'inspirant davantage de Wolff, de Lambert et peut-être même de Kant, Garve maintient que la métaphysique et la morale doivent procéder systématiquement à partir des pensées que l'on possède depuis son propre fonds. Quand la plupart des académiciens berlinois souhaitent rapprocher la philosophie spéculative des sciences, en privilégiant l'esprit académique et une méthodologie collaborative, Garve s'oppose à toute tentative de minimiser la distance entre ces types de connaissances. En résulte une revalorisation de l'esprit de système, si souvent décrié, étant donné que l'approche philosophique ne gagnera rien à employer les outils de la physique et des mathématiques. Troisièmement, l'incommunicabilité des idées philosophiques se

---

48   « Discours », *op. cit.*, p. 467.
49   Il existe un nombre important de mémoires spéculatifs qui portent sur l'aperception à l'Académie de Berlin. Sur ce sujet, voir : Thiel, U., *The Early Modern Subject. Self-Consciousness and Personal Identity from Descartes to Hume*, Oxford, Oxford University Press, 2011, p. 354-380.

répercute sur les systèmes qui les organisent : la multiplicité des points de vue ne saurait mener à un seul système collectif de la connaissance, comme c'est le cas en sciences, mais à une pluralité de doctrines qui ne seront au mieux qu'imitées ou prises en exemple par les autres. Par conséquent, il existera toujours plusieurs systèmes métaphysiques et moraux qui prendront leur source dans les idées propres à la réflexion philosophique de leur auteur. La conversation peut certes être utile pour développer l'esprit philosophique et la critique mais il ne s'agira jamais d'un moyen suffisant à la constitution d'un système. Et Garve de conclure que l'exercice philosophique est par définition individuel : « La philosophie est par sa nature fille de la solitude. Les méditations de l'homme sur lui-même, sur la nature de l'âme, sur Dieu, l'univers, et l'état futur n'admettent guère d'associés qui les partagent ou qui y assistent[50] ». Puisqu'il s'agit d'une étude solitaire et devant conduire idéalement à un système de pensée distinct, la philosophie a peu à voir avec la manière dont on opère dans les domaines scientifiques.

CONCLUSION

À une période où la philosophie spéculative est de moins en moins active à l'Académie de Berlin, jusqu'à sa complète disparition quelques décennies plus tard, le *Discours* de Garve constitue une source importante pour comprendre cette évolution mais également le caractère éphémère des études métaphysiques et morales au sein de cette institution. Garve ne défend pas de façon explicite la disparition de la classe de philosophie spéculative mais justifie la raison pour laquelle elle fit moins ou pas de progrès par comparaison avec les autres domaines. Il est assez évident qu'une académie ne convient pas aux réflexions philosophiques, compte tenu de la nature même du travail méditatif qu'elle exige et de la retraite du commerce avec autrui qu'elle présuppose. À partir des précédentes analyses, on comprend d'ailleurs que s'il existe un lieu institutionnel où le philosophe peut espérer travailler adéquatement, il ne s'agit pas d'une académie, mais bien d'une école ou d'une université où les systèmes

---

50   « Discours », *op. cit.*, p. 468.

sont enseignés, mais jamais élaborés sur la base d'une collaboration de chercheurs. D'après Garve, les académiciens de Berlin avaient compris qu'il fallait encourager la division du travail et la constitution d'un système général des connaissances pour les domaines scientifiques, mais ils ont en même temps complètement méconnu la nature de la philosophie spéculative à laquelle on ne pourra aucunement appliquer l'esprit académique. À nouveau, on peut dire que les changements survenus à l'Académie de Berlin au tournant du siècle donnèrent pour une bonne part raison à Garve. En témoigne également l'histoire de la philosophie allemande en cette fin de siècle. On voit se multiplier les systèmes spéculatifs qui correspondent assez bien à la représentation qu'en donne Garve, que ce soit chez Kant ou chez les penseurs de l'idéalisme comme Fichte et Hegel[51]. Pour Maupertuis, Formey ou Mérian, ces doctrines correspondraient aux systèmes métaphysiques qu'ils condamnèrent et dont la source est un esprit qui est par nature anti-académique ; pour Garve, le système de Kant ou plus tard celui de Fichte incarnent adéquatement la pratique philosophique telle qu'elle devrait s'accomplir et que l'on ne trouve malheureusement pas dans la production spéculative des académiciens berlinois.

Christian LEDUC
Université de Montréal

---

51 À ce sujet, voir Franks, P., *All or Nothing : Systematicity, Transcendental Arguments, and Skepticism in German Idealism*, Cambridge, MA, London, England, Harvard University Press, 2005.

VESTIGIA LUSTRAT

Les « Investiganti », une académie napolitaine entre science et politique à l'âge classique

UNE ACADÉMIE « *NIMICA DELLE DISPUTE* »

Les académies italiennes ont fait l'objet de nombreuses études[1], visant à en dresser la liste tant elles sont nombreuses, et à en discerner la spécificité proprement italienne. Plusieurs éléments expliquent leur nombre dans la péninsule, en particulier le découpage territorial

---

1   La bibliographie portant sur les académies italiennes est interminable, signe d'un intérêt croissant depuis quelques années. Parmi les études les plus représentatives, voir M. Maylender, *Storia delle Accademie d'Italia*, 5 vol., Bologna, L. Cappelli, 1926-1930 ; G. Maugain, *Étude sur l'évolution intellectuelle de l'Italie de 1657 à 1750 environ*, Paris, Hachette, 1909. Plus récemment, voir G. Benzoni, *Gli affanni della cultura. Intellettuali e potere nell'Italia della Controriforma e barocca*, Milano, Feltrinelli, coll. « Critica letteraria », 1978, p. 144-199 ; L. Besana, U. Baldini : « Organizzazione e funzione delle accademie », in *Storia d'Italia. Annali 3, Scienza e tecnica nella cultura e nella società dal Rinascimento a oggi*, Gianni Micheli (dir.), Torino, Einaudi, 1980, p. 1309-1333 ; A. Quondam, « L'Accademia », in *Letteratura italiana, vol. I. Il letterato e le istituzioni*, Torino, Einaudi, 1982, p. 823-898. Voir également les recueils d'études suivants : *Università, Accademie e Società scientifiche in Italia e in Germania dal Cinquecento al Settecento*, E. Raimondi, L. Bochm (dir.), Bologna, Il Mulino, coll. « Annali dell'Istituto storico italo-germanico », 1981 ; *Naples, Rome, Florence. Une histoire comparée des milieux intellectuels italiens* (XVIIᵉ-XVIIIᵉ siècles), J. Boutier, B. Marin et A. Romano (dir.), Rome, Publications de l'École française de Rome, Collection de l'École française de Rome, 2005 ; *Académies et universités en France et en Italie (1500-1800) : coprésence, concurrence(s) et/ou complémentarité ?*, D. Blocker (dir.), Paris, Les Dossiers du Grihl, n° 2, 2021. Voir également d'E. Chiosi : « Intellectuals and Academies », in *Naples in the Eighteenth Century. The Birth and Death of a Nation State*, G. Imbruglia (dir.), New York, Cambridge University Press, coll. « Cambridge Studies in Italian History and Culture », 2000, chap. 6, p. 118-134. Voir enfin S. Testa, *Italian Academies and their Networks, 1525-1700. From Local to Global*, New York, Palgrave Macmillan, coll. « Italian and Italian American Studies », 2015, ouvrage qui présente le projet d'humanités numériques IAD (*Italian Academies Database*). Plus généralement, voir M. Fumaroli, *La République des Lettres*, parties I, III, Paris, Gallimard, coll. « Bibliothèque des Histoires », 2015.

donnant lieu dans chaque État, dans chaque ville, à la création et à l'existence d'une académie, la forte tradition humaniste, et la nécessité de trouver des lieux alternatifs où accueillir et développer la modernité, l'Université étant encore sous la coupe de l'Église et d'un corpus d'auteurs inamovible[2]. Certes, le phénomène ne se limite pas à la seule Italie tant les académies sont un lieu idéal pour la diffusion de la modernité. Mais la péninsule italienne se distingue par le nombre d'académies qui s'y développent, leur pérennité et leur renommée pour certaines d'entre elles[3]. Plusieurs éléments expliquent le fait que certaines de ces académies se voient assigner une dimension singulière au sein des recensions qui en ont été faites. Leur capacité à construire une tradition et une filiation, leur plus ou moins grande production de textes écrits, la présence de figures célèbres en leur sein, leurs rapports plus ou moins étroits avec d'autres académies étrangères, sont des éléments qui peuvent être mis en avant et permettre de les hiérarchiser. C'est par exemple le cas, et pour n'en citer que quelques-unes, de « l'Accademia Cosentina » qui exerçait une influence notable dans l'ensemble du monde méridional, et notamment à Naples[4], « l'Accademia dei Lincei[5] » qui avait la particularité de sortir de Rome pour tenter de créer des colonies dans d'autres villes[6], « l'Accademia della Crusca » dont le but était, à l'instar de l'Académie française,

---

2   Sur l'Université de Naples, voir N. Cortese : « Il governo spagnuolo e lo Studio di Napoli », in *Cultura e politica a Napoli dal Cinquecento al Settecento*, Napoli, Edizioni Scientifiche Italiane, 1965, p. 31-119.

3   On connaît les formules célèbres de D'Alembert dans l'entrée « Académie » de l'*Encyclopédie* : « La plûpart des Nations ont à présent des Académies, sans en excepter la Russie : mais l'Italie l'emporte sur toutes les autres au moins par le nombre des siennes. [...] L'Italie seule a plus d'Académies que tout le reste du monde ensemble. Il n'y a pas une ville considérable où il n'y ait assez de savants pour former une Académie, et qui n'en forment une en effet », *Encyclopédie*, tome I, 1751, p. 52 et 56. Sur ce point, voir la contribution fondamentale de A. Quondam, « L'Accademia », art. cité.

4   Voir R. Sirri et M. Torrini (dir.), *Bernardino Telesio e la cultura napoletana*, Napoli, Guida, coll. « Laboratorio », 1992.

5   Voir J.-M. Gardair, « I Lincei : i soggetti, i luoghi, le attività », *Quaderni storici*, vol. 16, n° 48 (3), décembre 1981, « Accademie scientifiche del '600. Professioni borghesi », Il Mulino, p. 763-787 ; G. Olmi : « "In essercitio universale di contemplatione, e prattica" : Federico Cesi e i Lincei », in *Università, Accademie e Società scientifiche in Italia e in Germania dal Cinquecento al Settecento, op. cit.*, p. 169-235.

6   Sur cette annexe napolitaine, voir G. Olmi : « La colonia lincea di Napoli », in *Galileo e Napoli*, F. Lomonaco et M. Torrini (dir.), Napoli, Guida, coll. « Acta neapolitana », 1987, p. 23-58.

de normaliser la langue italienne et de produire un dictionnaire, ou enfin « l'Accademia del Cimento », célèbre pour ses liens avec d'autres académies étrangères (notamment la « Royal Society »), sa filiation galiléenne, la présence de personnalités célèbres en son sein (Francesco Redi, Lorenzo Magalotti, Giovanni Alfonso Borelli, Vincenzo Viviani, Nicolas Sténon) et sa capacité à offrir une production écrite qui lui survivra[7]. Nous pourrions multiplier les exemples, mais ce qui à chaque fois permet à ces académies de se détacher est leur capacité à sortir d'un localisme dans lequel elles finissent par disparaître et d'une contextualisation trop forte qui les rend quasi invisibles. L'insertion de ces académies dans un contexte très étroit fait que leur renommée se limite le plus souvent aux situations locales et qu'elles ont du mal à survivre à un contexte se modifiant par la suite.

Cet aspect est particulièrement frappant concernant l'académie napolitaine des « Investiganti » qui se développe dans la seconde moitié du *Seicento* et dont la fortune souffre d'un double effet d'occultation qui l'a quelque peu fait oublier de la critique[8]. Le premier effet est lié au contexte très particulier dans lequel cette académie déploie ses activités. La situation géographique et géologique très particulière de Naples, qui fait de cette ville un laboratoire à ciel ouvert, lieu de destination privilégié pour les savants du « Grand tour », associée à une situation théologico-politique tendue, enferment littéralement cette académie dans le cadre *a priori* restreint de sa propre « *Napoletanità* ». Le second effet est lié à la forte propension de la critique à oublier cette académie, tant elle est occupée à faire ressortir rétrospectivement la figure exceptionnelle d'un Vico se détachant de son temps, ce « génie solitaire », pour reprendre

---

7   Ce sera notamment le cas pour les *Saggi di naturali esperienze* de L. Magalotti (1667), secrétaire de l'académie, qui regroupent les expériences faites au sein de l'académie et qui auront un grand succès tout au long du *Settecento*.

8   À l'exception des travaux pionniers de N. Badaloni, *Introduzione a G. B. Vico*, chap. II, Milano, Feltrinelli, 1961, p. 79-164, de M. H. Fisch, « L'Accademia degli Investiganti », *De Homine*, VI, n° 27-28, 1968, p. 17-78, de M. Torrini, « L'Accademia degli Investiganti. Napoli 1663-1670 », *Quaderni storici*, vol. 16, n° 48 (3), décembre 1981, « Accademie scientifiche del '600. Professioni borghesi », Il Mulino, p. 845-883. Pour une présentation générale de la période, voir B. De Giovanni, « La vita intellettuale a Napoli fra la metà del '600 e la restaurazione del Regno », in *Storia di Napoli*, Ernesto Pontieri (éd.), 10 vols., vol. VI, t. I-II, « Tra Spagna e Austria », Napoli, Società Editrice Storia di Napoli, 1970, p. 403-534. Nous nous permettons enfin de renvoyer à notre étude : « *Comme des lumières jamais vues* ». *Matérialisme et radicalité politique dans les premières Lumières à Naples (1647-1744)*, chaps. II-III-IV, Paris, Honoré Champion, 2016.

l'expression de Michelet[9], qui aurait anticipé l'ensemble des grandes philosophies de l'histoire du XIXe siècle. Si l'on peut comprendre les raisons de cette fortune particulière de Vico dans la mise en place d'un récit national lors du *Risorgimento*, il n'en reste pas moins que cela a pour résultat d'introduire une solution de continuité entre sa pensée et la période qui précède et de jeter dans l'ombre cette même période. Or cette académie mérite doublement d'être étudiée, autant comme lieu majeur et particulièrement original de l'émergence de la modernité dans le monde méridional, que comme influence majeure dans l'élaboration des grands principes de la pensée de Vico.

Un autre élément semble néanmoins compliquer la saisie de cette académie, dans la mesure où il est difficile de lui assigner un point de départ précis, la date de fondation officielle, 1663, faisant suite à des activités déjà nombreuses, et sa date de dissolution, 1670, précédant ses plus grandes productions écrites et ses polémiques les plus fameuses. Mais c'est surtout le récit qui est fait de la fondation de cette académie qui est énigmatique tant, comme pour toute énigme, il donne quelque chose à voir de manière éclatante, tout en en cachant d'autres aspects. Ce qui frappe en effet concernant ce récit, c'est sa permanence chez des auteurs très différents et à des époques diverses[10]. Les débuts de « l'Accademia degli Investiganti » sont systématiquement associés au retour de voyage dans le nord de l'Italie de celui qui en deviendra l'un des représentants les plus célèbres, à savoir Tommaso Cornelio. Ce dernier, à qui « notre ville doit tout ce qu'il y a de vraisemblable encore aujourd'hui en philosophie et en médecine[11] », serait revenu à Naples en ayant en sa possession les principales œuvres caractérisant la modernité scientifique et philosophique européenne, notamment les œuvres de Galilée, de Hobbes, de Boyle, de Gassendi, de Harvey, de Van Helmont, de Bacon ou de Descartes[12].

9   J. Michelet, *Discours sur le système et la vie de Vico* (1827), in *Philosophie des sciences historiques.*
     Le moment romantique, M. Gauchet (éd.), Paris, Le Seuil, coll. « Points Histoire. L'histoire
     en débats », 2002, p. 195-224, ici p. 195.
10 C'est le cas notamment pour F. D'Andrea, N. Amenta, Di Capua, C. Grimaldi, P. Giannone,
     G. Mosca.
11 « *a cui la nostra città deve tutto ciò oggi si sa di più verisimile nella filosofia e nella medicina* »,
     F. D'Andrea, in *Avvertimenti ai nipoti*, I. Ascione (éd.), Napoli, Jovene Editore, coll. « Storia
     e diritto », 1990, p. 203.
12 Sur ce point, voir P. Cristofolini, « Tommaso Cornelio et l'histoire du matérialisme »,
     in *Gassendi et l'Europe (1592-1792)*, S. Murr (dir.), Paris, Vrin, coll. « De Pétrarque à
     Descartes », 1997, p. 335-346.

Sans nier l'importance des voyages dans la circulation des textes et des idées, ce récit, par sa persistance, par sa reprise constante, comme s'il s'agissait d'un fait allant de soi, pose doublement problème. La première chose à remarquer est qu'il introduit une solution de continuité tout à fait discutable dans l'histoire de l'introduction de la modernité à Naples. La critique a montré que cette modernité existe bien avant cette date fatidique de 1649. Il suffit de signaler l'importance de Bruno, de Campanella, de Telesio, de Galilée, d'auteurs comme Giovanni Della Porta, Niccolò Antonio Stelliola, de médecins comme Marco Aurelio Severino, référence centrale parmi les *novatores* napolitains, pour s'en convaincre[13]. Le champ académique est également très dense et, parmi les très nombreuses académies qui existent, certaines se détachent et acquièrent une certaine célébrité, notamment « l'Accademia degli Oziosi », célèbre pour son règlement strict et pour avoir été le lieu où Tommaso Cornelio a lu son *Discorso dell'eclissi* en 1652[14]. Une approche rapide permet ainsi de relativiser fortement le mythe du retour de Cornelio et de montrer que celui-ci, se rendant à Naples alors qu'il est sollicité par Marco Aurelio Severino, arrive dans une ville où la modernité européenne est non seulement bien présente, mais déjà déclinée selon les spécificités napolitaines. Ce point n'efface cependant pas la persistance de ce récit, le besoin auquel il répond chez les *novatores* et dont il faut rendre compte tant il est l'une des spécificités de cette académie.

Il nous semble que deux facteurs explicatifs peuvent être avancés qui rendent compte de la persistance d'un tel récit. Le premier est de nature rhétorique et est lié à la volonté de mettre en relief une telle académie en la décontextualisant en quelque sorte. On l'a vu, nombre d'académies italiennes sont peu visibles car trop réductibles à un contexte local. Or, en proposant un récit qui fait ressortir des personnalités d'exception, on neutralise la force du contexte local pour se concentrer sur des vies à la valeur exceptionnelle qui inspirent autant d'hagiographies[15]. Il n'est du reste pas étonnant qu'une partie des textes où se trouve ce récit soient des biographies écrites à la gloire de certains membres de l'académie (L. Di

---

13   Voir N. Badaloni, *Introduzione a G. B. Vico, op. cit.*, chap. I; *Id.* : « Fermenti di vita intellettuale a Napoli dal 1500 alla metà del '600 », in *Inquietudini e fermenti di libertà nel Rinascimento italiano*, Pisa, ETS, 2005, p. 127-176.

14   Sur cette académie, voir G. De Miranda, *Una quiete operosa. Forma e pratiche dell'Accademia napoletana degli Oziosi, 1611-1645*, Napoli, Fridericiana Editrice Universitaria, coll. « Fridericiana Historia », 2000.

15   Sur le sens de ces « vies », voir M. Fumaroli, *La République des Lettres, op. cit.*, p. 365-454.

Capua, L. Porzio), dont le but explicite est de montrer leur grandeur exemplaire qui a su se manifester en dépit des obstacles et des contraintes dus au contexte. Nous sommes donc là face à une stratégie rhétorique visant à mettre en avant une académie parmi d'autres, en l'extrayant rétrospectivement de son contexte pour montrer qu'elle ne s'y réduit pas.

Le second facteur est de nature politique et mérite qu'on s'y arrête tant il est l'une des caractéristiques principales de cette académie napolitaine. La modernité s'insère en effet à Naples dans un contexte géographique, social et politique extrêmement fort. La censure, le contrôle par l'Église de l'Université et des bibliothèques, rendent malaisées l'introduction et la diffusion de cette modernité. Certains parmi les *novatores* en souffrent immédiatement, en premier lieu Marco Aurelio Severino qui sera pourchassé par l'Inquisition. Mais c'est certainement la spécificité géologique de Naples[16], son instabilité, ainsi que les troubles politiques dus à la Révolution de Masaniello en 1647 dans laquelle certains *novatores* sont impliqués, notamment Giuseppe Donzelli qui en fera le récit[17], mais aussi Francesco D'Andrea[18], figure de premier plan de cette académie, qui sont déterminants. À cette situation très particulière s'ajoute l'effroyable épidémie de peste de 1656[19] qui met au jour l'inanité de la médecine et des mesures sanitaires publiques. C'est donc dans un contexte pressant que s'introduit la modernité, comme une machine de guerre contre les anciens, et cela de manière d'autant plus urgente que les conséquences de la mainmise des anciens se manifestent de manière très négative. De ce point de vue, le rapport des « Investiganti » à la politique leur donne une réelle originalité par rapport à d'autres académies napolitaines ou italiennes. Si l'on se réfère

---

16 C'est du reste l'un des éléments qui attirent les savants de l'Europe. Outre la question volcanique (Vésuve, Champs Phlégréens), ce sont des phénomènes spécifiques comme la fameuse « grotte du chien » qui attirent par exemple l'attention de Leibniz lors de son voyage à Naples. Pour le détail de ce voyage, voir A. Robinet, *G. W. Leibniz. Iter italicum, mars 1689-mars 1690. La dynamique de la République des Lettres*, Firenze, Olschki, coll. « Accademia Toscana di Scienze e Lettere "La Colombaria" », 1988, p. 24-25.

17 *Partenope liberata, overo Racconto dell'Heroica risoluzione fatta dal Popolo di Napoli per sottrarsi con tutto il Regno dall'insopportabil Giogo delli Spagnuoli*, Napoli, Ottavio Beltrano, 1647.

18 Sur la position de F. D'Andrea lors des événements de 1647-1648, voir I. Ascione, *Il governo della prassi. L'esperienza ministeriale di Francesco D'Andrea*, « Da Masaniello a Ministro », Napoli, Jovene, coll. « Storia e diritto », 1994, p. 105 *sq.*

19 Voir S. De Renzi, *Napoli nell'anno 1656 ovvero documenti della pestilenza che desolò Napoli nell'anno 1656, preceduti dalla storia di quella tremenda sventura, narrata da S. De Renzi*, Napoli, D. de Pascale, 1867.

par exemple aux règles extrêmement précises qui codifient la pratique académique des « Oziosi », ce qui ressort est une hiérarchie rigoureuse, une extrême prudence et, surtout, un refus explicite de traiter d'un quelconque sujet ayant trait à la politique ou à la religion[20]. Or ce n'est absolument pas le cas chez les « Investiganti » qui sont dès le départ des politiques au point que leur pratique concrète précède la fondation formelle de l'académie proprement dite. À la différence des « Oziosi » pour qui les règles sont fixées de manière très précise en amont de leur pratique et l'encadrent de manière stricte, les « Investiganti » sont d'abord dans une logique de pratique et d'action concrète[21] – et il n'est pas étonnant de voir que la plupart décident de s'engager en médecine suite à la peste de 1656 et aux différentes épidémies qui s'abattent sur le royaume de Naples, notamment Tommaso Cornelio, Leonardo Di Capua et Lucantonio Porzio[22]. Chez eux, les règles, souvent vagues comme nous le verrons, résultent de cette pratique et sont systématiquement édictées en aval, dans des textes d'occasion, des réponses à des attaques, des réponses à des réponses, et non pas en amont[23].

---

20 « *Vietando, che non si debba leggere, alcuna materia di Teologia ò della Sacra Scrittura, delle quali per riverenza dobbiamo astenerci : et medesimamente niuna delle cose appartenenti al publico governo, i quali si deve lasciare alla Cura de Princepi, che ne reggono* », in *Regole dell'accademia degli Oziosi*, in G. De Miranda, *Una quiete operosa. Forma e pratiche dell'Accademia napoletana degli Oziosi, 1611-1645, op. cit.*, p. 337. Sur ce point voir V. I. Comparato, « Società civile e società letteraria nel primo Seicento : l'Accademia degli Oziosi », *Quaderni storici*, vol. 8, n° 23 (2), mai-août 1973, « Intellettuali e centri di cultura », Il Mulino, p. 359-388, ici p. 382.

21 L. Di Capua, dans la première de ses *Lezioni intorno alla natura delle mofete* montre la variété des thématiques abordées par les « Investiganti » : « *Testimonie ne sono quelle dotte, e vaghe adunanze, per voi già avute intorno al vero modo del filosofare; de' principj delle cose naturali, dell'anima, e del moto, e del discorrente, e del saldo, e del caldo, e del freddo, e della luce, e de' colori; e dell'altre, che si chiaman sensibili qualità : e come si faccian i sentimenti; e in che la vita degli animali consista : e se l'ufcio di quella per qualche spazio di tempo lasciar si possa : ed onde avvegna quel movimento, o sia fiotto, che dicon flusso, e riflusso, nel mare; onde l'avvalar de' corpi, ch'appellan gravi; e come quegli uniformemente poi alla perfine tutti si muovano : qual sia la cagione della strabocchevole forza della percossa : e onde nasca il sendimento de' corpi saldi : tante, e tante, nuove, e rare cose udite, vedute, e sperimentate vi si sono; che troppa lunga opera sarebbe l'annoverarle* », in *Lezioni intorno alla natura delle mofete del signor Lionardo Di Capoa, Accademico investigante, Ultima edizione accresciuta di un'Indice copiosissimo, e delle postille nel margine*, in Cologna, MDCCXIV [1683], p. 3.

22 Sur la vocation de médecin de L. Porzio, voir *Vita di Lucantonio Porzio, scritta da Gioseppe Mosca*, in Napoli, presso Gennaro Migliaccio, 1765, p. 4 *sq.*

23 Cela explique la difficulté à trouver des textes où un discours de la méthode des « Investiganti » soit clairement exposé. On ne peut que le reconstruire à partir des textes d'occasion, des préfaces, des textes anonymes, des pamphlets. On en trouve de bons exemples dans la

Il en résulte un rapport au politique remarquable et tout à fait original qui distingue « l'Accademia degli Investiganti » d'autres académies de l'époque, notamment de « l'Accademia del Cimento » qui lui est comparable à de nombreux égards[24]. La force de « l'Accademia del Cimento », qui s'inscrit clairement dans le sillage de Galilée, est de revendiquer un double héritage, celui, scientifique, de la méthode galiléenne, mettant au cœur de sa pratique le rôle de l'expérimentation et des mathématiques, mais aussi celui, théologico-politique, de la condamnation de Galilée. Il ne faut pas oublier que cette académie siège au cœur du pouvoir florentin, que les séances et les expériences ont lieu au Palazzo Pitti, sous l'égide et la protection de Léopold de Médicis. D'une certaine manière, l'académie florentine, en se donnant une protection politique dès le départ, désactive immédiatement les conséquences théologico-politiques des expériences menées par ses membres qui feront preuve d'une grande prudence dans leur pratique et dans leurs écrits. Cela est notamment manifeste à la lecture des *Saggi di naturali esperienze* de Lorenzo Magalotti qui exclut certaines expériences pouvant sembler problématiques aux yeux de l'Église et qui multiplie les formules de prudence dans son avant-propos. Paradoxalement, en posant dès le départ la question politique, « l'Accademia del Cimento » délimite en creux un espace neutre pour la pratique scientifique. Tout autre est la situation napolitaine en raison du contexte pressant et complexe que nous avons brossé à grands traits.

À la différence de « l'Accademia del Cimento », les « Investiganti » auront tout au long de la période un rapport paradoxal au pouvoir politique, cherchant à la fois à l'investir de manière à l'influencer dans ses politiques publiques[25], mais aussi à s'en défier tant ils sont conscients que

---

préface anonyme (« Il Volubile Accademico Investigante al lettore »), certainement rédigée par Gennaro D'Andrea, aux *Lezioni intorno alla natura delle mofete del signor Lionardo Di Capoa, Accademico investigante* (1683), ou dans la *Copia di una lettera scritta da un'Accademico Investigante ad un Cavaliero suo Amico, intorno ad una Scrittura stampata in risposta di un'altra fatta prima, circa la difesa del Lago di Agnano,* (s.l/s.d, mais : Napoli, 1665), texte également anonyme et rédigé au cœur de la polémique autour du lac d'Agnano.

24 Pour une présentation générale de « l'Accademia del Cimento », voir W. E. K. Middleton, *The Experimenters. A Study of the Accademia del Cimento,* Baltimore-London, The Johns Hopkins University Press, 1971 ; P. Galluzzi : « L'Accademia del Cimento : 'gusti' del principe, filosofia e ideologia dell'esperimento », *Quaderni storici,* vol. 16, n° 48, 1981, p. 788-844.

25 C'est le cas par exemple pour F. D'Andrea qui mène une carrière brillante au sein de la magistrature ou de T. Cornelio, qui obtient la chaire de mathématiques de l'Université de Naples en 1653.

s'inscrire dans le champ politique les expose à des querelles dilatoires qui les fragilisent publiquement et retardent la pratique urgente d'une science efficace. Cette situation propre aux « Investiganti » est plus généralement celle du « ceto civile » napolitain, à savoir ces *novatores* qui sont des juristes, des scientifiques, des médecins, des avocats se donnant pour mission de remplacer la vieille aristocratie dans les charges publiques et d'influencer la politique du Vice-Roi[26]. Mais, dans ce mouvement, la confrontation politique est inévitable et si les *novatores* sont bien conscients qu'il leur faut éviter les « querelles publiques » (« *pubbliche altercazioni* »), s'ils affirment clairement vouloir une approche « ennemie des disputes » (« *nimica delle dispute* ») et promouvoir une philosophie « qui est réelle et s'attache à chercher la vérité des choses, et non celle qui se perd dans des disputes inutiles autour de mots » (« *vane dispute di parole* »), et s'ils sont bien conscients que leur science « se corrompra lorsqu'elle commencera à s'exposer aux querelles publiques[27] », ils n'en sont pas moins obligés de répondre aux attaques de leurs adversaires, ces « *satrapi della Repubblica letteraria*[28] » qui déplacent irrésistiblement le débat dans le champ théologico-politique[29]. Cette position ambiguë

---

26 Sur ce « ceto civile », voir S. Mastellone : *Pensiero politico e vita culturale a Napoli nella seconda metà del Seicento*, Messina-Firenze, Casa editrice G. D'Anna, coll. « Biblioteca di cultura contemporanea », 1965 ; *Id., Francesco D'Andrea politico e giurista (1648-1698). L'ascesa del ceto civile*, Firenze, Olschki, coll. « "Il pensiero politico" », 1969.

27 F. D'Andrea : « *Io crederò che la filosofia atomistica, cioè la sensata, la reale, quella che mira a ricercar la verità delle cose, non di trattenersi nelle vane dispute delle parole, si corromperà quando comincerà ad esporsi alle pubbliche altercazioni. Poichè non si attenderà più ad indagare il vero, o almeno il più verisimile ; ma solo ad acquistar l'aura del volgo colla novità, et ad estimarsi di non ceder mai e a provedersi di distinzioni e di vocaboli che non s'intendono nè da quei che l'oppugnano, nè da quei che la difendono* », in *I ricordi di un avvocato napoletano del Seicento*, N. Cortese (éd.), Napoli, Lubrano, 1923, p. 39-40.

28 F. D'Andrea, *Apologia in difesa degli atomisti*, in A. Borrelli, *D'Andrea atomista. L'« Apologia » e altri inediti nella polemica filosofica della Napoli di fine Seicento*, Napoli, Liguori Editore, 1995, p. 59-109, ici p. 62. On retrouve la même tonalité dans certaines lettres de L. Porzio : « *Son già così largamente divulgate le materie che turbano e agitano le menti de' Napoletani, che oggi mai si fa lecito a tutti il ragionarne, e, se io non m'inganno, quei che più intendono sono obbligati a non tacere* », in « Cinque lettere di Lucantonio Porzio in difesa della moderna filosofia », M. Torrini (éd.), *Atti dell'Accademia di Scienze Morali e Politiche*, Vol. XC – anno 1979, Napoli, Giannini Editore, coll. « Società nazionale di scienze, lettere e arti in Napoli », 1980, p. 143-171, ici p. 148.

29 Voir L. Porzio : « *Ma perché molti vi sono che di queste occasioni cercano approfittarsi e fanno causa di religione quel che contro al prossimo può esser di lor utile e di lor comodo, e le cose indifferenti di filosofia mischiano con quelle che sono di religione, né vogliono dividere quel che si può disputare in filosofia da quel si dee credere ; con che, oltre che si fan ridicoli a tutto il mondo, spesso*

des « Investiganti » qui est tout à la fois tentative d'investissement et de neutralisation de la sphère politique dans la pratique de leur science concrète, marque l'ensemble de la vie de l'académie sur toute la période. L'une des grandes spécificités des « Investiganti », qui sera l'une de leurs forces, mais aussi l'une de leurs principales faiblesses, est qu'ils tentent de faire deux choses contradictoires : d'une part investir clairement le champ politique pour rendre concrète et immédiate leur pratique scientifique, d'autre part neutraliser ce même champ politique pour délimiter un espace neutre pour la science.

« *UN'ADUNANZA DI LETTERATI HUOMINI*[30] »

Comme nous l'avons dit, ce rapport ambigu au politique donne à cette académie le statut d'un « mouvement », comme l'a noté à très juste titre Maurizio Torrini[31], autant que celui d'une académie au sens propre du terme, s'appuyant sur des règles et des statuts précis. Il faut du reste noter que l'origine de l'académie elle-même est assez insaisissable et que cet aspect est renforcé par la force et la persistance du récit faisant état du retour de voyage de Tommaso Cornelio. L'une des origines de ce mouvement est très certainement l'académie fondée par Camillo Colonna en 1645. On dispose de très peu de documents concernant cette académie à la réputation sulfureuse[32]. L'un des rares textes que nous possédons, publié dans l'édition des *Avvertimenti ai nipoti* établie par Nino Cortese[33], est la note portée par un certain Calefati en marge

---

affettando pietà, empiamente strappano il pane dalle mani di molti alli quali se ne dee donare, che suol essere peggio che assassinarli, o farli assassinare », *in* « Cinque lettere di Lucantonio Porzio in difesa della moderna filosofia », *idem*.

30   « Il Volubile Accademico Investigante al lettore », in *Lezioni intorno alla natura delle mofete, op. cit.*, sans pagination.

31   « L'Accademia degli Investiganti. Napoli 1663-1670 », art. cité, p. 846.

32   Voir les remarques de F. Nicolini, in *La giovinezza di Giambattista Vico*, Bologna, Il Mulino, coll. « Istituto italiano per gli studi storici », 1992 [1932], p. 51-53, de B. De Giovanni, in *Filosofia e diritto in Francesco D'Andrea. Contributo alla storia del previchismo*, Milano, Giuffrè, coll. « Pubblicazioni dell'Istituto di filosofia del diritto dell'Università di Roma », 1958, p. 6 *sq.* et de G. Galasso, *Napoli Spagnola dopo Masaniello. Politica. Cultura. Società*, Napoli, Edizioni Scientifiche Italiane, 1972, p. 89-90.

33   *I ricordi di un avvocato napoletano, op. cit.*, p. 25-26.

d'un manuscrit de Francesco D'Andrea évoquant une « *filosofia colonnese* » adversaire de la « philosophie péripatéticienne » qui « tyrannisait les esprits dans les écoles » (« *la quale tiranneggiava tutti gli ingegni nelle scuole*[34] »), précisant que les activités hebdomadaires de cette académie commencent vers 1645 et cessent en 1656 après l'épidémie de peste. Mais c'est surtout l'importance de la reprise de la tradition atomiste et matérialiste qui doit être remarquée. Dans ses *Avvertimenti ai nipoti*, Francesco D'Andrea revient sur sa participation à « l'Accademia Filosofica napoletana colonnese[35] » en commençant par louer Camillo Colonna, « homme doué d'un entendement si sublime qu'il semblait transcender la connaissance des autres hommes » (« *era un signore dotato d'un intendimento così sublime che parea che trascendesse la cognitione degl'uomini*[36] »). Puis il indique le fonctionnement de l'académie et son objectif :

> Il m'estima digne d'être introduit dans une académie littéraire, dont les séances avaient lieu chaque semaine chez lui, lors desquelles il soumettait à l'examen d'hommes de lettres divers, en particulier de religieux de tous les ordres, quelques-unes de ses spéculations concernant une philosophie nouvelle qu'il entendait former, et qui n'était pas tellement différente de celle que l'on appelle atomiste de nos jours[37].

Cet épisode indique clairement qu'avant même le retour de T. Cornelio, la « nuova filosofia » est diffusée et clairement liée à la méthode atomiste. La suite du texte est encore plus claire et synthétise ce qui sera la méthode « investigante ». F. D'Andrea, faisant allusion à ces séances où les discussions tournaient autour de la « création *ex nihilo* » ou « des principes des choses naturelles » (« *circa la creazione ex nihilo e circa i principij delle cose naturali*[38] ») écrit :

> Je m'aperçus rapidement que ces termes abstraits n'étaient que de purs concepts de notre esprit, mais qu'ils n'avaient aucune réalité : de sorte que la philosophie

---

34 *Ibid.*
35 Sur la participation de F. D'Andrea, voir les remarques de N. Cortese dans *Cultura e politica a Napoli dal Cinquecento al Settecento*, *op. cit.*, p. 131 *sq.*
36 *Avvertimenti ai nipoti*, *op. cit.*, p. 199.
37 « [...] *mi stimò degno d'introdurmi in un'accademia letteraria fatta ogni settimana in sua casa, nella quale esponeva all'esame di varj letterati, e particolarmente religiosi di tutti gl'ordini, alcune sue speculazioni circa una nuova filosofia che intendea formare, non molto dissimile da quella che oggi chiamano atomista* », *idem.*
38 *Ibid.*

des écoles, à laquelle on a donné le nom de péripatéticienne, n'était pas autre
chose qu'un jeu de mots, destiné à paraître savant aux yeux du vulgaire, qui
a toujours tendance à estimer le plus les choses qu'il ne comprend pas[39].

Ce texte est très intéressant car il synthétise plusieurs des caractéristiques
qui seront celles des « Investiganti », à savoir la critique d'une science
qui se contente de « mots » au détriment des « choses », lesquelles ne
sont connues « qu'à travers les sens » (« *per mezzo del senso*[40] »).

C'est dans le sillage direct de cette première expérience que se réunissent les « Investiganti », empêchant de voir comme une rupture
la date de 1649 qui marque bien davantage une amplification de ce
qui se pratiquait déjà. Les premières réunions ont lieu au domicile de
Tommaso Cornelio lui-même où il présente plusieurs leçons qui seront
publiées plus tard sous le titre de *Progymnasmata physica* (1663)[41]. Si l'on
ne dispose pas d'un document précis et détaillé concernant les modalités
de rencontre et de fonctionnement de l'académie, permettant d'établir
a priori la méthode et les réquisits épistémologiques de ses membres,
il est en revanche possible de s'en faire une idée en se fondant sur certains de leurs textes. Le premier d'entre eux, qui est lu alors même que
l'académie n'existe pas encore formellement, est le *Discorso dell'eclissi*[42]
de Tommaso Cornelio, présenté en 1652 devant « l'Accademia degli
Oziosi ». Ce texte, qui a souvent été délaissé par la critique, à l'exception
notable de Maurizio Torrini qui en a souligné l'importance[43], est en effet

39   « [...] *m'accorsi in breve tempo che que termini, estratti non erano che puri concetti della nostra
     mente, ma non avean niente di reale; sicché la filosofia delle scuole, alla quale hanno dato il nome
     di peripatetica non era che un gioco di parole per apparer dotti appresso il volgo, il quale stima
     sempre quelle cose più che meno intende, ma che per verità, non essendo cose intelligibili dall'umano
     intendimento, il quale non può intendere quello che non conosce per mezzo del senso, non erano intese
     ne meno da quei che l'insegnavano* », *ibid.*, p. 200.

40   Ce recours aux « sens » et à l'expérience sensible comme vecteurs privilégiés de la
     connaissance apparaît constamment sous la plume des « Investiganti », avec du reste
     souvent les mêmes formules. Voir par exemple L. Porzio : « *Per niun'altra via possa l'huomo
     acquistarsi le notizie delle cose che per quella del senso, co 'l quale e' vede e tocca; e quelle cose e'
     vegga e rivegga volentieri più d'una volta e diligentemente* », in *Del risorgimento de' licori nelle
     Fistole aperte d'ambedue gli estremi a' molti corpi che tocchino la loro superficie. Discorso di Luc'
     Antonio Porzio Accademico Investigante*, Vinezia, MDCLXVII, p. 2-3.

41   *Progymnasmata physica*, Venetiis, F. Baba, MDCLXIII.

42   *Discorso dell'eclissi detto nell'Accademia degli Otiosi nel dì 29 di Maggio 1652*, In Napoli, Per
     Camillo Cavallo, 1652.

43   Voir notamment : *Tommaso Cornelio e la ricostruzione della scienza*, Napoli, Guida, coll. « Studi
     vichiani », 1977, p. 92 *sq.*; *Id.*, « L'Accademia degli Investiganti. Napoli 1663-1670 »,

déterminant et peut être considéré comme un véritable discours de la
méthode « investigante ». Plusieurs aspects que l'on retrouvera par la suite
chez d'autres académiciens peuvent être soulignés. Le premier point est
l'anonymat du texte, pratique qui sera habituelle chez les « Investiganti »
et qui répond à une double nécessité. D'une part, un motif de prudence
face aux attaques des anciens[44], d'autre part, la volonté de manifester
le caractère collectif et horizontal des expérimentations, et la méfiance
envers toute forme d'autorité ou d'antériorité. Le second point renvoie à la
notion « d'occasion », apparaissant dans l'avant-propos du texte (« *A colui
che vorrà leggere*[45] ») qui est signé du nom de l'éditeur, Camillo Cavallo,
mais dont on peut se demander s'il n'est pas de T. Cornelio lui-même
ou de l'un des deux autres *novatores* du temps, D'Andrea ou Di Capua.
Selon l'auteur, une bonne attitude scientifique ne doit pas conduire à
se réfugier dans une théorie fermée sur elle-même, dépendante d'une
« secte » (« *nel filosofare non stà egli ristretto ad alcuna setta*[46] »), mais suppose
de demeurer constamment à l'affût des « occasions » que nous offre le
spectacle de la nature et de discerner quelles sont les causes des effets
que nous voyons[47]. Cette attitude d'ouverture aux occasions suppose une
science en perpétuel mouvement qui ne se limite pas à commenter ce
que les autres ont écrit, mais qui est à même de constamment évoluer
au fur et à mesure des nouvelles occasions qui se présentent[48] et de sortir
de la « glace dans laquelle les Écoles ont plongé les esprits » (« *il ghiaccio,
che havean posto le Schole à gl'ingegni*[49] »). Cette attitude se fonde sur ce qui
sera un *topos* dans la production « investigante » et qui renvoie à Bacon,
à savoir l'inversion entre les anciens et les modernes, les modernes étant

---

art. cité, p. 859 *sq.* ; *Id.*, « La discussione sullo statuto delle scienze tra la fine del '600 e
l'inizio del '700 », in *Galileo e Napoli, op. cit.*, p. 357-383, ici p. 359 *sq.*

44   Cette prudence apparaît également dans la préface anonyme aux *Lezioni intorno alla
natura delle mofete* de L. Di Capua, où l'auteur, dans sa présentation des « Investiganti »,
se contente de signaler ceux qui sont morts afin de ne pas nuire à ceux qui sont encore
vivants : « *Solamente di quelli brevemente farò menzione, che già trapassati sono, e cui morte abbia
o all'odio, o almeno al pericolo tolti* », *in* « Il Volubile Accademico Investigante al lettore »,
sans pagination.

45   *Discorso dell'eclissi, op. cit.*, p. 5-20.

46   *Ibid.*, p. 8-9.

47   *Ibid.*, p. 6-7.

48   « *Ne all'ingegno dell'huomo si è prescritto alcun termine, sì che chi hà potuto con un legno passar
le colonne prefisseci da Hercole, non possa anche coll'intelletto trapassare i confini, tra' quali stà
ristretta la filosofia delle Schole* », *ibid.*, p. 9.

49   *Ibid.*, p. 9.

les vrais anciens, en tant qu'ils sont dépositaires du savoir construit par l'humanité entière tout au long de son évolution depuis ses débuts[50]. Mais c'est surtout l'utilité immédiate qui est requise lorsque T. Cornelio se demande si la connaissance des causes de l'éclipse peut apporter une « quelconque utilité aux usages de la vie humaine » (« *All'uso della umana vita arrecare alcuna utilità*[51] »). On discerne l'importance de ce texte, l'un des rares qui détaille de manière aussi claire et aussi linéaire la nature des réquisits épistémologiques et méthodologiques de cette académie ainsi que la théorie de la connaissance qui en découle en creux.

C'est dans le sillage de ces premières séances et de la mise en pratique de cette méthode que se crée officiellement l'académie en 1663[52] en se donnant comme devise la formule tirée du *De rerum natura* de Lucrèce « *vestigia lustrat*[53] ». Là encore le même récit apparaît dans plusieurs textes des « Investiganti » et indique une double raison à l'origine de la création de l'académie. D'une part, la volonté de faire la promotion de la *libertas philosophandi* et de la philosophie moderne à Naples, d'autre part, la nécessité de trouver une protection officielle pour se garantir des attaques des anciens, témoignant de cette double détermination épisté-mologique et politique. Si l'on suit la version que nous en donne Nicola

---

50 *Ibid.*, p. 10 : « *Oltre che, se si havesse ad haver ragione dell'antichità, il Mondo non fu mai più antico di quel ch'è hoggi, onde è che molte di quelle oppinioni, che insegnavansi da' Philosophi, quando il Mondo era giovane, hoggi ch'egli è cresciuto di età rassembrano appunto quelle favole colle, quali soglionsi tenere à bada i fanciulli ; che tale appunto dee stimarsi il Mondo in quella prima età, nella quale cominciarono gli huomini à filosofare* ». La même position est reprise en des termes quasi identiques par L. Di Capua dans son *Parere* : « [...] *certissima cosa è, che 'l mondo più sempre mai col tempo invecchiando, di nuovi, ed utili ritrovati per la nostra sperienza di mano in mano i secoli arricchisce. Così noi veramente siam da dire i vecchj, e gli antichi, i quali nel vecchio mondo siam nati, e non que' tali, che nel mondo infante, e giovane, men di noi sperimentando conobbero. Anzi coloro, che per innanzi nasceranno, più di noi saran vecchj, ed antichi, e conseguentemente d'esser più di noi dotti, e sperimentati* », in *Parere del signor Lionardo Di Capoa, divisato in otto ragionamenti, ne' quali partitamente narrandosi l'origine, e 'l progresso della medicina, chiaramente l'incertezza della medesima si fa manifesta*, II, Napoli, Antonio Bulifon, MDCLXXXI, p. 67.

51 *Discorso, op. cit.*, p. 47.

52 Pour une tentative de périodisation de l'académie, voir l'article de M. H. Fisch : « L'Accademia degli Investiganti », art. cité, *passim*.

53 *De rerum natura*, I, 402. La vraie formule lucrétienne est « *vestigia parva sagaci* ». Cette référence à Lucrèce n'est pas anodine et est l'exact reflet de l'influence de la tradition matérialiste et atomiste à Naples. Rappelons la forte présence de la pensée de Gassendi et la diffusion de la pensée de Lucrèce, notamment à travers sa traduction en italien par Alessandro Marchetti, un élève de G. Borelli, dont on sait l'importance pour les « Investiganti ».

Amenta dans sa *Vita di Lionardo Di Capua*, le mérite en revient à L. Di Capua et à T. Cornelio qui, prenant conscience en 1663 que la « *libertà del filosofare* » est déjà développée dans de nombreux lieux d'Europe, mais aussi dans le monde méridional italien, seule Naples étant restée en dehors de cette diffusion de la modernité, décident de former, « pour le bien public », une assemblée réunissant tous ceux se consacrant à la « philosophie expérimentale[54] ». Leur décision prise, les deux *novatores* se réunissent, sous sa protection, au domicile d'Andrea Concublet, marquis d'Arena. On note immédiatement l'improvisation de cette académie, les réunions faites dans un domicile privé donnant à cette « adunanza » un caractère insaisissable, très différent de celui que forgent les règles très strictes qui caractérisent les académies napolitaines de l'époque, notamment la plus célèbre d'entre elles, celle des « Oziosi ». La suite de la présentation de N. Amenta renforce le sentiment de se trouver face à un « mouvement » plus que face à une académie strictement organisée. Les membres de l'académie sont difficiles à identifier. Ils peuvent être titulaires mais parfois ils ne sont que de passage ou exercent des activités proches de celles de l'académie, sans en faire clairement partie[55]. Et, de fait, la suite du texte d'Amenta semble mêler des membres au sens propre (Di Capua, Cornelio, Porzio) à des membres ponctuels, notamment Juan Caramuel alors évêque de Campagna, Sebastiano Bartoli, Giovanni Alfonso Borelli qui reproduit à Naples les expériences qu'il avait faites à Florence dans le cadre de « l'Accademia del Cimento[56] ». À cela s'ajoute un réseau difficile à saisir qui sert d'écho aux activités

---

54 « *Gli venne in pensiero, per pubblico bene, di formar' un'adunanza di tutti quegli huomini* [...] *atti a speculare colla scorta della sperimentale filosofia* », in *Vita di Lionardo Di Capua napolitano, detto Alcesto Cilleneo, scritta da Niccola Amenta napolitano detto Pisandro Antiniano*, in *Le vite degli Arcadi illustri scritte da diversi autori, e pubblicate d'ordine della generale adunanza da Giovan Mario Crescimbeni, Parte seconda*, in Roma, nella stamperia di Antonio de Rossi, 1710, p. 8. On retrouve la même analyse dans le *Discorso* de T. Cornelio, *op. cit.*, p. 9.

55 À cela s'ajoutent les liens avec des académies étrangères (notamment la « Royal Society ») et la visite de savants étrangers, par exemple J. Finch, T. Baines, J. Ray, P. Skippon. Sur ces visites, voir M. H. Fisch, « L'Accademia degli Investiganti », art. cité, p. 26 *sq*. Sur la visite de Mabillon et de Burnet, voir H. S. Stone : « The Visit of Mabillon and Burnet », *in* « Printing and Reading in Naples in the Late 1680s », chap. 1, p. 1-23, in *Vico's Cultural History. The Production and Transmission of Ideas in Naples, 1685-1750*, Leiden-New York-Köln, E. J. Brill, coll. « Brill's Studies in Intellectual History », 1997, p. 1-8, ici p. 1 *sq*.

56 Sur ce passage à Naples, signalé dans plusieurs textes de l'époque, et plus généralement sur la figure de G. Borelli entre les deux académies, voir l'étude de P. Galluzzi : « G. A. Borelli dal Cimento agli Investiganti », in *Galileo e Napoli, op. cit.*, p. 339-348.

de l'académie et qui est composé de librairies et de leurs arrière-salles, d'éditeurs, de bibliothèques, de salons dont les travaux de Fausto Nicolini donnent une assez bonne idée[57].

La création officielle de l'académie, si elle lui donne une visibilité plus grande et la protection d'un noble, l'expose aussi, par cet effet de visibilité, aux attaques des anciens. Les années « officielles » de l'académie, entre 1663 et sa dissolution en 1670, sont ainsi marquées par de nombreuses polémiques, sur l'enseignement de la chimie[58], sur l'interdiction des livres de Sebastiano Bartoli[59], sur la publication des *Progymnasmata physica*. S'il n'est pas possible ici de décrire toutes ces polémiques, parfaitement représentatives de la querelle entre les anciens et les modernes, une dissension nous semble en revanche particulièrement intéressante car elle illustre la particularité politico-scientifique propre aux « Investiganti ». La querelle est liée à la pratique de l'infusion du lin et du chanvre dans le lac d'Agnano, un cratère inondé, qui se situe dans les environs de Naples[60]. Dans un contexte sanitaire fragile, suite à la peste de 1656, le parti des anciens dénonce cette pratique comme étant à l'origine d'exhalaisons pestilentielles, comme étant la cause d'une épidémie de fièvre à Naples et fait pression auprès du « Protomedico[61] » pour l'interdire. Le conflit s'engage donc sur un terrain concret, l'une de ces « occasions » que les modernes se donnent le devoir de saisir afin de mettre à l'épreuve leur méthode, cela contre les superstitions des anciens,

---

57   *Sulla vita civile, letteraria e religiosa napoletana alla fine del Seicento*, Napoli, Riccardo Ricciardi Editore, 1929, p. 20 *sq.*

58   Sur cette polémique, voir M. Torrini, « Uno scritto sconosciuto di Leonardo da Capua in difesa dell'arte chimica », *Bollettino del Centro di Studi Vichiani*, IV, 1974, Napoli, Bibliopolis, p. 126-139. Globalement, les anciens accusent les *novatores* de promouvoir des thèses matérialistes à travers leur atomisme méthodologique.

59   S. Bartoli est un jeune médecin, proche des « Investiganti », dont les écrits attaquent la médecine traditionnelle. Sur l'intervention du « Protomedico » C. Pignataro, l'un de ses livres, *Astronomiae microcosmicae systema novum*, est saisi et les exemplaires de celui-ci sont brûlés en 1663.

60   Sur cette querelle, voir M. Torrini, « Un episodio della polemica tra "antichi" e "moderni" : la disputa sulla macerazione dei lini nel lago d'Agnano », *Bollettino del Centro di Studi Vichiani*, V, 1975, Napoli, Bibliopolis, p. 56-70.

61   Sur cette figure stratégique du « Protomedico », directement nommé par le Vice-roi, et qui a en main la politique sanitaire publique du Royaume et se trouve donc à l'intersection du combat entre les anciens et les modernes, voir D. Gentilcore : « Il Regio Protomedicato nella Napoli Spagnola », in *Dynamis. Acta Hispanica ad Medicinae Scientiarumque Historiam Illustrandam*, 1996, n° 16, p. 219-236, notamment les p. 222 *sq.* consacrées à la figure de C. Pignataro.

et d'influencer la politique sanitaire du Vice-roi. Il s'agit également, élément central dans la démarche des modernes, de sauver toute une corporation vivant de cette culture et vouée à la misère. Où l'on voit à nouveau l'imbrication entre nouvelle science et politique. La polémique autour du lac est marquée par plusieurs moments décisifs. L'un des plus célèbres est le déplacement collectif en 1664 des « Investiganti » au bord du lac pour y faire toutes sortes d'expériences et montrer de manière concrète l'inanité des craintes des anciens. Il s'agit, lors de ce déplacement solennel, de montrer le caractère collectif de la démarche des « Investiganti », le rôle de l'expérience concrète, des sens et, plus généralement, d'un dispositif épistémologique qui n'impose rien *a priori*, mais qui naît au contraire, en aval, de l'expérience collective. La publicité de ce déplacement vise aussi politiquement à influencer le Vice-roi et à démontrer l'efficacité de la démarche des modernes. Ce conflit sera aussi l'occasion d'une production de nombreux textes circulant entre les anciens et les modernes, souvent très violents et aux intitulés évocateurs[62]. Parmi ces textes, l'un d'entre eux ressort car il est à nouveau parfaitement représentatif de la méthode « investigante », à savoir la *Copia di una lettera scritta da un Accademico Investigante*. Si ce texte ne dit rien de véritablement nouveau par rapport au *Discorso dell'eclissi* précédemment évoqué, il indique clairement la démarche « investigante » : c'est en réagissant aux « occasions », aux attaques des anciens, que les académiciens élaborent les textes les plus représentatifs de leur méthode, en faisant toujours usage de l'anonymat. L'interprétation que l'on peut en faire est de nature épistémologique, visant une méthode qui ne s'affirme jamais *a priori*, qui a même quelques réticences à s'exposer de manière théorique, qui naît au contraire des occasions que la pratique napolitaine offre et qui ne s'énonce qu'en aval de l'expérience collective et de la « *scorta de' sensi* ». Mais c'est aussi un texte à valeur politique qui naît au sein d'une bataille enragée contre les anciens et cela afin d'influencer le pouvoir. C'est du reste la violence de ces polémiques, en particulier renforcée par la création en 1666 d'une contre-académie par les anciens,

---

62 *L'innocenza d'Agnano trovata colpevole ne' delirij di Testa Libera* ; *La morsa domatrice di Testa Libera nelle credenze d'Agnano innocente* ; *Frantumi della morsa di un brutto medico maniscalco, stritolata su l'incudine della verità dalla forza insuperabile della libera filosofia* ; *Barbaiudaei querimonia* ; *Istanze della Signoria Bestialissima di Arcadia fatte alla maestà di Apollo per la giurisdittione a quella usurpata da alcuni medici ostinati a sostenere dannosa l'infusione de' lini nel Lago d'Agnano, etc.* Sur ces textes, voir M. H. Fisch, art. cité, p. 33 *sq.*

« l'Accademia dei Discordanti[63] » suscitée par le « Protomedico » Carlo Pignataro, « plus politique que médecin savant » (« *uomo più tosto politico, che dotto Medico*[64] »), qui envenime la situation et amène le Vice-roi à dissoudre les deux académies en 1670.

On a fait à juste titre remarquer que la fin officielle de l'académie, à l'instar de sa création officielle qui n'en marquait pas vraiment le début, ne marque pas non plus la fin de ses activités et que la plupart des grands textes qui lui sont associés sont postérieurs à 1670. C'est notamment le cas pour le *Teatro farmaceutico* (1677) de Giuseppe Donzelli, pour les *Lezioni intorno alla natura delle mofete* (1683) de Leonardo Di Capua ou pour les *Avvertimenti ai nipoti* (1696) de Francesco D'Andrea. Mais c'est certainement le *Parere* (1681) de Leonardo Di Capua qui offre la meilleure illustration des activités de cette académie, qui continue à exister alors même qu'elle n'est plus officielle. L'origine de ce texte est à nouveau intéressante car typique de la démarche des « Investiganti ». Le texte semble en apparence un texte « d'occasion », celle-ci étant fournie par une demande du Vice-roi adressée aux médecins du royaume, sollicitant leur « avis » (« *parere*[65] ») pour une refondation de la médecine publique. La contribution de Di Capua obéit à nouveau à une occasion et ne se présente en apparence pas comme un manifeste de la médecine moderne, même si l'ensemble de l'économie du texte et des stratégies rhétoriques qui y sont développées font de ce texte une machine de guerre contre le parti des anciens et un véritable discours de la méthode pour une médecine efficace. Il n'est bien sûr pas possible de revenir ici sur le détail d'un texte de presque 700 pages, réédité une seule fois et qui tente de trouver un remède au « mauvais usage de la médecine » (« *mal'uso della Medecina* »), grâce notamment à un usage stratégique de la notion « d'incertitude » (« *incertezza* »). Le cœur de l'analyse de Di Capua est de montrer que « *l'incertezza* » en médecine a des sens multiples qui varient au sein du *Parere* lui-même. C'est d'abord négativement l'incertitude qui ressort du constat de l'histoire de la médecine, laquelle n'apporte aucune vérité fiable. Mais cette incertitude est aussi celle qui est décelée *a priori* dans les conditions de possibilité de la discipline elle-même.

---

63 Sur cette contre-académie, voir M. H. Fisch, « L'Accademia degli Investiganti », art. cité, p. 40.

64 *Vita di Lucantonio Porzio, scritta da Gioseppe Mosca, op. cit.*, p. 3, 17.

65 Sur la genèse de ce texte, voir le récit qu'en donne N. Amenta dans *Vita di Lionardo Di Capua, op. cit.*, p. 15.

Toute la force du texte est de se servir de ce double constat *a posteriori* et *a priori*, non pas pour se lamenter sur les limites de la médecine, mais pour intégrer cette incertitude dans les protocoles d'une pratique médicale prudente, thème qui apparaît notamment dans les deux derniers *Ragionamenti* du *Parere* qui ont pour fonction de dessiner la formation adéquate du médecin (« *quali cose a fare un buon medico*[66] »). Ce texte qui présente nombre d'exemples et manifeste une érudition étonnante de la part de Di Capua, se distingue aussi par ses stratégies rhétoriques destinées à convaincre. Plusieurs des *topoi* des modernes s'y retrouvent : l'usage de la chimie en médecine, l'inversion entre les anciens et les modernes, la nécessité d'avoir recours aux sens et à l'expérience. Le parti des anciens ne s'y est du reste guère trompé et a vu dans ce « *Parere* » l'une des contributions les plus achevées de la production « investigante » et une diatribe en règle contre lui. Les attaques se multiplieront contre ce texte de Di Capua, parfois sous la forme de pamphlets violents, et la situation finira par s'envenimer jusqu'au déclenchement d'un procès à la fin du siècle contre les modernes accusés d'athéisme par les *veteres*[67].

LES « *SATRAPI DELLA REPUBBLICA LETTERARIA* »

Derrière cet épisode qui a marqué durablement la fin de « l'Accademia degli Investiganti », voire l'échec des *novatores* napolitains, apparaît l'ambivalence fondamentale de la position « investigante » qui constitue sa force et sa faiblesse principales et qui rendra son héritage extrêmement ambigu. Comme nous l'avons vu, la pratique de l'académie se veut avant tout concrète, elle s'offre comme une réponse aux « occasions » multiples que procure le contexte napolitain. L'intérêt de cette position est double, épistémologique comme politique. D'un point de

---

66 *Parere*, VII, *op. cit.*, p. 486.
67 Ces attaques se multiplient jusqu'à un procès intenté aux athées à la fin du siècle, qui marque un coup d'arrêt porté aux *novatores*. Sur ce procès, voir L. Osbat, *L'inquisizione a Napoli. Il processo agli ateisti, 1688-1697*, Roma, Edizioni di Storia e Letteratura, coll. « Politica e storia », 1974. Voir également L. Amabile, *Il Santo Officio della Inquisizione in Napoli : narrazione con molti documenti inediti*, vol. II, Città di Castello, Tip. S. Lapi, 1892 [rééd. P. De Leo, Rubbettino, 1987], p. 54 *sq.*

vue méthodologique, en se limitant à ce que nous délivrent l'expérience et nos sens, les « Investiganti » ne s'embarrassent d'aucun dispositif théorique qui briderait leur pratique scientifique. Si théorie il y a, celle-ci est, on l'a vu, en aval des expériences, dans des textes d'occasion[68], et toujours susceptible d'évoluer[69]. Cette ouverture et cette souplesse méthodologiques offrent également un gain politique face aux attaques des anciens. En refusant d'affronter les anciens sur le champ théorique, et en leur opposant la pratique et l'évidence de l'expérience, comme le montre l'exemple éclatant du déplacement solennel au lac d'Agnano, les *novatores* évitent une confrontation dangereuse que les anciens tentent constamment de déplacer sur le champ théologico-politique. C'est ce qu'écrit très clairement Francesco D'Andrea :

> Cette philosophie est l'ennemie des disputes, et dans la mesure où elle s'attache à la vérité des choses, elle considère avec dédain comme inutiles les controverses des mots. Et comme nous ne pouvons pas avoir d'autres connaissances des choses que par l'intermédiaire des sens, cette philosophie est tout entière tournée vers les expériences et vers le discours des sens, qui se fonde sur celles-ci.

Cette position lui permet immédiatement de relier cette philosophie à la *Libertas philosophandi* :

> Par conséquent, nombreux sont ceux qui l'appellent philosophie libre, parce qu'elle n'est liée à aucun des principes des écoles, d'autres l'appellent philosophie

---

68 Ce qui n'empêche pas ces textes rédigés au sein de querelles d'avoir une très grande clarté dans leur exposition, notamment concernant la défense du modèle atomiste et l'insertion dans la tradition matérialiste. Voir par exemple cette réponse de F. D'Andrea : « *La materia dunque della quale tutte le cose naturali costano, non ha da essere altra che quella materia stessa, che veggiamo, e che tocchiamo. La cui essenza non in altro consiste, che in essere una sostanza ch'habbia estensione, cioè, che habbia le tre dimensioni delle quali costano tutti i corpi, sì che, l'esser materia, e l'esser corpo sia una medesima cosa* [...]. *E per ciò tutte le mutationi che si fanno nella materia, han da esser similmente corporee, ciò è compositione, traspositione e movimento delle parti di essa materia. E da questa dipendono tutte le forme, o nature, o apparenze, che dir vogliamo de' corpi naturali* », F. D'Andrea, *Risposta a favore del sig. Lionardo De Capoa contro le Lettere apologetiche del P. De Benedictis gesuita 1697* [texte cité par A. Borrelli, in *D'Andrea atomista*, *op. cit.*, p. 1].

69 « *Onde in esse il vero filosofo ha da esser pronto a mutar sentenza sempre che con esperienze o con raggioni più verisimili se gli mostri la verità di quel che si cerca, e nelle quali però il volere ostinarsi a niegare anche la fede a' sensi per sostenere quel che una volta s'è detto, altro non sarebbe, secondo egregiamente disse il Gassendo, che* bellum supremum contra veritatem », in *I ricordi di un avvocato napoletano*, *op. cit.*, p. 37.

élective, parce qu'elle conserve ce qu'a de bon chaque secte philosophique, d'autres l'appellent philosophie moderne, pour la nouveauté de ses expériences, inconnues des anciens ; mais elle est bien mieux et plus communément appelée philosophie des sens, car guidée par les sens, elle ne considère comme vrai dans les choses sensibles que ce qui est démontré par ces sens[70].

Ce positionnement est à coup sûr une force pour les « Investiganti », lesquels ont bien conscience que leur méthode « se corrompra quand elle commencera à s'exposer aux altercations publiques[71] ». Mais l'évolution de ce qui était une force, à un moment où la pratique scientifique des « Investiganti » était efficace, devient une faiblesse lorsque cette pratique devient plus problématique et que les attaques des *veteres* se font de plus en plus violentes. La fin du siècle est en effet marquée par la crise du modèle cartésien[72] et plus généralement par la disparition des principaux « Investiganti ». Giuseppe Donzelli meurt en 1670, Tommaso Cornelio en 1684[73] et Sebastiano Bartoli en 1667. Lucantonio Porzio part à Rome où il devient professeur d'anatomie. Le marquis d'Arena est assassiné en 1675. Mais c'est surtout le déplacement de la confrontation sur le champ théologico-politique qui marque l'affaiblissement général de l'académie. En effet, faute d'une pratique scientifique efficace, les « Investiganti » sont de plus en plus amenés à se défendre sur un terrain théorique sur lequel ils sont faiblement armés comme nous l'avons vu. Or ce qui était une force au départ devient une faiblesse lorsque le parti des anciens,

---

70 « *Questa filosofia è nimica delle dispute, poiché attendendo alla verità delle cose, sdegna come inutili le contenzioni delle parole. E perché delle cose noi non potemo haverne altra cognizione, che per mezzo de' sensi, perciò tutta è dedita alle sperienze et al discorso sensato, che fondasi sopra le medesime. Quindi non giurando nelle parole di alcuno, da molti è chiamata filosofia libera, perché non sta ligata a' principii delle scuole ; da altri filosofia elettiva, perché eligge da tutte le sètte quello che ciascheduna ha di buono ; da altri filosofia moderna, per la novità delle sperienze, non conosciute da gli antichi ; ma meglio di tutti è chiamata più comunemente filosofia sensata, perché, colla scorta de' sensi, non ammette per vero nelle cose sensibili se non quello che per essi sensi ne vien dimostrato* », in *Lezioni*, in *D'Andrea atomista, op. cit.*, p. 148.

71 « *si corromperà quando comincerà ad esporsi alle pubbliche altercazioni* », in I *ricordi di un avvocato napoletano, op. cit.*, p. 39-40.

72 Sur cette crise du cartésianisme, voir J. I. Israel, *Les Lumières radicales. La philosophie, Spinoza et la naissance de la modernité (1650-1750)*, Paris, Éditions Amsterdam, 2005, p. 533-560.

73 Son enterrement sera l'occasion à la fois d'attaques contre une *libertas philosophandi* impie (on accuse T. Cornelio d'être un matérialiste athée) et la mise en scène par les *novatores* de l'hommage public qui lui est rendu. Sur ce point, voir A. Borrelli, « Il funerale di Tommaso Cornelio », *Nouvelles de la République des Lettres*, anno 10, 1990-I, Istituto Italiano per gli Studi Filosofici, Napoli, Prismi Editrice Politecnica, p. 61-82.

fort d'une tradition, d'un corpus de textes et d'un vocabulaire précis, attaque les modernes. Cette évolution est particulièrement visible à la fin du siècle lorsque le père jésuite Giovanni Battista De Benedictis attaque Leonardo Di Capua et oblige les modernes à se défendre dans un domaine qui, ne leur étant pas familier[74], trahit clairement leur faiblesse. Face aux arguments de De Benedictis, et confrontés à une pratique scientifique de plus en plus malaisée et difficile – les « Investiganti » de la fin du siècle sont plus des avocats ou des érudits que des scientifiques au sens propre – les *novatores* sont démunis et sont acculés à trouver des arguments pour se défendre. À la différence de « l'Accademia del Cimento » qui avait réussi à évacuer la question théologico-politique dès le départ, ce qui lui permettait de délimiter en creux une pratique scientifique libre, le positionnement des « Investiganti », entre science et politique, se fonde sur un équilibre précaire, leur poids politique étant fonction de leur efficacité scientifique. À partir du moment où cette efficacité fait défaut ou devient plus discutable, leur faiblesse politique devient évidente et les amène à se défendre face aux attaques des « *satrapi della Repubblica letteraria*[75] ».

Cette situation qui avait déjà poussé le Vice-roi à dissoudre l'académie en 1670 peut être considérée comme une première victoire pour le parti des anciens. Carlo Pignataro qui en était le chef de file avait en effet créé l'académie des « Discordanti », au nom évocateur, précisément pour envenimer la situation et créer un conflit que les « Investiganti » avaient réussi jusque-là à éviter. L'idée était de faire en sorte que, face au Vice-roi, les *novatores* ne puissent plus opposer l'évidence de l'expérience scientifique aux arguments théologiques surannés des anciens, et donc de politiser le champ du conflit. On voit ici clairement les mécanismes de la logique de la querelle qui permettent, par des attaques ciblées, de

---

74 Sur ces attaques, voir G. de Liguori, « Teologia, filosofia e fisica di Cartesio nella "*Difesa della terza lettera apologetica dell'Aletino*" (1705) », in *L'ateo smascherato. Immagini dell'ateismo e del materialismo nell'apologetica cattolica da Cartesio a Kant*, Firenze, Le Monnier Università, coll. « Filosofia », 2009, p. 63-94. Voir également M. Fattori, « Censura e filosofia moderna : Napoli, Roma e l'*Affaire* Di Capua (1692-1694) », *Nouvelles de la République des Lettres*, 2004, I-II, p. 17-44. Nous nous permettons enfin de renvoyer à notre étude : « Libertins et *libertas philosophandi* à Naples à l'âge classique », in *Philosophie et libre pensée. Philosophy and Free Thought*, XVIIᵉ et XVIIIᵉ siècles, L. Bianchi, N. Gengoux et G. Paganini (dir.), Paris, Honoré Champion, 2017, p. 417-439.

75 F. D'Andrea, *Apologia in difesa degli atomisti*, in A. Borrelli, *D'Andrea atomista, op. cit.*, p. 62.

contaminer en quelque sorte celui qui est attaqué et de l'obliger à se défendre sur un terrain qu'il tente *a priori* d'éviter[76]. Cette position sur la défensive apparaît dans les textes de la fin du siècle, par exemple chez D'Andrea dans sa correspondance avec Antonio Magliabechi :

> J'ai une faveur à vous demander, qu'ici à Naples personne ne peut satisfaire, et qu'en dehors de Naples, vous êtes le seul à pouvoir m'accorder. Je me suis lancé dans la rédaction d'une apologie pour défendre des atomistes contre les prédications d'un frère-prédicateur, qui ne cesse de prédiquer contre eux et qui a promis de le faire sur le même sujet tout au long de l'hiver qui arrive. Il les a traités d'athées, d'ignorants, et d'une foule d'autres propos déplacés, en critiquant Gassendi, Descartes et tous les autres, sans en avoir lu une ligne et sans savoir en quoi consiste la doctrine des atomes (...). Et j'ai par-dessus tout besoin de savoir quelle est la liste des livres des modernes qui suivent cette manière de philosopher[77].

Nous pourrions multiplier les textes indiquant ce changement de position des modernes, obligés de se défendre contre les attaques des anciens. Mais ce qui frappe, c'est surtout la nature des arguments qui sont employés pour cette défense. Cela apparaît de manière éclatante chez l'un des principaux « Investiganti » de la fin du siècle, Giuseppe Valletta[78], avocat de profession, mais célèbre surtout pour la richesse de sa bibliothèque. C'est grâce à cette bibliothèque et à son érudition personnelle que Valletta entreprend de défendre les *novatores* et plus généralement la *libertas philosophandi*, notamment contre les attaques de De Benedictis. Mais outre le fait qu'il n'est pas scientifique lui-même, c'est la

---

76 C'est ce que remarque amèrement L. Porzio dans sa correspondance : « *Questi un giorno vomitò quanto mai potè contro quei che non seguitavano Aristotele, che a lui pareva doversi seguitare; e per ferire meglio mischiò quanto potè di teologia, asserendo che quanto e' diceva in filosofia tutto era detto per zelo di pietà e di religione*», *in* « Cinque lettere di Lucantonio Porzio in difesa della moderna filosofia », *op. cit.*, p. 158.

77 « [...] *sono a supplicarla di un favore, che qui in Napoli non posso riceverlo da nessuno e fuor di Napoli non da altri che da lei. Mi trovo impegnato di fare un'apologia in difesa degli atomisti contro le prediche di un padre predicatore che non ha fatto altro che predicar contro loro e ha promesso di predicar tutta la vegnente vernata sul medesimo suggetto. Gli ha trattati da atei, da ignoranti, con cento altri spropositi, sparlando del Gassendo e di Renato e di tutti gli altri, senza però aver letto nessuno di loro e senza sapere in che consista la dottrina degli atomi [...]. E sopra tutto ho bisogno della notizia di tutti i libri de' moderni che seguitano questa maniera di filosofare [...]*», in *Lettere dal Regno ad Antonio Magliabechi*, vol. I, A. Quondam, M. Rak (éd.), Napoli, Guida, 1978, p. 368.

78 Pour une présentation d'ensemble, voir V. I. Comparato, *Giuseppe Valletta : un intellettuale napoletano della fine del Seicento*, Napoli, Istituto Italiano per gli Studi Storici, 1970.

nature des arguments qui frappe. Alors que les premiers « Investiganti », pour la plupart médecins ou scientifiques, fondaient en quelque sorte leur méthode sur l'efficacité de leur pratique scientifique et sur la force prospective de vérités scientifiques toujours susceptibles d'évoluer face aux occasions qui s'offraient à eux, tout autre est la nature des arguments avancés par Valletta. Ces derniers sont développés dans deux de ses principaux textes, la *Lettera in difesa della moderna filosofia e de' coltivatori di essa* que Valletta rédige entre 1693 et 1697[79] et l'*Istoria filosofica* (1697-1704) qui s'inscrit dans la continuité de la *Lettera*. Pour Valletta, la légitimité des modernes ne renvoie plus à une pratique scientifique souple et évolutive mais à la très grande ancienneté de sa méthode atomiste. On mesure ici l'évolution des arguments. Par exemple, pour Leonardo Di Capua, c'était l'efficacité pratique du dispositif atomiste qui légitimait la pratique de la science médicale :

> Qui peut douter que la divisibilité (« *scioglimento* ») des corps naturels soit le moyen le plus sûr et le plus aisé pour parvenir à une connaissance des principes à partir desquels les corps naturels sont composés et formés[80].

Tout autre est la position de Valletta pour qui l'atomisme se trouve légitimé, non pas par son efficacité pratique, mais par sa très grande ancienneté :

> Votre sainteté se rappelle certainement que les premières philosophies furent au nombre de deux : celle de Thalès et celle de Pythagore. La philosophie qui est enseignée chez nous de nos jours vient de la philosophie pythagoricienne. Et si c'est le cas, c'est faussement qu'on l'appelle Moderne, puisqu'elle est la plus ancienne, et même la première parmi toutes, qui soit née et ait été cultivée dans notre Italie ; c'est de là qu'elle acquit son nom de Philosophie Italienne, nom qu'elle conserve encore heureusement[81].

---

79 Cette *Lettera* ne sera éditée qu'en 1732, 18 ans après la mort de Valletta survenue en 1714. Sur les différentes étapes de la rédaction de ce texte et sa circulation, voir M. Rak, « Storia di un intellettuale *moderno* », *in* G. Valletta, *Opere filosofiche*, M. Rak (éd.), Firenze, Olschki, coll. « Accademia Toscana di Scienze e Lettere "La Colombaria" », 1975, p. 41 *sq.*

80 *Parere*, VII, *op. cit.*, p. 504 : « *chi può mai porre in dubbio, che lo scioglimento de' corpi naturali il più sicuro, e 'l più agevol modo sia da pervenire a qualche conoscimento di que' principj, onde composti, e formati i naturali corpi sono* ».

81 *Opere filosofiche*, *op. cit.*, p. 224 : « *Si ricorderà dunque Vostra Santità che due furono le prime Filosofie : l'una di Talete e l'altra di Pitagora. Dalla Pitagorica vien quella da noi presentemente professata. E, s'egli è pur così, malamente vien appellata Moderna, perocché ella è la più antica, anzi la primiera di ogni altra, e nella nostra Italia nata e coltivata ; onde il nome d'Italiana*

Face à cette « philosophie des Atomes » dont Valletta considère que Moïse en a été « l'inventeur », la philosophie d'Aristote est vue comme « la seule et unique cause, voire l'origine même de toutes les hérésies[82] ». Sans entrer dans le détail de l'argumentation de Valletta[83], force est de constater l'évolution de la nature des arguments qui illustre clairement la position défensive empruntée par Valletta. Le critère de légitimation des modernes n'est plus prospectif, mais ancré dans une ancienneté plus grande encore que celle des *veteres*.

Acculés à la fin du siècle par les attaques des anciens, les modernes entrent dans une crise dont ils ne pourront plus sortir. La meilleure illustration de cette crise est la création en 1698 de « l'Accademia di Medinacoeli[84] » à laquelle participent de nombreux « Investiganti », mais dont la nature se distingue profondément de celle de la première académie. Alors que « l'Accademia degli Investiganti » se situait face au pouvoir, en tentant de l'investir politiquement et de faire pression sur lui, tout autre est la situation de « l'Accademia di Medinacoeli », créée « *nel regio Palazzo*[85] », comme le fut celle du « Cimento » à Florence. Mais c'est surtout la tonalité des leçons qui y sont données qui manifeste le chemin parcouru depuis 1649. Alors que les premiers « Investiganti », comme on l'a vu, pratiquaient un scepticisme méthodologique, usant de « *l'incertezza* » comme d'un instrument permettant à la science d'évoluer et de ne pas s'enfermer dans un dispositif théorique contraignant et dangereux, les académiciens de la fin du siècle manifestent un positionnement

---

Filosofia acquistò, et ancora felicemente ritiene ». De ce point de vue, G. Valletta reprend la tradition de « *l'antica sapienza italica* ». Sur cette tradition, voir P. Casini, *L'antica sapienza italica. Cronistoria di un mito*, Bologna, Il Mulino, coll. « Saggi », 1998. Voir notamment les p. 180-182.

82 *Opere filosofiche, op. cit.*, p. 99 : « *E chi potrà giammai dubitare che la Filosofia Aristotelica sia stata l'unica e sola cagione, anzi l'origine stessa di tutte l'eresie, essendo ciò manifesto per l'autorità di tutti gl'Istorici e di tutti i Santi Padri, che in quei tempi fiorirono, i quali erano presenti alle dispute e ne' Concilii stessi per confutarle ?* ».

83 On trouve la même idée chez F. D'Andrea : « *E questa appunto e non altra è la dottrina dell'unione e dello scioglimento degli atomi, la quale essendoci insegnata dalla natura medesima poco haveremo bisogno né di Pitagora, né di Democrito, né di Platone, né di quanti filosofi mai furono al mondo. Non dipendendo la natura dall'opinione degli huomini ; ma l'opinioni intanto son vere, in quanto si uniformino alle operazioni della natura* », in *Apologia in difesa degli atomisti*, in *D'Andrea atomista, op. cit.*, p. 84.

84 Sur cette académie, voir S. Suppa, in *L'Accademia di Medinacoeli. Fra tradizione investigante e nuova scienza civile*, Napoli, Istituto Italiano per gli Studi Storici, 1971.

85 *Vita di Lucantonio Porzio, op. cit.*, p. 58.

différent. C'est par exemple le cas dans l'une des leçons soutenues par Niccolò Sersale, l'*Introduzione all'esame delle scienze*[86]. Selon Sersale, il faut savoir reconnaître les « limites des forces humaines » (« *cortezza delle umane forze*[87] ») et de notre « entendement court et déterminé » (« *lo corto e determinato nostro intendimento*[88] »). C'est seulement en admettant ces limites que les scientifiques seront à même de définir la seule vérité véritablement et légitimement accessible à l'homme et de ne pas s'illusionner sur la possibilité de l'atteindre (« *Oh quanto è lontana e nascosta dalla nostra veduta la verità*[89] ! »). On discerne l'inflexion par rapport à la position des premiers « Investiganti » pour qui la limite de nos connaissances n'était jamais leur limitation en droit, mais une prudence pratique leur permettant de constamment évoluer. Chez Sersale, cette limitation est posée *a priori* et théologiquement justifiée. En délimitant un champ réduit pour la science, il montre à quel point l'héritage de la méthode « investigante » est ambigu en cette fin de siècle.

Au terme de ce parcours rapide, se pose la question d'une évaluation d'ensemble de « l'Accademia degli Investiganti », notamment au sein des Lumières napolitaines qui fleurissent au *Settecento*. Pour certains commentateurs, la « défaite » des « Investiganti » est manifeste, et il est vrai que l'évolution que nous avons retracée à grands traits apporte des arguments forts en ce sens. Cela est renforcé par la rareté des références de Vico à cette académie et aux académiciens en général, alors même que, pour reprendre l'expression de M. H. Fisch, il se serait formé « dans l'ombre des 'Investiganti'[90] ». Mais une telle appréciation est peut-être trop radicale dans la mesure où elle ne discerne pas assez la complexité de l'héritage « investigante ». Pour le dire rapidement, Vico hérite doublement des « Investiganti », à la fois de leur crise, et plus généralement de celle des sciences de la nature – et on sait quelle sera l'importance de la « science nouvelle » qui substitue à ces sciences l'exigence d'une étude des productions du « faire » humain – mais aussi

---

86   Ce court texte est reproduit par M. Donzelli dans l'édition suivante : *Introduzione all'esame delle scienze*, in *Natura e* humanitas *nel giovane Vico*, Napoli, Istituto Italiano per gli Studi Storici, 1970, p. 145-155. Sur ce texte, voir M. Torrini, « La discussione sullo statuto delle scienze tra la fine del '600 e l'inizio del '700 », art. cité, p. 377 *sq.*

87   *Introduzione all'esame delle scienze*, in *Natura e* humanitas *nel giovane Vico*, *op. cit.*, p. 151.

88   *Ibid.*, p. 154.

89   *Ibid.*, p. 147.

90   M. H. Fisch, « L'Accademia degli Investiganti », art. cité, p. 63.

d'une exigence de scientificité qu'il ne cessera de déployer tout au long des différentes rédactions de la *Scienza nuova*[91]. La force de la figure de Vico, sa construction comme « génie solitaire » national tout au long du XIXe siècle, masquent à coup sûr cette influence majeure et rendent nécessaire une réévaluation positive de l'influence des « Investiganti » dans le développement des premières Lumières à Naples.

Pierre GIRARD
Université Jean Moulin Lyon 3
UMR 5317-IHRIM / LabEx Comod

---

91 Sur le rapport complexe entre Vico et l'héritage « investigante », nous renvoyons à notre étude : « Giambattista Vico, entre tradition "investigante" et matérialisme », in *The Vico Road. Nuovi percorsi vichiani*, M. Riccio, M. Sanna et L. Yilmaz (dir.), Roma, Edizioni di Storia e Letteratura, coll. « Studi vichiani », 2016, p. 39-56.

Pierre GIRARD
Université Jean Moulin Lyon 3
UMR 5317-IHRIM — LabEx Comod

SOCIÉTÉ CIVILE, CULTURE ET POUVOIR

Les académies royales, les *tertulias* et les salons en Espagne du XVIIᵉ au XVIIIᵉ siècle

INTRODUCTION

Les histoires de l'Espagne des Lumières ou les essais sur la culture espagnole de cette époque commencent généralement en faisant référence au changement de dynastie qui a lieu en 1700, à savoir la chute de la Maison des Habsbourg et l'arrivée des Bourbons. Bien entendu, si cela facilite les chronologies et paraît clarifier les périodes historiques, cela ne garantit ni leur véracité ni leur fiabilité. Interpréter l'arrivée de Philippe V comme une rupture totale, positive et absolue avec la période antérieure est un lieu commun de l'historiographie du XVIIIᵉ siècle. Un exemple parfait de cette interprétation est l'*Ensayo de una biblioteca española de los mejores escritores del reinado de Carlos III* de Juan Sempere y Guarinos, de 1785, qui est aussi une manière d'exalter la dynastie dominante en espérant influencer ses politiques et ses programmes. Des études récentes ont cependant remis en cause ce lieu commun[1] en soulignant que, dès le dernier quart du XVIIᵉ siècle, on observe de nouvelles attitudes politiques, économiques, institutionnelles et culturelles qui vont perdurer et se renforcer tout au long du XVIIIᵉ siècle. C'est à ce

---

1 Kamen, Henry, *La España de Carlos II*, Barcelona, Editorial Crítica, coll. « Crítica Historia », 1981 ; Pérez-Magallón, Jesús, *Construyendo la modernidad : la cultura española en el tiempo de los novatores (1675-1725)*, Madrid, Consejo Superior de Investigaciones Científicas, 2002 ; Fernández Albadalejo, Pablo, *Historia de España*, Josep Fontana y Ramón Villares (dir.), volume 4, *La crisis de la Monarquía*, Barcelona, Crítica Marcial Pons, 2009 ; Bègue, Alain, *Carlos II (1665-1700) : la defensa de la Monarquía Hispánica en el ocaso de una dinastía*, Paris, Belin, 2017.

moment-là que s'amorcent la circulation et les débats d'idées ainsi que les contacts avec les autres cercles érudits européens.

L'emploi de l'expression « despotisme éclairé » pour se référer à plusieurs régimes qui apparaissent en Europe durant la période des Lumières fut l'objet de débats et de questionnements multiples. On a surtout discuté l'usage du concept de « despotisme » pour parler des monarques qui se sont associés au mouvement des Lumières et on a questionné cette prétendue association. On a, en particulier, opposé l'idée du despotisme, toujours associée à des connotations négatives, à l'absolutisme aux implications plus positives[2]. Le cadre herméneutique qui permet cette distinction réside dans l'attribution aux Lumières d'un programme qui conduit *toujours et inconditionnellement* à la révolution démocratique[3]. La réalité est pourtant bien loin de confirmer cette perception téléologique de la pensée ou, pour suivre Hegel, de l'Esprit[4]. En France, la Révolution implique la fin du monarque, même si celui-ci aurait pu être un despote éclairé ; ailleurs le roi soutient certains courants progressistes ou s'y oppose. Dans d'autres royaumes, nous pouvons penser à la Prusse, le roi incarne les Lumières. Dans le cas de l'Espagne, Sánchez Agesta a souligné que, pour les hommes des Lumières, les deux ressources clés de la réforme du pays étaient la *pédagogie sociale* ou l'éducation et *l'action royale*[5]. L'argumentation des intellectuels des Lumières se fonde sur l'intérêt que le roi lui-même, soucieux du bien-être de ses sujets, doit avoir pour mener à bien les réformes. À partir d'un certain moment, l'exemple de Louis XIV se transforme en un référent affectivo-démagogique essentiel de cette argumentation. L'absolutisme, pour les lettrés éclairés, requiert l'obéissance des sujets car il s'agit de

---

2   Delgado de Cantú, Gloria M., *El mundo moderno y contemporáneo I. De la era moderna al siglo imperialista*, México, Pearson, 2005, 5ᵉ éd., p. 253.

3   *Cf.* Israel, Jonathan I., *Radical Enlightenment : Philosophy and the Making of Modernity, 1650–1750*, Oxford, Oxford University Press, 2001 ; *Enlightenment Contested : Philosophy, Modernity, and the Emancipation of Man, 1670–1752*, Oxford, Oxford University Press, 2006 ; *Democratic Enlightenment : Philosophy, Revolution, and Human Rights, 1750–1790*, Oxford, Oxford University Press, 2011.

4   Astigarraga, Jesús, « Introduction : *admirer, rougir, imiter* – Spain and the European Enlightenment », *The Spanish Enlightenment revisited*, edited by Jesús Astigarraga, Oxford, Voltaire Foundation, Oxford University Studies in the Enlightenment, 2015, p. 1-17, ici p. 7-8.

5   Sánchez Agesta, Luis, *El pensamiento político del despotismo ilustrado*, Madrid, coll. « Instituto de Estudios Políticos », 1953, p. 28.

se soumettre à un type de monarque et d'autorité qui paraît justifier complètement cette obéissance. Il s'agit là d'un point de vue éloigné de ceux qui préconisent l'abandon de la monarchie pour accéder à la république comme emblème des formes démocratiques de la représentation de la volonté populaire ou nationale. Kant fera face, dans son texte classique sur ce que sont les Lumières, à la dichotomie éclairée entre l'esprit critique et l'obéissance, en réservant le premier au domaine privé et en proposant la seconde pour l'espace public, justifiant cette dernière par la rationalité de la conduite et de la politique royales. En dernière analyse, la justification se trouve dans l'identification de l'autorité royale avec une rationalité universelle et une sentimentalité compatissante, vision dominante du sens de la monarchie chez les partisans des Lumières. Le monarque, incarnation de la rationalité et de la compassion, doit reconnaître la justification du programme des réformes et, grâce à son amour sensible pour son prochain, se voit obligé de le mettre en pratique. Face au pouvoir terrestre des ordres religieux et de l'Église en général, face au laisser-faire de l'aristocratie et à la force de l'opinion publique qui demeure ancrée dans les superstitions, et ce, malgré près d'un siècle d'efforts pour les chasser, les hommes des Lumières ne peuvent que se tourner vers le pouvoir politique du Roi en lui offrant en échange leur appui idéologique afin de d'exercer leur influence.

L'autre ressource, l'éducation, sera cruciale dans l'ensemble des programmes d'intervention éclairés, car il n'y aura pas de changements durables s'ils ne sont pas fondés sur une pédagogie renouvelée, prête à éradiquer les superstitions, les erreurs communes, les routines de la tradition et des habitudes. Tout ceci en s'associant avec la diffusion et l'apprentissage des sciences et des techniques utiles.

Néanmoins, cette vision ne doit pas occulter un aspect essentiel : ce n'est pas le monarque (aucun monarque d'ailleurs) qui prend l'initiative dans les Lumières. C'est la mobilisation de la société civile, plus ou moins vaste selon le niveau de structuration de chaque nation, qui met en mouvement les processus de transformation des idées, des disciplines et des institutions. Ces initiatives sont récupérées par le roi ou par ses gouvernements qui, dans le meilleur des cas, en deviennent en apparence les promoteurs et, dans le pire des cas, leur font obstacle et forcent la société civile à les développer en marge de l'appui royal. Dans des circonstances très exceptionnelles, elles conduisent à l'exécution du monarque et à l'abolition peut-être temporaire de la monarchie elle-même. En définitive, la diversité des blocs et des groupes sociaux, des mobilisations, des élites, des cercles érudits et des cercles aristocratiques, des cours et des rois, expliquerait la diversité des mouvements des Lumières en Europe et dans certains États des Amériques. Sánchez-Blanco a raison d'affirmer que « le siècle des Lumières a été un mouvement polymorphe et supranational [...]. Le phénomène général fut de caractère culturel et signifia une émancipation individuelle et collective face aux institutions qui jusque-là exerçaient le pouvoir idéologique et politique[6] ». En suivant ce même auteur, on peut parler des Lumières comme d'un processus d'émancipation de l'autorité doctrinale qui remettait en cause toutes les formes d'autorité intellectuelle et qui, dans la recherche de la vérité, passait par l'acceptation de plusieurs traditions philosophiques comme l'empirisme baconien, le rationalisme cartésien, le sensualisme lockéen, l'éclectisme, le criticisme historiographique, le sentimentalisme renouvelé et la nouvelle esthétique néoclassique. Un rôle singulier est joué par l'émancipation de l'autorité religieuse, source du laïcisme, induite par les postures régalistes des dirigeants, la morale du sentiment au niveau privé qui donnera lieu à l'idéal de l'homme de bien qui est rationnel et de cœur sensible, au déisme hors des structures des Églises tels le jansénisme ou le néo-jansénisme et les attitudes anti-inquisitoriales ; et finalement, l'émancipation de l'autorité politique qui, dans une élaboration particulière du droit naturel, va remettre en question dans certains cas les droits de la royauté, de l'aristocratie et de la noblesse, et, par conséquent, de la monarchie elle-même.

Il est également important de souligner un autre aspect crucial quand on parle des Lumières. Généralement, on accepte et on répète l'idée que ce qui caractérise le mouvement des Lumières soit le rôle que la raison et l'empirisme scientifique jouent comme instruments pour contrôler la Nature et l'Autre. Néanmoins, un autre élément de la figure culturelle des Lumières doit être remarqué, à savoir le sensualisme ou sensationnisme, car c'est à partir de lui ou avec lui que l'on perçoit le côté obscur des passions qui conduira au romantisme et se développera avec lui. Nous faisons ici référence à la valorisation croissante de la fonction des sens, mais aussi à la sensibilité et, par conséquent, aux sentiments. Ceci est important car certaines interprétations, comme celles d'Adorno

---

6   Sánchez-Blanco, Francisco, *La Ilustración en España*, chap. 3, Madrid, Akal, 1997, p. 14.

et d'Horkheimer, par exemple dans la *Dialectique de la Raison*, semblent ne retenir des Lumières que leur seul aspect rationnel et oublient que la sensibilité est tout aussi essentielle que la raison et l'esprit scientifique pour se rapprocher de l'être humain et de la compassion pour autrui[7]. Si on a conféré à l'aspect rationnel et/ou scientifique une position hégémonique, un espace semblable sinon supérieur devrait être octroyé à la sensibilité et aux sentiments[8]. C'est en Angleterre que Lord Shaftesbury théorise cet aspect, qui sera cultivé par Hutcheson et, plus tard, par Hume, pour ensuite s'incarner chez Rousseau et Diderot. Cette influence prendra forme dans le *drama of sensibility* ou, en France, dans la comédie larmoyante, ainsi que dans d'autres manifestations littéraires. Sánchez-Blanco le remarque parfaitement et cite Wolfgang Röd qui soutenait « que le sentiment, tant en esthétique qu'en morale privée et sociale, joue un rôle prépondérant dans la philosophie des Lumières, puisque, en effet, celle-ci s'appuie de façon égale sur le cœur et l'entendement[9] ». Cette dualité qui permet de maintenir un certain équilibre durant les Lumières sera définitivement bouleversée avec le romantisme.

Mais il faut souligner que cette mobilisation civique et sociale répond et sert aussi de fondement à une nouvelle valorisation de la sociabilité et de la conversation. Se réunir avec les personnes avec lesquelles on partage des intérêts scientifiques, intellectuels, littéraires ou artistiques, implique de valoriser la conversation comme un lien qui unit les individus et encourage la discussion et la circulation des informations et des idées, plus particulièrement quand on est conscient qu'une agitation intellectuelle – spectre ou fantôme – traverse l'Europe. *El hombre práctico*, écrit en 1680 et publié en 1686 est un exemple précoce de cette tendance sociale. Le comte de Fernán Núñez, Francisco Gutiérrez de los Ríos, écrit : « L'ennui qu'entraîne avec elle cette misérable vie humaine a établi dans toutes les sociétés civiles certains lieux où se regroupent certains individus cherchant l'apaisement dans la conversation des uns avec les autres ou dans la légère occupation du jeu[10] ». La sociabilité et l'art de la conversation vont caractériser les

---

7   Todorov, Tzvetan, *L'Esprit des Lumières*, Paris, Robert Laffont, 2006, p. 11.
8   Sánchez Flores, Soledad, « Concepto de sensibilidad en la Ilustración », *Pensamiento Ilustrado*, Universidad de Granada, Web, consultado el 23 de junio de 2016 : https://www.ugr.es/~inveliteraria/PDF/Sensibilidad%20y%20pensamiento.pdf.
9   Sánchez-Blanco, Francisco, *La Ilustración en España, op. cit.*, p. 6.
10   Gutiérrez de los Ríos y Córdoba, Francisco, *El hombre práctico*, ed de J. Pérez-Magallón y R. P. Sebold, Córdoba, Publicaciones Obra Social y Cultural CajaSur, 2000, p. 283.

relations qu'établissent les cercles érudits au sein desquels circulent les idées de rénovation et de réforme, parfois lors de discussions ouvertes avec ceux qui s'y opposent. Ce sujet occupe les intellectuels au cours du siècle comme le démontrent des textes tels que *Arte de hablar, o retórica de las conversaciones*, de Ignacio de Luzán (1729), *Arte de bien hablar* de Díaz de Benjumea (1759) et *Le traité sur l'art de plaire dans la conversation*, écrit en français par M. Prévost et traduit par Manuel Nifo (1787).

DES *TERTULIAS* AUX ACADÉMIES ROYALES

L'apparition des académies royales comme centres de diffusion, de débat et de circulation des nouvelles et des idées, centres indéniables de modernité, est inséparable de deux phénomènes concomitants, à savoir le développement ininterrompu des connaissances et l'apparition de nouvelles formes de sociabilité. L'esprit académique qui surgit et se répand en Europe occidentale donne lieu à un phénomène de circulation globale du savoir qui va par ailleurs renforcer et approfondir les tendances qui se sont déjà manifestées à l'occasion des voyages transatlantiques et transocéaniques effectués à la Renaissance. S'élabore alors, grâce à des mécanismes difficiles à retracer et à documenter, ce qu'à cette époque on a appelé la « République des Lettres », mais qui est en fait la construction d'un réseau international de contacts, favorisé et maintenu grâce au courrier, aux délégations diplomatiques, aux ordres religieux et aux voyages, entre des individus qui partagent un ensemble de préoccupations et d'intérêts, mais pas toujours les mêmes approches et les mêmes attitudes. On remarquera la finesse avec laquelle Eva Velasco a dédié un chapitre de son livre à l'Académie royale d'Histoire en situant sa fondation dans le cadre de la nouvelle sociabilité qui se répand en Europe avec la progression des idées qui remettaient en question les principes et les valeurs acquis et sclérosés[11]. Même si tout

---

11   Velasco Moreno, Eva, *La Real Academia de la Historia en el siglo XVIII. Una Institución de sociabilidad*, Madrid, Boletín Oficial del Estado, Centro de Estudios Políticos y Constitucionales, 2000, p. 23-40 ; Bolufer Peruga, Mónica, « Del salón a la asamblea : sociabilidad, espacio público y ámbito privado (siglos XVII-XVIII) », *Saitabi*, n° 56, 2006, p. 121-148.

ceci est véridique, l'historiographie des Bourbons a essayé de s'approprier l'ensemble du ferment intellectuel qui a manifesté clairement sa vitalité dans le dernier quart du XVIIᵉ siècle, et cela afin d'associer la nouvelle dynastie à la récupération culturelle du pays, en effaçant du même coup la première culture des *novatores*. Cela exigeait premièrement d'inventer et d'imposer une vision absolument pessimiste des temps antérieurs et, deuxièmement, d'exalter comme siennes les manifestations de changement et d'innovation, même si ces dernières provenaient en réalité du règne antérieur. Sempere y Guarinos a écrit dans le premier tome de son *Ensayo de una biblioteca*, sous le mot « Académies » : « À peine Philippe V monta-t-il sur le trône qu'en Espagne, l'esprit humain commença à faire des efforts pour sortir de l'esclavage et de l'abattement auxquels l'empire de l'opinion l'avait réduit[12] ». En d'autres termes, on a attribué au roi, tel un nouveau dieu de la culture, la création *ab ovo* de toutes les académies et du savoir moderne. Cette approche a permis de fabriquer le mythe de Philippe V et de voir en lui le responsable d'une transformation profonde de la littérature, des sciences et des arts, idée répétée à maintes reprises – les lieux communs ont la vie dure – mais que plusieurs critiques et historiens ont mis en doute et ont complètement déconstruite.

Normalement, on parle des académies (des académies royales) comme d'institutions qui incarnent l'esprit et la mentalité dirigiste de la dynastie des Bourbons, ainsi que son souci de promotion de la culture. Aguilar Piñal[13] montre cependant clairement que l'on ne peut pas confondre les académies fondamentalement pédagogiques qui existaient déjà dans l'Antiquité, à la Renaissance et à l'âge baroque, avec celles de la modernité qui se réunissent pour argumenter et débattre de sujets, de matières scientifiques et littéraires plus ou moins concrètes et qui, par la suite, se convertissent en institutions scientifiques et culturelles. Néanmoins celles qui finiront par devenir des académies royales se structurent, se développent et atteignent une certaine maturité en marge de la Couronne. Les premiers groupes sont toujours exclusivement masculins, et cela malgré le rôle croissant de la femme dans la vie sociale et culturelle[14].

12 Sempere y Guarinos, Juan, *Ensayo de una biblioteca española de los mejores escritores del reinado de Carlos III*, 6 tomos, Madrid, Imprenta Real, 1785-1789, t. I, p. 53.
13 Aguilar Piñal, Francisco, *Introducción al Siglo XVIII*, R. de la Fuente (ed.), Madrid, Ediciones Júcar, coll. « Historia de la literatura española », 1991, p. 98-99.
14 Smith, Theresa A., *The Emerging Female Citizen. Gender and Enlightenment in Spain*, Berkeley, University of California Press, 2006.

Les académies sont issues de regroupements et de rencontres informels, privés, de personnes intéressées par des enjeux scientifiques, artistiques ou intellectuels communs. On assiste ainsi à la mobilisation de la société civile autour de centres d'intérêts spécifiques qui finissent par donner corps à des centres de débat et de modernité au sein desquels se démarquent les salons où les femmes jouent le rôle principal.

La conversation, la sociabilité et les centres de rencontres et de discussions privés se développent dès la deuxième moitié du XVIIe siècle. Il faut souligner que ces derniers constituent des espaces parfaitement distincts de la Cour et des cercles religieux quand la première ne saurait être assimilée aux querelles universitaires. La « censure » écrite par Diego Mateo Zapata sur l'œuvre de Alejandro de Avendaño (pseudonyme de Juan de Nájera), *Diálogos philosóphicos en defensa del atomismo* (1716), souligne l'existence de plusieurs et « célèbres *tertulias* publiques[15] » à Madrid qui se réunissent chez certains nobles exerçant leur mécénat et leur protection. Parmi ces réunions, notons celle de Gaspar Ibáñez de Segovia, marquis de Mondéjar, défenseur de l'historiographie critique, à laquelle assistent Lucas Cortés – qui réunit aussi une *tertulia* chez lui et qui était déjà en contact avec Ibáñez de Segovia depuis 1664 –, Nicolás Antonio, José de Faria, envoyé du Portugal, Antonio de Ron – l'un des auteurs du paratexte approbatoire de la *Carta filosófica médico-chymica* (1687) de Juan de Cabriada, « admirateur passionné de l'empirisme de Bacon[16] » et lié à Juan Domingo de Haro, comte de Monterrey, également membre des cercles actifs de l'époque –, Francisco Barbara, Francisco de Ansaldo – chevalier sarde, auteur de l'un des textes préliminaires de la *Dissertación histórica por la patria de Paulo Orosio* (1702) de Pablo Ignacio de Dalmases –. Le caractère cosmopolite de cette *tertulia* est clairement reflété non seulement par la présence de Ansaldo mais aussi par celle de Claude-François Pellot, l'aîné du président du Parlement de Normandie qui, en 1680, va en Espagne pour rechercher des œuvres rares et fréquente la bibliothèque ainsi que la *tertulia* du marquis de Mondéjar. On peut mentionner d'autres réunions comme celle d'Antonio Sarmiento de Luna, comte de Salvatierra, celle de José de Solís, duc de

---

15   Álvarez de Miranda, Pedro, « Las academias de los Novatores », en *De las Academias a la Enciclopedia : el discurso del saber en la modernidad*, ed. de Evangelina Rodríguez Cuadros, València, Edicions Alfons el Magnànim, 1993, p. 263-300, ici p. 274-282.

16   López Piñero, José María, *Ciencia y técnica en la sociedad española de los siglos XVI y XVII*, Barcelona, Labor Universitaria, 1979, p. 424.

Montellano, qui prend position contre les premiers gouvernements de Philippe V, où circulent des livres interdits[17] et à laquelle assiste Melchor de Macanaz qui vient alors de terminer ses études de droit[18]. Il y avait aussi des *tertulias* chez le Docteur Florencio Keli, chirurgien du roi, où l'on pouvait observer la circulation du sang dans un poisson même si de telles pratiques, en présence de certains aristocrates, s'effectuaient normalement en d'autres lieux. Les prises de position publiques de certains des assistants montrent le niveau de tolérance intellectuelle au sein de ces réunions.

Madame d'Aulnoy mentionne, parmi les premières *tertulias* madrilènes, celle qui se réunissait plusieurs fois par semaine chez la duchesse de Alburquerque qui, en 1679, avait 50 ans. Elle écrit : « Elle avait de l'esprit et beaucoup de lecture. Certains jours de la semaine, elle tenait chez elle des assemblées où tous les savants étaient bien reçus[19] ». Selon Maura, « doña Juana de Armendáriz y Ribera, marquise de Cadreita et duchesse veuve de Alburquerque, [...] même farouchement espagnoliste [ou pro-espagnole] dans ses idées et ses coutumes, appartient au groupe très restreint des intellectuels de l'époque[20] ». Il est remarquable que cette dame prenne part à une ambiance bouillonnante et réunisse chez elle des *tertulias* intellectuelles, comme le fera également Juan de Goyeneche, chargé des impôts et entrepreneur industriel, qui exprime de sérieuses préoccupations intellectuelles et publie, entre autres, *Varias poesías sagradas y profanas* de Antonio de Solís y Ribadeneyra, à Madrid en 1692. Il est aussi l'auteur de la biographie de Solís incluse dans ce livre et possède par ailleurs une pinacothèque considérable. On peut aussi remarquer des contacts intersectoriels comme ceux qui unissent José de Veitia y Linaje, économiste et auteur du *Norte de la contratación* (1671), à Francisco Báez Eminente, homme d'affaires et financier et au fameux peintre Murillo. Cependant l'ensemble de la vie intellectuelle ne se limite pas à la seule Cour car Barcelone, Valence, Cadix, Mexico ou Lima accueillent aussi des réunions privées et des *tertulias*.

---

17   Álvarez de Miranda, Pedro, « Las academias de los Novatores », *op. cit.*, p. 292n.

18   Martín Gaite, Carmen, *Macanaz, otro paciente de la inquisición*, Barcelona, Ediciones Destino, coll. « Destinolibro » 163, 1982, p. 48-49.

19   D'Aulnoy, Marie-Catherine, *La cour et la ville de Madrid vers la fin du XVIIᵉ siècle*. Deuxième partie. *Mémoires de la cour d'Espagne*, édition de B. Carey, Paris, Éd. Plon et Cᵢₑ, 1876, p. 277.

20   Maura y Gamazo, Gabriel (duque de Maura), *Vida y reinado de Carlos II*, Madrid, Aguilar Maior, 1990, p. 282.

La nouvelle dynastie n'a donc pas modifié les dynamiques qui étaient déjà en mouvement chez les élites sociales, économiques, politiques et culturelles du pays. Nous avons mentionné plusieurs *tertulias* et plusieurs salons qui fonctionnaient avant l'arrivée au pouvoir de Philippe V. Ajoutons à cela que d'autres ont commencé à se réunir un peu plus tard. La présence de personnages ayant joué un rôle prépondérant dans l'installation au pouvoir du premier Bourbon, comme Macanaz ou Juan Manuel Fernández Pacheco, marquis de Villena, avant ou après la guerre de Succession, est une preuve évidente de cette continuité. Néanmoins quelque chose se modifie substantiellement. Comme l'écrit Álvarez Barrientos : « pour les hommes de lettres la *tertulia* fut, avec les journaux, la base à partir de laquelle ils conquirent leur légitimité en tant que groupe et, avec le temps, leur autonomie, en exerçant, depuis la *tertulia* et la presse, leur critique, comme alternative aux propositions édictées par les institutions et les espaces dominés par le Pouvoir[21] ». En effet, les *tertulias* ont en elles une composante de tolérance amicale envers des personnes qui se connaissent et partagent clairement des intérêts culturels et scientifiques. Une académie – ou *tertulia* – est une réunion d'amis, de gens d'esprit et de savants qui participent par ailleurs à l'articulation de réseaux de contacts et de groupes de pression.

En 1693, à l'initiative de Frère Buenaventura Ángel dans son *Desengaño de la real filosofía y desempeño de la medicina sanativa*, le chirurgien de la famille royale Cristóbal de León propose dans un mémoire adressé au roi la création d'une Académie espagnole en accord avec la pratique européenne et les propositions de Juan de Cabriada. Le projet, appuyé, entre autres, par l'archiatre Andrés Gámez, est rejeté par décision finale du Tribunal royal médical (Real Protomedicato). Le Laboratoire royal de Chimie est, lui, fondé en 1694[22]. La Société royale de médecine et autres sciences de Séville est par ailleurs la « première des institutions scientifiques espagnoles consacrées à la culture des tendances modernes[23] ». Malgré son titre de « royale », le processus de formation et de fondation de cette Société est inséparable du temps des *novatores*,

---

21　Álvarez Barrientos, Joaquín, « Reunirse y conversar : las tertulias del siglo XVIII », *Ínsula*, n° 738, juin 2008, « Las tertulias literarias », p. 7-8. Web.

22　Rey Bueno, Mar, *El Hechizado. Medicina, alquimia y superstición en la Corte de Carlos II (1661-1700)*, Madrid, Corona Borealis, 1998, p. 91-99.

23　López Piñero, José María, *Ciencia y técnica en la sociedad española de los siglos XVI y XVII*, *op. cit.*, p. 391.

et plus particulièrement de l'agitation scientifique emblématisée par la *Carta filosófica médico-chymica* (1687) de Juan de Cabriada, sur laquelle nous reviendrons. En fait, cette Société surgit comme la *Veneranda Tertulia Médica Hispalense* qui, suivant le modèle de la Royal Society londonienne (1660) ou de l'Académie des sciences de Paris (1666), commence à se réunir à partir de 1693 à l'initiative du docteur Juan Muñoz y Peralta dans sa demeure de Séville. Les constitutions de cette Société sont approuvées par Charles II le 25 mai 1700, c'est-à-dire avant l'instauration de la dynastie des Bourbons. Muñoz y Peralta, Salvador Leonardo de Flores, Miguel Melero et Juan Ordóñez de la Barrera ainsi que d'autres scientifiques et intellectuels partisans des réformes y participent depuis sa création. Cette Société suscite immédiatement l'animosité et l'hostilité du Conseil d'administration de l'Université de Séville. Un bras de fer institutionnel oppose alors l'Université à la *tertulia* et relance le débat opposant les médecins « latins », qui ont suivi des études universitaires formelles, et les « revalidados », qui ont fait valider leur expérience de la pratique médicale[24]. Mais elle reçoit aussi l'appui de personnages déjà connus à Madrid et des membres du Tribunal royal médical : Juan de Cabriada et Diego Mateo Zapata. Selon Quiroz-Martínez, « la création de la Société constitua l'un des efforts les plus importants réalisés pour introduire la philosophie expérimentale en Espagne[25] ». Zapata rappelle que les *Mémoires* de Trévoux communiquent la nouvelle de la fondation de la Société à l'ensemble de l'Europe. De plus, l'œuvre de Zapata, *Crisis médica sobre el antimonio*, est résumée et traduite en français dans les *Mémoires* de Trévoux. La Société, comme le souligne Quiroz-Martínez, « pouvait être activement en contact avec les savants des autres pays en les recevant comme membres, en les invitant à donner des leçons publiques ou à lire publiquement les mémoires qu'ils faisaient parvenir. Elle publia aussi douze tomes de Mémoires ayant pour objectif la divulgation des connaissances qu'elle possédait[26] ». José Pardo Tomás indique que la circulation de ces revues scientifiques a lieu dans l'environnement de la société civile, car « c'était précisément ce genre de publications qui

---

24 Sánchez-Blanco, Francisco, *La mentalidad ilustrada*, Madrid, Taurus, 1999, p. 28.
25 Quiroz-Martínez, Olga Victoria, *La introducción de la filosofía moderna en España : el eclecticismo español de los siglos XVII y XVIII*, México, El Colegio de México, 1949, p. 23.
26 *Idem.*

se lisait dans les salons et les *tertulias* dans lesquels Zapata se rendait sans aucun doute[27] ».

Même si on peut avoir le sentiment que le courant galéniste et aristotélicien se limite à la seule Espagne, on oublie que l'on retrouve une situation similaire dans l'ensemble de l'Europe occidentale. À Paris, par exemple, tout le ferment moderne se regroupe autour de l'Académie des sciences, tandis que la Sorbonne est le refuge d'une médecine de caractère traditionaliste. C'est la pression des galénistes français qui a mené à l'interdiction en France de la transfusion sanguine. En Italie également, il y a des académies aux tendances innovatrices et d'autres de caractère galéniste. C'est le cas, par exemple, à Naples où l'*Accademia degli Investiganti* accueille les partisans de l'iatrochimie[28] alors que l'*Accademia degli Discordanti* est plus proche du galénisme. De même, l'œuvre de Giuseppe Gazola, *Il mondo ingannato da falsi medici* (1716), est dirigée contre les galénistes italiens, encore très nombreux dans l'Italie de l'époque. En Angleterre, James Primrose s'est lui aussi opposé à la théorie de la circulation sanguine. C'est dans ce contexte que la vision critique et les recommandations de Juan de Cabriada visant à l'approfondissement de la modernisation prennent une valeur extrêmement symbolique. Le jeune médecin a une conscience claire de l'importance de l'écart qui s'est instauré entre l'Europe et l'Espagne et de l'urgence de progresser dans l'ordre de l'expérimentation scientifique. Préoccupations exprimées à maintes reprises dans des phrases irremplaçables : « Quelle chose navrante et honteuse, comme si nous étions des Indiens, que d'être les derniers à recevoir les nouvelles et les lumières publiques qui sont déjà dispersées en Europe[29] ». Cabriada souligne directement les causes de ce désajustement et surtout la manière d'y remédier :

> Pourquoi alors ne pas avancer et promouvoir ce genre d'études ? Pourquoi, pour l'obtenir, ne pas fonder à la Cour du roi d'Espagne une Académie royale, comme celle qu'il y a en France, en Angleterre et dans la Cour de l'empereur ? Pourquoi, pour un but si sacré, si utile et si bénéfique comme avancer dans la connaissance des choses naturelles (on avance seulement avec

---

27   Pardo Tomás, José, *El médico en la palestra. Diego Mateo Zapata (1664-1745) y la ciencia moderna en España*, Valladolid, Junta de Castilla y León, coll. « Estudios de historia de la ciencia y de la técnica », 2004, p. 445.

28   Sur cette académie, voir la contribution de Pierre Girard dans ce volume.

29   Cabriada, Juan de, *Carta filosófica médico-chymica*, Madrid, Lucas Antonio de Bedmar y Baldivia, 1687, p. 230-231. Web.

les expériences physico-chimiques), les hommes et la noblesse ne font-ils pas un effort, ceci n'est-il pas aussi important que leur vie ? Et pourquoi dans une Cour comme celle-là, n'y aurait-il pas un laboratoire de chimie avec les plus grands experts d'Europe ? Eh bien, sa majesté catholique le roi notre seigneur, que Dieu protège, les possède dans son vaste royaume, où il pourra aller chercher les meilleurs[30].

Tout en coïncidant avec ce processus de sécularisation, les différentes cultures et surtout les différentes langues nationales européennes vont occuper un espace plus important que celui dont elles disposaient jusqu'alors et que la scolastique et le galénisme s'efforçaient de limiter avec l'hégémonie du latin. C'est ainsi que Avendaño, les auteurs des paratextes qui apparaissent dans son œuvre et Zapata écrivent en espagnol, comme Gutiérrez de los Ríos, Cabriada et d'autres *novatores* l'avaient fait avant eux. Néanmoins, le fait que les œuvres de Bacon, de Willis, de Hobbes, de Vieussens, de Boyle ou de Sydenham aient été écrites en latin, avait permis et favorisé leur diffusion européenne en incluant bien entendu l'Espagne. L'emploi des langues romanes face au latin sera toutefois un aspect essentiel du débat, initié à la Renaissance et intensifié dès le XVIIIe siècle, qui les oppose aux traditionalistes. Ainsi, l'un de leurs représentants, Palanco, les critique en affirmant que préférer la langue romane au latin ne peut que répondre au désir de recevoir la protection de ceux qui n'ont même pas étudié la grammaire, tout en insistant sur la séparation élitiste et péjorative entre érudits et non-érudits. Zapata répond en mettant l'accent sur l'usage de l'espagnol, et cela afin que tous puissent découvrir les faussetés et les impostures dont Palanco et les membres de son cercle se sont rendus coupables à l'égard des *novatores*. L'objectif de ces derniers, en écrivant en espagnol, est de diffuser la philosophie, de la faire sortir des cercles académiques et d'impliquer les secteurs cultivés qui n'ont pas reçu une formation latine en insistant, comme l'avaient fait auparavant Gutiérrez de los Ríos et Cabriada, sur la dimension pratique et utilitaire de la pensée et de la science. La revendication du droit pour toute philosophie, à plus forte raison pour la philosophie moderne, à être pratiquée au sein du catholicisme, implique aussi qu'elle puisse être suivie par tous. Par conséquent, il s'agit plus d'une posture qui renforce l'individualisme élitiste du discours moderne, aristocratique et/ou bourgeois, que de démocratisation.

---

30 *Ibid.*, p. 216-217.

Tout ceci est également incorporé à un programme de rénovation dans lequel la langue nationale occupe un espace privilégié qui encourage la création de l'Académie royale espagnole, fondée officiellement par un brevet du roi daté du 3 octobre 1714. Mais comme dans le cas de la Société royale de médecine de Séville, sa création ne répond ni à un projet du monarque ni à celui de l'un de ses conseillers, mais trouve son origine dans la mobilisation de la société civile, dans ce cas précis de la *tertulia* que le marquis de Villena, peu après son retour d'Italie en 1711, réunit dans son palais de la Place des Déchaussées royales.

Le marquis de Villena est une figure clé du processus culturel de modernisation continue de la nouvelle dynastie. Né le 7 septembre 1650, il était membre correspondant de l'Académie des sciences depuis 1699 et fut nommé « associé étranger surnuméraire » en février 1715. L'éducation que lui avait donnée son oncle Juan Francisco, le marquis étant orphelin, incluait l'apprentissage du grec, du latin, de l'italien et du français, des mathématiques, de la géographie et de l'histoire. Dès son jeune âge, c'est-à-dire, sous le règne de Charles II, il commença à constituer une bibliothèque de choix qui deviendra célèbre. Au sein de sa *tertulia*, les participants avaient conscience, avec les travaux linguistiques italiens, anglais et portugais, du précédent de l'Académie française, « mais pas toujours pour le suivre[31] ».

L'objectif du marquis de Villena est d'encourager l'étude de la langue castillane pour faire face à la prédominance croissante du français, notamment à la Cour, où « on ne parlait que le français[32] ». Le noyau initial de sa *tertulia* est composé de Andrés González de Barcia, de Gabriel Álvarez de Toledo y Pellicer, de Juan de Ferreras, de Juan Interián de Ayala, de José Casani, de Bartolomé Alcázar et de Antonio Dongo Barnuevo, tous impliqués dans la modernisation du pays. À ceux-ci s'ajoutent d'autres intellectuels et aristocrates tels Francisco Pizarro, marquis de San Juan, José de Solís y Gante, marquis de Castelnovo et duc de Montellano, et Vincencio Squarzafigo Centurión y Arriola, dont les noms apparaissent dans « L'histoire de l'Académie » incluse dans le premier tome du *Dictionnaire* publié en 1726. D'autres noms s'ajouteront encore comme Adrián Conninck, le neveu de Nicolás Antonio,

---

31   Álvarez de Miranda, Pedro, « La Real Academia Española y la Académie française », *Boletín de la Real Academia Española*, LXXV, nº 264-265, 1995, p. 403-417, ici p. 409.
32   Aguilar Piñal, Francisco, *Introducción al siglo XVIII, op. cit.*, p. 100.

Juan de Villademoros, Vicente de Bacallar y Sanna, le marquis de San Felipe, Gonzalo Machado, Jerónimo Pardo, Mercurio López Pacheco, le fils du marquis de Villena qui sera son successeur à la direction de l'Académie, Juan Curiel et Luis Curiel[33]. La réalisation du *Dictionnaire* réunit l'ensemble des membres de la *tertulia*[34] et elle sera suivie d'autres publications, notamment d'une *Orthographía de la lengua española* (1741) et d'une *Gramática de la lengua castellana* (1771).

La nomination, comme membre honoraire de l'Académie royale espagnole, de la jeune María Isidra Quintina Guzmán a de quoi surprendre. Elle sera admise au sein de cette institution fortement représentative du patriarcat, dont la composition était alors exclusivement masculine, le 2 novembre 1784 avec une *Oración del género eucarístico* (1785). Le 20 avril 1785, elle reçut par décret du roi un doctorat en Philosophie et Lettres humaines de l'université d'Alcalá. Elle fut aussi membre de la Société royale basque des amis du pays et de la Société économique de Madrid, dans laquelle sa présence favorisa la création de l'Assemblée des dames, argutie subtile pour les intégrer tout en les marginalisant, mais en leur donnant une visibilité supérieure à celle qu'elles n'avaient jamais eue. Il est possible que la position de ses parents, deux Grands d'Espagne bénéficiant d'un accès facile aux cercles du pouvoir, ait eu une influence expliquant la promotion rapide de María Isidra. Sa présence publique nous en dit long sur le processus ardu que l'éducation des femmes devait affronter car, en l'absence d'institutions dédiées à celles-ci, si l'on songe au Séminaire des nobles accessible seulement aux hommes, l'unique chemin vers l'éducation passait par l'environnement privé et familial, c'est-à-dire les précepteurs privés et les membres de la famille.

L'intérêt pour l'historiographie critique s'est forgé dès le XVIIᵉ siècle, même si le décret royal de l'Académie royale d'Histoire a été approuvé le 18 avril 1738 et si les statuts de l'institution ont été ratifiés par un brevet du roi le 17 juin 1738. Si c'est à ce moment que l'Académie royale d'Histoire prend officiellement vie, sa conception et sa préparation résultent de la mobilisation culturelle et intellectuelle de la société civile comme nous l'avons vu pour les autres académies. Dans ce cas,

---

33   García de la Concha, Víctor, *La Real Academia Española. Vida e historia*, Barcelona, Espasa-Calpe, 2014.

34   Lázaro Carreter, Fernando, *Crónica del* Diccionario de Autoridades *(1713-1740)*, Madrid, Real Academia Española y Biblioteca Nueva, coll. «Discursos de ingreso», 2014.

les *tertulias* se réunissent depuis 1735 chez Julián Hermosilla, avocat du Conseil royal. Eva Velasco écrit que « ce cénacle d'amis avec des intérêts et des préoccupations communs a testé plusieurs changements jusqu'à ce qu'ils aient décidé, en 1737, de solliciter la protection du roi pour garantir la continuité du projet[35] ». Les personnes qui se réunissent avec Hermosilla, toutes liées à l'appareil d'État et partisanes de la nouvelle dynastie, sont Jerónimo Escuer, Juan Martínez de Salafranca, Agustín de Montiano y Luyando, Leopoldo Jerónimo Puig, Juan Antonio de Rada Berganza y Puerta, Manuel de Roda, Alonso de Verdugo y Castilla et Francisco de Zabila[36]. En prenant connaissance des travaux de l'un de ses membres, Agustín Montiano y Luyando, aux nombreux titres – poète, dramaturge, réformiste théâtral, historiographe, premier secrétaire du Cabinet universel de l'État, érudit de la cour, membre de l'Académie impériale des sciences de Saint-Pétersbourg – il est facile d'imaginer la diversité des préoccupations intellectuelles, culturelles et politiques qui les motivent. Selon le décret qui fonde l'Académie, l'objectif visé est « la culture de l'Histoire pour purifier et nettoyer celle de l'Espagne des fables qui la discréditent et l'instruire des nouvelles qui semblent plus bénéfiques[37] ». Mais le plus important est de remarquer que l'objectif de la *tertulia*, puis de l'Académie royale d'Histoire, se limite finalement et formellement aux études historiographiques : « parce que, animés de la volonté de servir la patrie, ils ont décidé de la féconder de gloires véridiques, en expulsant les inventions des fables qui, de manière déplorable, ont embrouillé notre histoire, et cela en ajustant les faits à la chronologie la plus exacte possible et en la remplissant d'informations géographiques anciennes et modernes jusqu'alors souhaitées mais jamais bien écrites[38] ».

C'est dans le domaine de l'histoire que nous retrouvons une manifestation encore plus claire de la vitalité de cette société au sein de laquelle s'élaborent les nouvelles idées. En 1742, après la constitution de l'Académie royale d'Histoire, le groupe des historiens et des intellectuels rassemblé autour de Gregorio Mayans crée à Valence une Académie valencienne, non royale, dont les objectifs sont sans doute plus modestes que ceux

---

35 Velasco Moreno, Eva, *La Real Academia de la Historia en el siglo XVIII, op. cit.*, p. 48.

36 *Idem.*

37 Rincón, Carlos, « Sobre la noción de ilustración en el siglo XVIII español », *Romanische Forschungen*, vol. 83, n°4, 1971, Vittorio Klostermann GmbH, p. 528-554, ici p. 532.

38 Velasco Moreno, Eva, *La Real Academia de la Historia en el siglo XVIII, op. cit.*, p. 54.

de l'Académie de Madrid, mais plus radicaux et plus conséquents dans leurs propositions, se réclamant notamment d'un historicisme critique et radical hérité du marquis de Mondéjar et de Nicolás Antonio à la fin du siècle précédent. Ils se proposent de « recueillir et d'éclairer les souvenirs anciens et modernes qui appartiennent aux choses de l'Espagne ». Cette Académie, malgré un programme clairement formulé et un début plein d'espoir, aura une vie éphémère, car l'édition de la *Censura de historias fabulosas* de Nicolás Antonio fut dénoncée à l'Inquisition et au Conseil de Castille. Si la première renonça à toute poursuite, le second, présidé par le cardinal Gaspar de Molina, agit de façon incisive contre l'Académie valencienne qui déclina dans les années suivantes jusqu'à pratiquement disparaître en 1751. L'opposition des responsables de l'Académie d'Histoire à Madrid[39], dont l'un des objectifs politiques était de centraliser le fonctionnement et les activités de l'ensemble des académies, amène Mayans et ses compagnons à renoncer définitivement.

L'origine de l'Académie royale des Beaux-Arts de San Fernando semble remonter officiellement à Francisco Antonio Meléndez, frère de Miguel Jacinto, peintre de la Cour de Philippe V qui, selon le portail internet de ladite Académie, propose en 1726 au roi « d'ériger une Académie des Arts de la peinture, d'architecture et de culture comme celles de Rome, de Paris, de Florence et des Flandres, et ce qui peut convenir au service royal, à l'éclat de cette célèbre ville de Madrid et à l'honneur de la nation espagnole ». En effet, cette année-là l'auteur publie une *Representación al rey nuestro señor poniendo en noticia de su majestad los beneficios que se siguen de erigir una academia.* La proposition de Meléndez ne reçoit pas un accueil favorable et reste dans l'oubli. Selon Manuel Ruiz Ortega, elle était très différente de celle que présentera plus tard Juan Domingo Olivieri. Ruiz Ortega suppose que l'échec de la proposition de Meléndez est dû à ce « qu'il n'a su ou n'a pu se lier à aucun politicien important du moment[40] ». Quelques années plus tard, Olivieri, natif de Carrara, noble sculpteur appelé à la Cour par Sebastián de la Quadra y Llarena, marquis de Villarías, s'installe dans le Nouveau Palais pour développer une partie du programme de sculpture pour ledit palais, et

39   Mestre Sanchis, Antonio, *Historia, fueros y actitudes políticas. Mayans y la historiografía del XVIII*, pról. de E. Giralt y Raventós, València, Universitat de València, 2000.
40   Ruiz Ortega, Manuel, *La Escuela Gratuita de Diseño de Barcelona, 1775-1808*, Barcelona, Biblioteca de Catalunya, 1999, p. 32.

il établit dans ses appartements privés une académie privée de peinture. Comme l'écrit Ceán Bermúdez : « il demanda et obtint la nationalité et depuis ce jour il se consacra avec ardeur à éduquer et à protéger la jeunesse. Celle-ci se rassemblait en soirée chez lui et il lui enseigna à dessiner à ses frais durant quelques années[41] ». Il propose, à partir de son expérience et de ses contacts, l'établissement d'une académie publique. Ceán Bermúdez continue :

> Une académie publique se réunit chez la princesse de Robec, que présida le même ministre d'État [le marquis de Villarías], et à laquelle assistèrent de nombreux personnages, artistes et amateurs : un discours inaugural fut prononcé, qui fut imprimé, et des applaudissements unanimes enflammèrent le courage des professeurs et des amateurs, et surtout celui d'Olivieri, qui continuait avec son école, déjà appuyée par le gouvernement et qui était très fréquentée ; à sa demande le roi approuva en 1742 l'idée de former une académie publique. Mais, en raison de la survenue de certaines difficultés, l'Assemblée préparatoire n'eut lieu que le 13 juillet 1744[42].

La mort du roi le 9 juillet 1746 porte un coup d'arrêt au processus de mise en place officielle de l'Académie royale. La responsabilité d'approuver le décret incombe à Ferdinand VI, et, le 12 avril 1752, « fut expédié le décret royal de la fondation de l'académie avec le titre de Saint Ferdinand, sous la protection de Sa Majesté[43] ». De nouveaux membres font leur apparition, parmi lesquels Ignacio de Luzán, et des sections de peinture, de sculpture, d'architecture et de gravure sont établies.

Aux académies « nationales », créées grâce à l'initiative privée et reconnues par la Couronne, vont s'en ajouter d'autres, de caractère local, comme l'Académie royale des belles-lettres de Barcelone, celle de Séville ou celle des Chevaliers Volontaires de Valladolid. Plus tard, en 1779, sera fondée dans cette ville royale l'Académie royale des beaux-arts de l'Immaculée Conception, tout comme s'était créée à Valence l'Académie royale des beaux-arts de San Carlos et à Saragosse l'Académie de San Luis. Comme nous l'avons mentionné plus tôt, les académies royales ne vont pas disparaître et ne vont pas se substituer tout à fait à la vie

---

41 Ceán Bermúdez, Juan Agustín, *Diccionario histórico de los más ilustres profesores de las Bellas Artes en España*, vol. 3, Madrid, Academia de Bellas Artes de San Fernando, en la imprenta de la Viuda de Ibarra, 1800, p. 248.
42 *Ibid.*, p. 252-253.
43 *Ibid.*, p. 255.

sociale des *tertulias* et des salons avec lesquels elles coexistent, comme par exemple l'Académie du Bon Goût[44], que Josefa de Zúñiga, comtesse veuve de Lemos et ultérieurement marquise de Sarria, réunit chez elle entre 1749 et 1751. Bien que l'historiographie ait prêté attention aux membres masculins de l'académie, certaines études, notamment celles de Tortosa Linde[45], ont souligné la présence et le travail des femmes comme la duchesse d'Arcos, María Fernández de Córdoba, la comtesse d'Ablitas, Ana María Masones de Lima, la duchesse de Santisteban María Pacheco y Téllez-Girón, la marquise d'Estepa Leonor de Velasco y Ayala, qui, paraît-il, composait aussi des vers, la duchesse de Medina Sidonia Mariana de Silva Álvarez y Toledo et Catalina Maldonado y Ormaza, marquise de Castrillo. Évidemment, il s'agit de femmes qui ont reçu une éducation privée et, par conséquent, assistent et participent à ces réunions. Par contre, nous savons que l'épouse de Luzán ne savait pas écrire. Un contraste remarquable et malheureusement représentatif de l'époque. Les salons ouverts et dirigés par des femmes augmenteront au cours du siècle. Les salons de la duchesse d'Arcos, la duchesse d'Albe, la marquise de Fuerte Híjar, María Josefa Pimentel y Téllez-Girón, comtesse-duchesse de Benavente et duchesse d'Osuna et María Francisca de Sales, comtesse de Montijo, sont les plus célèbres. De la même manière, les femmes vont s'intégrer à ces réunions sociales et cultivées.

LA LONGUE VIE DES *TERTULIAS*

Une *tertulia* littéraire qui a probablement une signification exceptionnelle dans la vie culturelle de l'époque est celle du péruvien-espagnol Pablo de Olavide[46]. Nommé intendant de Séville par le premier ministre Pedro Abarca de Bolea, comte d'Aranda, et avec l'appui de Campomanes, Olavide est en charge du développement des Nouveaux

---

44 Tortosa Linde, María Dolores, *La Academia del Buen Gusto de Madrid (1749-1751)*, Granada, Universidad de Granada, coll. « Departamento de Filología Española », 1988.

45 *Ibid.*, p. 49-54.

46 Aguilar Piñal, Francisco, *Sevilla y el teatro en el siglo XVIII*, Oviedo, Universidad de Oviedo, Textos y Estudios del Siglo XVIII, 1974.

Villages d'Andalousie. Lors de son séjour à Séville entre 1767 et 1776, sa *tertulia* devient un centre culturel de premier plan. Après avoir participé à Madrid à l'acheminement de traductions d'œuvres adaptées au goût néoclassique pour les théâtres des Sites Royaux, il organise à Séville une école pour les acteurs, poursuit en traduisant des textes et réforme le théâtre de la ville. Les participants réguliers à sa *tertulia* sont son épouse, Isabel de los Ríos, sa cousine Gracia de Olavide, Teresa de Arellano, Mariana de Villarán, Francisco de Bruna, régent de l'Audience, la marquise de Malaspina Mariana de Guzmán, Ignacio de Aguirre, Isidro de la Hoz, Miguel Maestre y Fuentes, Gaspar Melchor de Jovellanos, Juan Elías de Castilla, María Antonia Indart et d'autres figures comme Cándido María Trigueros. Néanmoins, la plus célèbre des *tertulias* de la seconde moitié du siècle, pour les noms et les travaux des hommes qui y participent, est celle de l'Auberge de Saint-Sébastien. Cotarelo y Mori[47] situe la *tertulia* à l'époque de la chute d'Aranda et de sa mission à Paris comme ambassadeur, c'est-à-dire autour de 1773, comme si son départ avait poussé ces lettrés réformistes à se réunir loin des cercles du pouvoir. Gies[48] suppose qu'elle se réunissait déjà deux ans plus tôt, vers 1771 et peut-être même dès 1770. L'Auberge de Saint-Sébastien, à la charge des frères italiens Juan Antonio et José María Gippini, était située à Madrid à l'angle de la place de l'Ange et de la rue Saint-Sébastien, où se trouvait la paroisse du même nom, célèbre pour son rôle dans *Misericordia* de Pérez Galdós. Selon les historiens et les critiques, il semble que l'âme de la *tertulia* était Nicolás Fernández de Moratín, dont l'amitié avec Cadalso contribuait au bon fonctionnement des réunions. La *tertulia* peut compter sur la participation régulière ou plus sporadique de Tomás de Iriarte qui s'est installé en 1764 chez son oncle Juan de Iriarte, qu'il remplacera comme traducteur au Secrétariat d'État. Il y commente ses idées sur le poème « La musique » et traduit l'*Art poétique* d'Horace. Ignacio López de Ayala, qui remporte le concours donnant accès à la chaire de Poétique au Collège impérial de Madrid face à Nicolás Fernández de Moratín, y lit des fragments de sa pièce *Numance détruite*, et certaines réserves des participants seront

---

47   Cotarelo y Mori, Emilio, *Iriarte y su época*, chap. v, Madrid, Est. Tipográfico « Sucesores de Rivadeneyra », 1897, p. 110-111.
48   Gies, David T., *Nicolás Fernández de Moratín*, Boston, Twayne Publishers, a division of G. K. Hall & Co, 1979, p. 30.

incluses dans sa version finale. Il y lit aussi une autre tragédie, *Habides*, et des extraits de *Vies des Espagnols célèbres*. Casimiro Gómez Ortega, botaniste et amateur de poésie en latin, nommé directeur du Jardin royal botanique de Madrid en 1771, fonction d'une grande importance institutionnelle durant les Lumières, a, entre autres, écrit un poème élogieux à la *Hormesinda* de Nicolás Fernández de Moratín. Francisco Cerdá y Rico, avocat, officiel du Secrétariat des Indes, bibliothécaire de la Bibliothèque royale, membre de l'Académie royale d'Histoire et plus tard avocat personnel d'Antonio Ponce de León y Spínola, duc d'Arcos, s'est intéressé à la récupération d'ouvrages et à l'édition d'auteurs espagnols du passé. Juan Bautista Muñoz, anti-scolastique comme beaucoup de partisans des Lumières, cosmographe, chroniqueur des Indes et historien de l'Amérique, à qui l'on doit en grande partie la formation des Archives générales des Indes à Séville, à l'initiative de José de Gálvez y Gallardo, secrétaire des Indes, a commencé à écrire, en réponse à Raynal et Robertson, une *Histoire du Nouveau Monde* dont il a laissé un tome. Vicente Gutiérrez de los Ríos, militaire éclairé qui a préparé une édition des poésies de Esteban de Villegas, a été nommé membre de l'Académie royale espagnole où il a proposé de constituer une édition de *Don Quichotte* pour laquelle il a rédigé une « Vie » de Cervantès et une « Analyse » de l'œuvre. José de Guevara Vasconcelos y Pedraja, secrétaire de l'Académie royale d'Histoire a été censeur à vie de la Société économique de Madrid. Antonio Pineda, militaire et naturaliste, a participé à l'expédition de Malaspina ; le capitaine Enrique Ramos a été membre de l'Académie royale espagnole et Juan López de Sedano a édité le très controversé *Parnaso Español*.

José A. Valero a remis en question la fonction des *tertulias*, et plus précisément de celle de l'Auberge de Saint-Sébastien, dans l'espace de la *sphère publique* en alléguant que les forts liens d'amitié qui unissent ses membres ont permis une communication horizontale à l'écart des autres domaines ouverts au public sans restriction d'accès. Selon cette logique, les discussions de la *tertulia* n'incluent pas les sujets publics qui font l'objet de débats entre les citoyens engagés dans la réforme de la nation[49]. Il s'agit donc d'une société masculine qui renforce ses liens en opposition à un extérieur hostile et en partageant

49   Valero, José A., « Intellectuals, the State, and the Public Sphere in Spain : 1700-1840 », en *Culture and the State in Spain, 1550-1850*, ed. Tom Lewis and Francisco J. Sánchez,

des champs d'intérêts somme toute limités. La *tertulia*, selon Valero, peut être vue comme un « troisième espace », comme un refuge masculin – se situant entre les exigences d'une vie active et celles de la vie domestique, deux sphères de plus en plus séparées. Toujours d'après Valero, cet espace de relation n'appauvrit pas les formes de sociabilité que l'on retrouve dans les cafés et les auberges, des formes ouvertes et dangereuses selon le pouvoir politique. Toutefois Andreas Gelz se prononce plutôt en faveur de l'influence des *tertulias* dans « l'émergence de la sphère publique[50] ». Le problème est de distinguer les interventions qui ont lieu durant les *tertulias* de celles qui se réalisent dans d'autres milieux. Par exemple, Leandro Fernández de Moratín situe l'action de *La comédie nouvelle* dans un café et non pas dans une *tertulia*. Il s'agit d'un lieu public où tous les personnages participent au débat sur le théâtre et sa réforme. Néanmoins, il n'exclut pas d'autres sujets propres à la sphère publique : la position de la femme, l'importance des arts, le marché de la littérature, *etc.* Il est logique et légitime de supposer que les participants aux *tertulias* interviennent également dans d'autres espaces, et construisent ainsi la sphère publique en imposant certaines de leurs préoccupations et en débattant de sujets d'intérêt public comme ils le font aussi dans le cadre de leurs travaux intellectuels et lors des *tertulias*. Mais plus important encore, les *tertulias* font indéniablement partie de la sphère publique, non seulement en étant des espaces ouverts, mais en étant aussi des centres à partir desquels se propagent les opinions discutées par la suite dans d'autres contextes.

En guise de conclusion, il faut souligner une continuité dans le travail modernisateur des initiatives de la société civile qui, en certaines occasions, mais pas toujours, reçoivent l'appui et le soutien des gouvernements de la monarchie, ce qui donnera lieu aux Académies royales, et surtout dans le regroupement privé d'individus intéressés par la modernisation du pays, la diffusion et la circulation de l'esprit critique et des idées utiles pour la nation, mais aussi par la défense et

---

New York and London, Garland Publishing, Hispanic Issues, vol. 20, 1999, chap. 7, p. 196-225, ici p. 212.

50 Gelz, Andreas, « Prensa y tertulia : interferencias mediales en la España del siglo XVIII », *Olivar*, año 10, n° 13, 2009, Universidad Nacional de La Plata, p. 165-200, ici p. 168.

l'articulation d'un projet national en opposition aux puissances hégémoniques de l'Europe de l'époque. De cette façon, l'esprit critique, philosophique, scientifique et esthétique, ainsi que les débats d'idées modernes dans différents contextes, s'articulent entre eux pour faire l'apologie de la nation espagnole.

Jesús PÉREZ-MAGALLÓN
Université McGill

LEIBNIZ EN SIBÉRIE

L'Académie de Saint-Pétersbourg et les enjeux philosophiques de l'expansion de l'Empire russe (1698-1741)[1]

INTRODUCTION :
LES CHOSES SINGULIÈRES

Tout au long de sa vie, Gottfried Wilhelm Leibniz s'est intéressé à la Russie mais ce n'est qu'à la fin de sa carrière que cet intérêt s'est accru significativement. En effet, ayant rencontré le tsar Pierre le Grand en 1698 pour la première fois à Hanovre, le philosophe entretient à partir de cette année-là un lien direct avec lui, ce qui mènera, à terme, à son élection en 1712 au rang de conseiller privé de l'Empire russe.

Son admiration pour la Russie a toutefois ses limites. Nous lisons par exemple dans une lettre écrite par Élisabeth-Charlotte d'Orléans à Sophie de Hanovre le 10 décembre 1712, un mois, donc, après le rendez-vous à Karlsbad de Leibniz avec le tsar qui l'invite à rejoindre son cortège : « La Moscovie devrait être un lieu sauvage. Je pense que Monsieur Leibniz a raison de ne pas vouloir s'y rendre. Je suis comme charmée quand je vois à quel point le tsar se donne de la peine pour améliorer son pays[2] ». Si Pierre le Grand recrute le polymathe allemand comme conseiller, c'est qu'il espère le faire contribuer à améliorer son Empire.

---

1   L'auteur tient à remercier Babette Chabout-Combaz pour sa relecture attentive et minu-
     tieuse du texte.

2   Élisabeth-Charlotte à Sophie de Hanovre, 10 décembre 1712, *in* J. Wille (éd.), *Elisabeth
     Charlotte, Herzogin von Orleans. Eine Auswahl aus ihren Briefen*, Leipzig et Berlin, Verlag
     B. G. Teubner, 1907, p. 150 : « *Es muß ein wildt weßen in Moscovien sein, ich finde also, daß
     herr Leibenitz groß recht hatt, nicht dahin gehen zu wollen. Ich bin alß charmirt vom Czaar,
     wenn ich sehe, daß er so viel mühe nimbt, sein landt zu verbeßern* ».

Or, le tsar s'exprime avec un élan qui confine à la monomanie et la tâche de Leibniz est souvent de persuader son nouvel employeur qu'il y a – aussi importante fût-elle – d'autres sciences que l'architecture navale qu'il faut prendre en considération dans la construction d'un pays moderne. Les taxinomies des sciences que Leibniz envoie au tsar et aux autres conseillers peuvent être lues à travers cette optique restreinte et pragmatique de convaincre le souverain de l'avantage stratégique et géopolitique qu'il pourrait tirer de la promotion des sciences dans son pays. Mais ce n'est pas la seule lecture possible. Ces taxinomies sont également le fruit de plusieurs années de réflexion de la part de Leibniz sur l'organisation des sciences et elles révèlent les tentatives les plus abouties du philosophe de produire un « système des connaissances ». Dans ces projets systématiques, des éléments nouveaux apparaissent qui ne sont pas anecdotiques et dont l'intérêt va bien au-delà de l'organisation des sciences chez Leibniz.

Dans une lettre à Pierre le Grand de 1708, Leibniz divise la science en trois *Realien*, à savoir : les mathématiques, qui comprennent aussi la mécanique ; la physique, qui s'occupe des « trois règnes de la nature » ; et, enfin, l'histoire, « dans laquelle nous trouvons l'explication des temps et des lieux, donc l'explication des *res singulares* (y compris les descriptions des royaumes, des états et des pays, ainsi que les mémoires d'État et en particulier les itinéraires et les récits de voyage)[3] ». Cette insistance sur la valeur du singulier, de tout ce qui est individuel et qui échappe à des généralisations faciles, semble particulièrement prononcée dans ses correspondances avec des Russes et autres russophiles. Déjà en 1698, par exemple, Leibniz écrit à Johann Gabriel Sparvenfeld pour se plaindre des attentes de ses concitoyens de la République des Lettres qui refusent de le reconnaître en tant qu'historien. « On me querelle », écrit-il, « même lorsque je veux m'en excuser (des Mathématiques), et on me dit que j'ai tort de quitter les vérités solides et éternelles pour les recherches des choses changeantes et périssables, comprises dans l'histoire et dans les lois[4] ».

---

3 Lettre n° 73, décembre 1708 dans *Sbornik pisem i memorialov Leïbnitsa otnosiashchikhsia k Rossii i Petru Velikomu*, V. I. Ger'e (ou Guerrier) (éd.), Saint Petersburg, Tip. Imp. Akademii Nauk, 1873, p. 95-99, ici p. 96-97 : « [...] *Realien* [...] *wobei ich verstehe : 1) Mathesin mit der Mechanica* [...] *2) Physicam nach den drey Regnis der Natur* [...] *3) Historiam, worinn die Erklärung der Zeiten und Örther, also rerum singularium expositio enthalten (wozu die Beschreibungen und Begebnissen der Königreiche, Staaten und Länder, auch Staats memoiren und dann sonderlich die itineraria oder reisebücher billig zu rechnen)* ».

4 Lettre n° 34 de Leibniz à Johann Gabriel Sparvenfeld datée du 27 décembre 1698, dans V. I. Ger'e, *Leibniz in seinen Beziehungen zu Russland und Peter dem Grossen. Eine geschichtliche*

Pourquoi, dans le contexte de ce projet pour l'avancement des sciences dans l'Empire russe, Leibniz veut-il se présenter comme spécialiste des « choses singulières » ? Ce n'est certainement pas pour plaire au tsar, qui aurait préféré que Leibniz se concentre sur les branches des mathématiques mixtes et de la mécanique, seules à même, pour lui, de consacrer la supériorité de sa stratégie dans l'ordre géopolitique et naval. Il semble plutôt que Leibniz ait des motivations théoriques profondes pour vouloir promouvoir la recherche historique dans ce sens et qu'il considère que la Russie peut lui offrir une opportunité de réaliser ce projet, qu'elle est, en somme, un champ fertile pour l'application d'une nouvelle méthode scientifique (à la fois rationaliste et empiriste) qui cherche à discerner l'ordre caché dans le désordre apparent des choses singulières. Ce n'est pas qu'il considère que cette recherche ne puisse pas en même temps accroître le pouvoir et la gloire du tsar, mais, au contraire, en essayant de convaincre son patron russe de mieux connaître son vaste territoire et la diversité naturelle et culturelle qu'il contient, Leibniz décèle un élément nécessaire au renforcement et à la consolidation de son pouvoir politique.

Leibniz exprime à plusieurs reprises dans ses écrits tardifs une pensée de l'ordre qui se cache dans le désordre et qui peut être discerné par un observateur en possession de la bonne méthode philosophique. Déjà évidente dans la *Protogaea* du début des années 1690, lorsqu'il réfléchit à la possibilité de reconstruire le passé de la Terre, c'est-à-dire de reconstituer des événements présumés perdus dans « le sombre abîme du temps[5] » à travers un raisonnement que nous appelons aujourd'hui « abductif », cette idée sera incorporée dans ses réflexions théologico-morales sur le meilleur des mondes possibles, monde qui inclut, entre autres, la meilleure des *terres* possibles. Comme il l'explique dans la *Théodicée* de 1710 : « Peut-être que la croûte [de la terre] formée par le refroidissement, qui avait sous elle de grandes cavités, est tombée, de sorte que nous n'habitons que sur des ruines [...]. Moïse insinue ces grands changements en peu de mots : la séparation de la lumière et des ténèbres indique la fusion causée par le feu ; et la séparation de l'humide et du

Darstellung dieses Verhältnisses nebst den darauf bezüglichen Briefen und Denkschriften, St. Petersburg und Leipzig, Commissionäre der Kaiserlichen. Akademie der Wissenschaften, 1873, p. 38.

5   Voir Paolo Rossi, *The Dark Abyss of Time : The History of the Earth and the History of Nations from Hooke to Vico*, Chicago, University of Chicago Press, 1987.

sec marque les effets des inondations. Mais qui ne voit que ces désordres ont servi à mener les choses au point où elles se trouvent présentement, que nous leur devons nos richesses et nos commodités, et que c'est par leur moyen que ce globe est devenu propre à être cultivé par nos soins ? Ces désordres sont allés dans l'ordre[6] ».

Leibniz ne manque pas de raisons diplomatiques pour vouloir convaincre Pierre que la Russie est, quant à elle, le meilleur des empires possibles. Mais pour le voir clairement, l'empereur doit adopter la bonne perspective philosophique. Nous pouvons comprendre les deux grandes expéditions au Kamtchatka – la première de 1724 à 1730 et la deuxième de 1733 à 1743, les deux étant coordonnées et fastidieusement surveillées par l'Académie de Saint-Pétersbourg – comme l'application à une très grande échelle de cette perspective, qui sert l'objectif politique – en vigueur depuis le milieu du XVIIe siècle – de s'approprier, de domestiquer, et, pour ainsi dire, de civiliser la frontière sauvage, afin de placer ces territoires sous le contrôle nominal de la Russie, sans pour autant les intégrer politiquement dans l'Empire. D'après certains chercheurs, c'est un processus historique qui se déroule parallèlement à la colonisation de l'Amérique par les empires espagnol, britannique et français et qui présente des ressemblances importantes avec ces histoires coloniales mieux connues[7]. Le tsar se tourne donc vers le philosophe dans l'espoir que celui-ci puisse l'aider à moderniser son pays, ou, pour le dire autrement, qu'il puisse l'aider à imposer un ordre.

La réalisation de cet objectif ne commencera vraiment qu'après la mort de l'un et de l'autre, au cours des deux expéditions au Kamtchatka, qui impliqueront plus de 3000 personnes et dureront presque 20 ans. En ce sens, Leibniz est un peu à l'Académie des Sciences de Saint-Pétersbourg ce que Francis Bacon fut à la Royal Society : celui qui donne les *desiderata*, tout en laissant à la génération suivante la tâche de construire les institutions capables de les réaliser.

Même si l'institution principale de leur réalisation prend pour base la nouvelle capitale russe, les leibniziens russes du XVIIIe siècle devront voyager au loin pour parachever sa vision. Pour que les voyageurs restent

---

6   G. W. Leibniz, *Essais de théodicée*, § 245, in *Die philosophischen Schriften von G. W. Leibniz*, éd. C. I. Gerhardt, vol. 6, Berlin, Weidmannsche Buchhandlung, 1885, p. 263.

7   Voir surtout James Forsyth, *A history of the peoples of Siberia : Russia's north Asian colony 1581-1990*, Cambridge, Cambridge University Press, 1992.

cependant attachés à l'Académie de Saint-Pétersbourg tout au long de leur expédition, comme par une laisse invisible, un contrôle strict et des règles de conduite professionnelle minutieuses sont imposées. Le président de l'Académie de Saint-Pétersbourg, Laurentius Blümentrost, écrit ainsi dans une liste d'instructions de 1733 que « [l]es professeurs-voyageurs doivent transmettre sans relâche les résultats de leur recherche. S'ils veulent envoyer des lettres avec leurs résultats, ils doivent les adresser à la chancellerie du Sénat Suprême. Les lettres envoyées à Saint-Pétersbourg doivent être écrites en latin, alors que les lettres adressées au Sénat doivent être écrites en russe et doivent inclure les signatures de tous les professeurs impliqués ». Il souligne plus loin qu'« il est interdit à tous les professeurs-voyageurs de divulguer, en privé ou en public, toute connaissance acquise lors de cette expédition, en conversation ou en correspondance destinée à l'étranger, avant qu'elle soit éditée et publiée ici [à Saint-Pétersbourg], s'ils veulent éviter d'être sévèrement punis[8] ». Et ainsi les *desiderata* scientifiques de Leibniz sont devenus des secrets d'État, car, comme Francis Bacon l'a dit – et Leibniz l'a appliqué –, *scientia est potentia*.

La quête de ce savoir/pouvoir ne peut être effectuée que sur le terrain, donc lors d'une expédition naturaliste qui a pour finalité l'accumulation de nouvelles connaissances dans plusieurs domaines à la fois. Nous allons nous contenter ici de ne parler que de deux exemples : celui, brièvement exposé, du projet de créer des almanachs géomagnétiques, en prenant la mesure (en plusieurs endroits de l'Empire russe et à des intervalles temporels déterminés à l'avance) de la déclinaison de l'aimant, puis celui, exposé avec plus de détails, de la recherche en linguistique comparée. Nous n'aborderons donc pas l'arpentage, l'hydrographie, la récolte des échantillons botaniques, la recherche du pont terrestre supposé relier l'Amérique du Nord à l'Asie, ni, enfin, plusieurs autres projets de ce genre que Leibniz avait proposés aux Russes avant sa mort en 1716 et la fondation de l'Académie des Sciences en 1725.

---

8   Laurentius Blümentrost, 30 octobre 1730, *in* Imperatorskaïa Akademiïa Nauk (éd.), *Protokoly zasiedaniï konferentsii Imperatorskoï Akademīi Nauk s 1725 po 1803 goda : Tom I., 1725-1743*, Saint-Pétersbourg, 1897, p. 29 : « *Si peregrinantes illi Professores huc mittere velint Litteras, ut inventa sua, quod perpetuo faciendum erit, communicent, ad Cancellarium Supremi Senatus inscribendae erunt : Conscriptae autem sunto hae litterae Latino idiomate ad Academiam, et russico ad Supremam Senatum, eaedemque seorsim cujusvis Professoris subscriptione muniantur… Nulli Professorum peregrinantium licebit aliquid ex inuentis, in hac Expeditione factis, vel privatim vel publice, vel Sermone vel literis, ad exteros publicare, antequam illud hic loci typis editum fuerit, nisi gravem poenam incurrere velit* ».

LES VARIATIONS DANS LES VARIATIONS

Dès le tout début du XVIIIe siècle, les voyageurs européens sont confrontés à la grande énigme de la divergence entre le Pôle Nord géographique et le Pôle Nord magnétique, qui se trouvent à des endroits différents et à des distances différentes l'un de l'autre en fonction de la position de la boussole sur le globe. Qui plus est, à partir de 1635, avec la publication du *Discourse Mathematicall on the variation of the Magneticall Needle* [*Discours mathématique de la variation de l'aiguille magnétique*] de Henry Gellibrand, les voyageurs se rendent compte que, même dans une seule position, la divergence entre le Pôle Nord magnétique et « le vrai Nord » change constamment. Il existe donc ce que Gellibrand appelle une « variation dans la variation, récemment découverte ». Les causes de cette double variation seront expliquées de façons diverses. Déjà, chez Gellibrand, se trouve l'hypothèse selon laquelle les masses terrestres jouent le rôle d'aimants. Il explique que « [s]i on faisait des observations à mi-distance entre la côte orientale de la Chine et la côte occidentale de l'Europe, il est très probable qu'il n'y eût pas de variation du tout, les méridiens terrestres et magnétiques étant conformes l'un avec l'autre. Mais si nous nous inclinions d'un côté ou de l'autre, par exemple vers l'Ouest, de la même façon, l'aiguille se déplacerait vers l'Est, la mer étant une partie déficiente de la sphère de la Terre, et l'aiguille ne trouvant aucun encouragement pour s'y appliquer[9] ».

L'Eurasie étant le plus grand des continents, s'institue l'idée que la solution du mystère de la variation magnétique ne peut être trouvée qu'en se déplaçant au cœur de cette masse territoriale. Presque un siècle

---

9   Henry Gellibrand, *A Discourse Mathematicall on the variation of the Magneticall Needle. Together with Its admirable Diminution lately discovered*, London, William Jones, 1635, p. 1 et 3 : « *That which I here principally ayme at, is the deflection of the Needle from the Terrestriall Meridian, together with that abstruse and admirable variation of the Variation, lately discovered to the world.* [...] [*I*]*f there were observations made in the midd way betweene the Easterly Coast of China and this westerne of Europe, it is very probable there would be found no variation at all, the Terrestriall and Magneticall Meridians being congruall; but if we shall incline to either side, as admit to the westward, the Needle will in like manner move it selfe to the Easterne Continent* [...] *the Sea being a part deficient of the Sphericall Body of the Earth, and the Needle finding no incouragement to apply it selfe there to* ».

après Gellibrand, Leibniz propose un plan pour le faire. Il écrit donc à Pierre le Grand en 1712 :

> Jusqu'à présent on a fait beaucoup d'observations de la variation magnétique ici en Europe, ainsi que sur les côtes d'Asie, d'Afrique et d'Amérique, que les Européens ont explorées. Toutefois, on n'a pas encore étudié la plupart des endroits qui sont proches des pôles du globe, pour y déterminer la différence entre les pôles du globe d'un côté et les pôles magnétiques de l'autre. Et comme Sa Majesté le Tsar possède une grande partie de la terre de Finlande jusqu'à la frontière avec la Chine, il est le mieux placé pour compléter ce qui a déjà été fait pour les observations magnétiques[10].

Ces observations de la variation dans les stations de recherche scientifique à travers l'Asie auront pour conséquence, d'après Leibniz, de rendre petit à petit possible la prédiction des variations magnétiques proches et de produire des « cartes magnétiques » qui seront délivrées aux voyageurs avec, pour ainsi dire, une date d'expiration. « On devrait faire de nouvelles cartes ou globes magnétiques tous les 5 ou 6 ans environ », explique-t-il, « qui pourraient servir pendant un certain temps. Et, de cette façon, ce serait aussi bien que si le secret des longitudes était découvert. Et il n'y a aucun doute que, petit à petit, un certain ordre apparaîtra dans les transformations et que la prochaine génération arrivera à une connaissance plus intime de ce secret, pour qu'il ne soit plus nécessaire de faire sans cesse de nouvelles observations, et on pourra enfin voir la transformation assez en avance, auquel cas le problème de longitude, étudié depuis longtemps, aura finalement sa solution désirée[11] ».

---

10 Lettre n° 158 de Leibniz à Pierre le Grand, 1712 : « *Man hat bisher viel observationes Variationis Magneticae angestellet, aber meistens in Unserm diesseitigen Europa, auch an dem Seegestade von Asia, Africa und America, so die Europäer befahren. Man hat aber noch nicht die meisten örther, so den polis globi sich nähern, anwo sie doch am dienlichsten, umb den Unterschied der polorum Magneticorum von den polis globi besser zu haben. Und weil S. Gross Cz. Mt. ein grosses theil der Nordischen Lande von Finland biss an die Chinesische Grenzen besizen, so können Sie am besten dasjenige ersezen lassen was bisher an den Magnetischen observationen abgangen* », dans V. I. Ger'e, *Leibniz in seinen Beziehungen zu Russland und Peter dem Grossen, op. cit.*, p. 246.

11 « Zapiska Leïbnitsa o Magnitnoï Strele », lettre n° 239, 1716, *in* Ger'e, *Sbornik pisem i memorialov, op. cit.*, p. 346-348, ici p. 347-348 : « *[Wir] dürfften nur etwa alle 5 oder 6 jahr neue Magnetische Charten oder globi gemacht werden, welche solche Zeit über dienen köndten. Und also würde es fast eben so guht seyn, als wenn das arcanum Longitudinum aussgefunden wäre. [...] Und ist kein zweifel dass mit der Zeit in der veränderung selbst sich eine gewisse ordnung zeigen, und die posterität endtlich zu einer nähern erkentniss dieses geheimnisses gereichen würde, dass man nicht mehr so offtmahlige Neue observationes zu machen nöhtig hätte, sondern endtlich*

Dans la science de la variation magnétique, comme dans la linguistique comparée que nous considérerons par la suite, c'est la même méthode à l'œuvre, la même recherche d'un ordre qui se cache derrière le désordre apparent et qui passe toujours par les choses singulières ; elle vise à parvenir, non pas à des lois universelles, mais à des schémas, à des tableaux de rapports ou à des systématisations de masses de données qui, à première vue, semblent échapper à toute tentative de mises en relation les unes avec les autres. C'est ici que nous apercevons la philosophie de l'histoire – histoire dans le sens technique déjà explicité dans la lettre à Pierre le Grand – à l'œuvre dans la pensée de Leibniz. Ce n'est pas que le philosophe allemand veuille abandonner « les choses éternelles » pour se perdre dans les détails, comme la lettre à Sparvenfeld de 1698 aurait pu le laisser croire. Il souhaite plutôt insister sur le rôle central *pour* l'histoire de la réalisation de ses objectifs philosophiques les plus fondamentaux.

L'HARMONIE DES LANGUES

Dans les *Nouveaux Essais sur l'entendement humain* de 1704, une réplique différée à l'*Essay Concerning Human Understanding* de John Locke publié en 1690, Leibniz suggère que les vérités contenues dans les livres anciens de la tradition philosophique occidentale, incluant même l'Écriture Sainte, ne sont que le reflet ou l'expression singulière d'une vérité qui n'est pas moins présente dans les traditions orales des nations ou des peuples sans écriture. « Quand les Latins, les Grecs, les Hébreux et les Arabes seront épuisés un jour », explique-t-il, « les Chinois, pourvus encore d'anciens livres, se mettront sur les rangs et fourniront de la matière à la curiosité de nos critiques. Sans parler de quelques vieux livres des Persans, des Arméniens, des Coptes et des Bramines, qu'on déterrera avec le temps, pour ne négliger aucune lumière que l'antiquité pourrait donner par la tradition des doctrines et par l'histoire des faits. Et quand il n'y aurait plus de livre ancien à examiner, les langues tiendront lieu de livres et ce

---

die veränderung ziemlich vorhehr sehen köndte, auff welchen fall das längst-gesuchte problema Longitudinum seine gewündschte solution erlangen würde ».

sont les plus anciens monuments du genre humain[12] ». Sans qu'il le dise explicitement, nous voyons ici en germe le projet de Leibniz de récolter des *specimina* de toutes les langues parlées dans l'Empire russe, projet qui, d'après lui, servira à tracer des liens, à déterminer leurs origines dans l'Antiquité et, en même temps, celles des peuples qui les parlent, et, finalement, à découvrir dans les étymologies des mots de ces langues de nouveaux systèmes de pensée qui reflètent le même ordre rationnel que la nature, et qui sont, donc, aussi rationnels que n'importe quel autre système de pensée.

Sur le terrain, cette récolte de langues doit se dérouler par l'obtention d'« essais » sur toutes les langues qui se trouvent dans l'Empire. Comme Leibniz l'explique au comte Golofkin en 1712 : « Ces Essais consisteraient dans la traduction du Décalogue, oraison dominicale et symbole apostolique dans chacune de ces langues, mises en caractères Russiques avec la version Russique interlinéaire mot à mot au-dessous, et puis dans un petit vocabulaire de chaque langue [...]. Or ces Essais ne seraient pas seulement glorieux à l'Empire des Russes dont ils marqueraient l'étendue, mais ils auraient encore des usages solides, car par là on connaîtrait les anciennes origines, cognations et migrations des peuples servant à l'ancienne Histoire de la Russie et même d'autres pays[13] ». C'est un projet de longue date pour Leibniz : le désir de recevoir des échantillons linguistiques apparaît presque comme un *leitmotiv* des correspondances rassemblées par le chercheur russe (huguenot d'origine allemande) Vladimir Il'ich Ger'e (Guerrier) dans un recueil de textes de Leibniz touchant à des questions politiques et institutionnelles en Russie, publié en 1873. Le volume de Ger'e nous montre que, déjà en 1703, le philosophe écrit au comte Lubenetskiï que « depuis longtemps [je] désire obtenir des *specimina linguarum* qui se trouvent dans le domaine du Tsar et dans ceux qui sont voisins, surtout le *Pater Noster*, avec des *versionibus interlinearibus*, ainsi que d'autres mots communs utilisés dans les langues[14] ».

---

12 G. W. Leibniz, *Nouveaux Essais sur l'entendement humain*, III, IX, in *Die philosophischen Schriften*, éd. citée, vol. 5, 1885, p. 317.

13 Lettre n° 181 de Leibniz à Golofkin datée du 6 novembre 1712, dans V. I. Ger'e, *Leibniz in seinen Beziehungen zu Russland und Peter dem Grossen, op. cit.*, p. 275.

14 Lettre n° 47 de Leibniz à Lubenecky datée du 17 avril 1703 : « *Sonsten ist bekannt, dass ich vorlengst gewünschet habe, specimina linguarum zu erhalten, die in des Czars Gebieth und die daran stossen ; sonderlich die Vater Unser mit versionibus interlinearibus und sonst einige gemeine Worte, so in der Sprach gebräuchlich* », *ibid.*, p. 50.

Certains des résultats de cette recherche seront publiés dans la *Collectanea etymologica*, que Johann Georg von Eckhart édite et publie en 1717, un an après la mort de Leibniz. Dans ce recueil, nous trouvons la transcription d'un échantillon envoyé à Leibniz par Witsen[15] depuis Moscou en 1698 et, curieusement, au lieu d'un *Pater Noster* rédigé en « Lingua Slavonica » ou bien « Tartarica », on y trouve une transcription du *Symbolum Apostolicum* en « Lingua Hottentotica », l'une des langues indigènes de l'Afrique du Sud[16] :

Symbolum Apostolicum in Lingua Hottentotica.

Ik gelove in God den Vader, den Al-
Tiri k? hem k? ia Thoró Bō , k? dya,

magtigen (d) *Schepper des hemels en der*
.qui y há hinqua t? homme hique
(d) die gemaakt heeft.

aarde. Ende in Jesum Christum, synen een
k? chou, hique - - - - há que ou-

gebooren Sone, onsen Heere, die ontfangen
na ha toito, cita kóuquee, há chouningá

is van den (e) *Heyligen Geest , geboren.*
touy, a sa kamins k? omma oa, ha thouna
(e) den gelukkige adem of windeke.

uyt de maget Maria, die (f) *geleden heeft*
a sa os - - - t? hon . t? sa thon
(f) peyne gehad

onder Pontius Pilatus, is (g) *gekruyst,*
- - - - - - hiba ehomina massi-
(g) an den hohen paal vast gemaakt.

FIG. 1 – G. W. Leibniz, *Godofr. Guilielmi Leibnitii Collectanea etymologica*, 1717.

---

15 Nicolaes Witsen, explorateur néerlandais qui est l'auteur d'un traité important sur l'architecture navale en 1671 et d'un traité sur la géographie de l'Empire russe oriental, *Noord en Oost Tartarye* [*Le nord et l'est de la Tartarie*] en 1692.

16 G. W. Leibniz, *Illustris viri Godofr. Guilielmi Leibnitii Collectanea etymologica*, Hanoveræ, Nicolai Fœrsteri, 1717. Pour une reconstruction détaillée du voyage de cette prière bilingue de l'Afrique vers l'Europe, voir Gerald Groenewald, « To Leibniz, from Dorha : A Khoi Prayer in the Republic of Letters », *Itinerario*, vol. 28, n° 1, mars 2004, Cambridge University Press, p. 29-48.

Il est difficile de déterminer comment Witsen a pu obtenir un tel document à Moscou. Quoi qu'il en soit, sa publication en 1717 crée un précédent et, tout au long du XVIIIe siècle, de nombreux livres seront publiés, souvent sous le nom de *Sprachmeister*, exposant les traductions du *Pater Noster*, parfois dans des centaines de langues. Tous ces ouvrages, par exemple le *Orientalisch- und occidentalischer Sprachmeister* [*Le maître des langues orientales et occidentales*] de Johann Friedrich Fritz, publié en 1748[17], citent le grand Leibniz comme inspiration principale. La vague de *Sprachmeister* et de ses variantes se perpétue jusqu'au début du XIXe siècle, comme en témoigne par exemple cette publication de l'*Oratio Dominica* en 150 langues de 1806[18], dans laquelle la version en langue hottentote inclut une note de bas de page indiquant que le texte provient de Leibniz (*ex Leibnitio*) :

ORATIO DOMINICA

HOTTENTOTICE.

Cita bò, t? homme ingá t'siha, t? sa di ka-
mink ouna; hem kouqueent see. Dani hinqua
t'sa inhee, k? chou ki, quiquo t? homm'ingá.
Maa cita heci cita kóua séqua bree? K? hom
cita cita hiahinghee quiquo cita k? hom cita
dóua kôuna. Tire cita k? chöá t? authum-
má. — K'hamta cita hi aquei hee k? douauna.

Amen.

Ex Leibnitio.

FIG. 2 – *Oratio dominica in CLV. linguas versa et exoticis characteribus plerumque expressa*, Parme : Typis Bodonianis, 1806.

17 Johann Friedrich Fritz, *Orientalisch- und occidentalischer Sprachmeister*, Leipzig, Christian Friedrich Gessner, 1748.

18 *Oratio Dominica in CLV. linguas versa et exoticis characteribus plerumque expressa*, Parma, Typis Bodonianis, 1806, p. 211.

Ce sont des détails qui, dépourvus d'intérêt en soi, deviennent signes de la réputation de linguiste comparatiste que Leibniz s'est faite vers la fin de sa vie. Sa reconnaissance comme innovateur de la méthode de linguistique comparée lors de l'expédition du Kamtchatka est évidente dans les écrits de nombreux membres de l'expédition. Citons par exemple *Das Nord- und Ostliche Theil von Europa und Asia* [*La partie septentrionale et orientale de l'Europe et de l'Asie*], publié par Philipp Johann von Strahlenberg à Stockholm en 1730. L'auteur fut fait prisonnier de guerre par les Russes durant la bataille de Poltava en 1709, comme d'autres officiers suédois qui se trouvaient en Sibérie au service du tsar. Strahlenberg note dans son livre que « de nombreuses difficultés pourraient être surmontées, si l'on suivait le conseil de Monsieur le Baron de Leibniz, en étudiant les langues des peuples de l'Asie du Nord, d'où, le grand Philosophe l'a bien compris, nous serions en mesure d'expliquer beaucoup de choses dans ces pays, à partir de la migration[19] ». Ce que Strahlenberg entend dans la dernière partie de cette phrase, c'est qu'en suivant la méthode de Leibniz, les voyageurs auront la possibilité de discerner les liens de parenté entre des groupes souvent très dispersés sur le continent, qui ont des coutumes différentes et parfois des traits morphologiques divergents, la couleur de la peau, la morphologie du visage, *etc.* C'est certainement le cas dans ce que nous appellerions aujourd'hui la « turcologie », mais que Leibniz et Strahlenberg concevaient comme la recherche menée sur les diverses nations « Tartares », une famille linguistique qui s'étend, au Sud-Ouest, d'Istanbul jusqu'à l'extrême Nord-Est de la Sibérie, et qui se fond donc, d'un côté, avec le monde gréco-byzantin et, de l'autre, avec la civilisation mongole. Dans la lettre de 1703 à Lubenetskiï déjà citée, Leibniz écrit qu'il voudrait avoir « en particulier des nouvelles concernant les types de Tartares et leurs distinctions[20] ». Discerner l'unité de cette famille, malgré sa fragmentation et sa grande diversité

---

19 P. J. von Strahlenberg, *Das Nord- und Ostliche Theil von Europa und Asia, in so weit solches das gantze Russische Reich mit Siberien und der grossen Tatarey in sich begreiffet, in einer historisch-geographischen Beschreibung der alten und neuern Zeiten, und vielen andern unbekannten Nachrichten vorgestellet*, Stockholm, in Verlegung des Autoris, 1730, introduction, section I, XLIII, p. 20.

20 Lettre de Leibniz à Lubenecky déjà citée, « In specie verlange ich Nachricht von allerhand Sorten der Tartarn und deren distinctionibus », dans V. I. Ger'e, *Leibniz in seinen Beziehungen zu Russland und Peter dem Grossen, op. cit.*, p. 50.

d'apparence physique, restera, lors de l'expédition, l'un des buts de Strahlenberg qui suit par là, explicitement, la méthode de recherche proposée par Leibniz.

Strahlenberg n'est pas un étymologiste particulièrement doué, mais il n'en reste pas moins leibnizien et son manque de talent dans ce domaine ne l'empêche pas de tenter à plusieurs reprises de reconstruire les origines des mots. Regardons quelques exemples tirés de son livre, pour mieux comprendre les enjeux de sa méthode leibnizienne dans la perspective de son travail de terrain. Le voyageur suédois écrit que l'exonyme en yakoute pour désigner un Russe est *Lutschae* ou *Ludzae* (en réalité, c'est *nuuchcha*), en expliquant que ce terme vient du mot russe *luchshe*, qui signifie « le mieux, ce qui est meilleur ». D'après lui, « comme les Russes ont subjugué [les yakoutes], ils ont adopté cette manière de parler quand ils voulaient faire reconnaître leur suprématie par rapport aux Yakoutes, ainsi que le fait qu'ils étaient d'une meilleure et plus noble race, en disant *mi Lutzae* ou *Ludtschi kacwy*, c'est-à-dire : *Nous sommes un peuple meilleur, supérieur, plus noble et plus renommé que vous*[21] ». Il est plus probable en fait que le mot russe duquel les Yakoutes dérivent *nuuchcha* ne soit pas *luchshe*, mais plutôt *liudi*, c'est-à-dire « les gens », et que cet exonyme soit un emprunt dans la langue yakoute à une langue toungouse voisine. Quoi qu'il en soit, d'après Strahlenberg, les ethnonymes qui se traduisent par « les meilleurs » ou « les plus nobles » servent à travers l'Eurasie comme l'un des moyens les plus communs de désigner des groupes ethniques divers. Il essaie même de démontrer, en s'appuyant sur Tacite, que l'endonyme des Allemands, *Deutsch*, venant du mot *Teutones*, peut être retracé plus loin dans le passé jusqu'au mot *Teutobogh* ou *Tolistobogi*. Celui-ci lui semble être une variante d'un terme slavon (*tolstye bogi* en russe moderne) désignant des « dieux énormes » ou bien de « gros dieux ». Alternativement, il propose que l'autodésignation des Allemands par le mot *Deutsch* relève de *Thiud* ou bien de *Tziut*, des termes du proto-germanique désignant certains types de soldat, et donc que le mot *Deutsch* soit comparable à son origine à « Ar-teugon », un mot désignant les héros guerriers yakoutes. Qui plus est, il imagine que le mot yakoute *Teugon* peut avoir la même racine

---

21 Strahlenberg, *Das Nord- und Ostliche Theil von Europa und Asia*, ouvr. cité, introduction, section IV, X, p. 63.

que *Teut* ou *Deutsch* et que les deux langues, le yakoute et l'allemand, proviennent du même peuple guerrier de l'Antiquité profonde : les Scythes. Les spéculations que fait Strahlenberg sur l'unité primordiale des peuples germaniques et d'un groupe turcique sibérien, proche des Mongols sur le plan génétique et phénotypique, ne sont pas particulièrement étonnantes dans leur contexte. Il écrit longtemps avant l'invention des catégories raciales, à la fin du XVIIIᵉ siècle, qui séparent les nations « blanches » des nations asiatiques[22]. Pour lui, comme pour tous ses contemporains, y compris Leibniz, la recherche portant sur les peuples septentrionaux, les Scandinaves comme les Sibériens, fait partie de l'orientalisme.

Il ne serait pas exagéré de dire que, dans les premières années après son décès, Leibniz est avant tout connu comme orientaliste, dans un sens élargi. Cette réputation trouve son origine dans l'ordre aléatoirement choisi dans lequel ses premières publications *posthumes* ont été portées à la connaissance du public : d'abord la *Collectanea etymologica* de 1717, qui contient la prière en langue « hottentote » déjà citée, suivie un an plus tard par l'*Otium Hanoveranum* édité par Joachim Friedrich Feller. Comme le volume d'Eckhart, celui-ci rassemble des lettres et de courts textes, présentés en général sans contexte ni ordre apparent, et, pour la plupart, portant sur des questions que nous considérerions aujourd'hui comme étant éloignées du projet philosophique fondamental de Leibniz. Une grande partie du volume de Feller est consacrée à un sujet que nous pourrions appeler « ethnolinguistique » ou bien « ethnohistorique » : le projet de reconstruire les migrations et l'évolution de divers groupes ethniques en Europe et en Asie.

Strahlenberg a bien étudié ce volume de Leibniz avant son départ pour la Sibérie et il y fait allusion à plusieurs reprises dans son propre livre. C'est à Leibniz que le voyageur suédois doit son analyse étymologique du mot *Deutsch*. Et c'est aussi Leibniz que Strahlenberg remercie pour avoir compris l'importance de l'étude systématique de la mythologie : « [O]n doit juger de l'origine de la mythologie ancienne », écrit Leibniz, cité par Strahlenberg, car « [I]l y a de l'apparence que

---

22   Voir Justin E. H. Smith, *Nature, Human Nature, and Human Difference : Race in Early Modern Philosophy*, Princeton and Oxford, Princeton University Press, 2015.

des histoires y sont cachées[23] ». En d'autres mots, une épopée orale qui évoque les dieux pourrait être interprétée également comme une chronique relatant des événements historiques, et il serait donc possible de déchiffrer toute l'histoire d'un peuple dans une source non-écrite, même immatérielle. Une langue parlée est un trésor de connaissances historiques et de savoir traditionnel aussi riche que n'importe quelle langue écrite. C'est en Sibérie, donc, que Strahlenberg découvre le terrain pour appliquer la méthode leibnizienne de la science humaine déjà proposée dans les *Nouveaux Essais* : faire en sorte que les langues « tiennent lieu de livres ».

La première étape de cette méthode est la composition de listes uniformes de mots dans les diverses langues des peuples avec lesquels on entre en contact. Le fruit de cet effort chez Strahlenberg se trouve à la fin de son livre sous le nom de « Tabula Polyglotta », dont nous reproduisons ci-dessous la partie concernant les langues turciques de la Sibérie : le tatar sibérien, le yakoute et le tchouvache :

---

23 Leibniz, *Otium Hanoveranum*, Miscellanea Leibnitiana, LIII, extrait d'une lettre de Mr. Leibniz à Mr. Spanheim, Lipsiæ, 1718, p. 102-103, ici p. 103.

Zahlen und Wörter zur II. CLASSE.	Mit diesen dreyen Völckern a-ben die Türcken, Crim-Usbek-Baschkirr-Kirgis- und Turcomannische Tatern, fast einer Dialect.		
	Siberisch-Mahumedische Tatar bey denen Städten Tobolski, Tumen und Tara.	JAKUTI wohnen am Lena-Strohm in Siberien, nicht weit vom Eiß-Meer, sind lauter Heyden.	CZUVASCH wohnen in Casanischen so verwornen pure Heyn.
Eins	Birr	Byrr	Pĕrr
Zwey	Icke	Icki	Yeki
Drey	ütsch	Utsch	Uißi
Vier	Dort	Türd	
Fünff	Besch	Bies	Twatt
Sechs	Alte	Alta	Belich
Sieben	Jaddi	Txiette	Olta
Acht	Sekis	Agis	Sithy
Neun	Dokos	Togus	Ssylem
Zehen	Onn	Unn	Rokur
Eilff	Onn-birr	Unn-birr	Wonn
Zwölf	On-icke	Icki-birr	
Zwantzig	Girmæ	Tuurbæ	
Dreissig	Otus	Otut	
Viertzig	Kirck	Turdßun	
Funftzig	Elle	Biesßun	
Sechzig	Altmisch	Alta-unn	
Siebenzig	Jadmisch	Txiette-un	
Achtzig	Seksem	Agit-un	
Neuntzig	Tocktan	Togus-un	
Hundert	Gius	Sus	
Tausend	Ming	Ming	
Gott	Chudai	Tangara	
Himmel	Kuuk	Kuuk	
König	Padschay	Irachta	
Vater	Atai	Aga	
Mutter	Inä	Ynegætæ	
Bruder	Inim	Anem	
Schwester	Apai	Balta	
Weib	Chatun	Kathun	
Feuer	Ott	Oth	
Wasser	Sfu	U	
Erde	Dgirr	Sier	
Berg	Tauf. Tag	Bulguniach	Kueß
Sonne	Kün f. Ku-	Kunn	
Mond	Ay (jasch	Uich	
Pferd	Ath	Att	
Hund	Ett	tid	
Kopff	Basch	Bachput	Boß
See	Nurr	Baikal	
Strohm	Gilga	Uruß	
Wind		Töll	Sunu
Naze	norunn	Stuhrun	Snys
Haar	Tsiatsch	Aß	Kann
Tag	Kiunn	Kiin	Kaspoli
Nacht	Tün	Tiin	
Felsen	Kaya	Taß-Kaya	
Eisen	Temir	Timir	
Silber	Kumiß	Kumißh	
Gold	Altyn	Altan	
Wolff	Busush	Bæra	
Pfeil	Ock?	Ock	
Flitz-Bogen		xZza	
Roth	thesell	Kißill	
Grün	Jaschill	Kiok	
Schwartz	Cara	Cara	
Hüte		Balagan	
Mägdchen	Kiß	Kiß	
Mensch	Kßy	Ircksi	
Fuß	Ajak		Ohra

FIG. 3 – P. J. von Strahlenberg, *Das Nord- und Ostliche Theil von Europa und Asia, in so weit solches das gantze Russische Reich mit Siberien und der grossen Tatarey in sich begreiffet, in einer historisch-geographischen Beschreibung der alten und neuern Zeiten, und vielen andern unbekannten Nachrichten vorgestellet,* Stockholm : in Verlegung des Autoris, 1730.

Strahlenberg déclare qu'il espère avoir achevé dans cette table ce que Leibniz désirait dans sa lettre à un certain « Pater Rodesta », publiée sans datation dans le volume de Feller de 1718. Or, il laisse glisser ici une petite erreur qui a pu mener à des confusions pour les chercheurs ultérieurs, car, en fait, il ne s'agit pas d'un Rodesta, mais de Giovanni Battista Podestà, l'interprète de l'empereur à Vienne et auteur d'une étude comparée des langues arabe, persane et turque, publiée en 1677[24].

Dans le volume de Feller, la lettre de Leibniz à Podestà s'intitule « Desiderata concernant les langues des nations, transmis à Monsieur Podestà, l'interprète de l'empereur[25] ». Le philosophe demande à Podestà, par exemple, de renouveler la recherche, mise en suspens depuis les voyages d'Ogier Ghislain de Busbecq au XVIe siècle[26], des « peuples semi-germaniques » en Crimée (les derniers des Goths de Crimée, disparus avant la fin du XVIIIe siècle) et ailleurs sur les côtes de la Mer Noire. Il veut déterminer, entre autres, « quelles sont les langues particulières à la Sibérie et aux peuples les plus proches de l'Ob, de l'Irtych et des autres fleuves qui y coulent ». Leibniz ne sait rien de la langue yakoute ni du nombre et de la variété des langues turciques et non-turciques dans l'Empire russe, c'est pourquoi il pose des questions à ce sujet à Podestà. Il sait vaguement, grâce aux écrits de Witsen, que les parties orientale et septentrionale de l'Empire étaient habitées par divers types de « Tartares », c'est-à-dire par des peuples turciques, parents plus ou moins éloignés des Turcs de l'Empire ottoman.

La réponse de Podestà est publiée par Feller, également sans datation. L'orientaliste italien explique que l'on trouve toujours, en effet, des habitants de la côte nord de la Mer Noire parlant une langue « qui a quelque chose de germanique[27] ». Il explique aussi qu'« il y a plusieurs hordes de Tartares, c'est-à-dire, des armées [*castra*] [...]. Leurs langues sont mixtes, ayant à la fois des éléments du tartare et du slavon vers les

---

24 Giovanni Battista Podestà, *Dissertatio academica, continens specimen triennalis profectus in linguis orientalibus, Arabica nempe, Persica et Turcica...*, Viennæ, Typis Leopoldi Voigt, 1677.

25 « Leibnitii Desiderata circa linguas populorum, ad Dn. Podesta, Interpretem Cæsareum transmissa », *Otium Hanoveranum*, *op. cit.*, XX, p. 49-54.

26 Voir Ogier Ghislain de Busbecq, *Augerii Gislenii Busbequii D. Legationis Turcicæ Epistolæ IV*, Paris, Beys, 1589.

27 « Responsum Domini Podesta, Interpretis Cæsarei, & Professoris Linguæ Turcicæ », *in* Leibniz, *Otium Hanoveranum*, *op. cit.*, XXI, p. 54-56, ici p. 54 : « ... *videtur aliquid de Germanismo eorum linguæ inesse* ».

régions plus occidentales, alors que dans l'extension du tartare vers l'Est elles se séparent du turc, en se mélangeant avec le tartare du Cathay [*i.e.*, de l'intérieur de la Chine, probablement une référence à l'ouïghour][28] ». Dans les grandes lignes, les informations transmises par Podestà sont correctes. Mais il ne suit pas à la lettre les instructions que Leibniz donne pour recueillir des échantillons de langues sur le terrain. En ce sens, nous pourrions dire que, si la lettre de Leibniz a été adressée à Podestà, son véritable destinataire, avec quelques années de retard, est Strahlenberg.

Dans le quinzième et dernier *item* de la liste, Leibniz demande « un index de certains mots signifiant les choses les plus communes[29] ». Il donne ensuite une sorte de taxinomie intuitive des catégories les plus basiques des choses, incluant les nombres (1, 2, 3, 4, 5, 6, 7, 8, 9, 10, 20, 30, 40, 50, 100, 1000), la parenté et les âges de la vie (père, mère, grand-père, *etc.*), les parties du corps (la chair, la peau, le sang, les os, le nez, l'œil, l'oreille, *etc.*) et les actions (manger, boire, parler, *etc.*). Les deux catégories qui restent sont d'un intérêt particulier. La première est intitulée « les Nécessaires », parmi lesquels Leibniz compte la nourriture, la boisson, le pain, l'eau, le lait, le vin, l'hydromel, les herbes, les céréales, les fruits, le sel, le poisson, le taureau, le cheval, la fourrure, le char, l'épée, l'arc, la flèche, la lance et le bombardement. L'autre catégorie regroupe les « Choses naturelles », parmi lesquelles Leibniz inclut (en les énumérant en ordre inverse) : la souris, le serpent, l'oiseau, le renard, l'ours, le cerf, le loup, le chien, le sable, la pierre, le fleuve, la mer, la vallée, la montagne, le champ, la terre, la fumée, la lumière, la chaleur, le feu, la neige, la grêle, le givre, les nuages, la foudre, le tonnerre, la pluie, l'air, l'étoile, le soleil, le ciel, l'homme... et Dieu.

Est-il possible que Leibniz considère la nourriture, les animaux domestiques et les vêtements comme étant « nécessaires » et qu'il relègue Dieu au rang de « chose naturelle » à côté des montagnes, des fleuves et du ciel ?

Dans le yakoute, l'une des langues recensées dans la *Tabula Polyglotta* de Strahlenberg (basée, comme nous l'avons vu, sur la liste de vocabulaire

---

28   *Ibid.*, p. 55 : « *Sunt perplures Tartarorum* Horde, id est, castra, [...] *Linguæ sunt mixtæ, participantes de Tartarica & Moscovitica versus partes magis occidentales, & versus plagas Orientis de Tartarica, recedente a mixtura Turcica & commiscente se cum Tartarica Chitai* ».

29   « Leibnitii Desiderata », *Otium Hanoveranum, op. cit.*, p. 53-54.

de Leibniz), le mot donné pour traduire « Dieu » (*Tangara*) désigne un être traditionnellement conçu comme totalement immanent au ciel visible. En réalité, savoir si le *tengri* ou *tanrı* connu dans tout le monde turcique – dont le *Tangara* yakoute est une variante – peut être considéré comme l'équivalent du dieu des religions abrahamiques est un problème extrêmement difficile à résoudre, puisque cela dépend beaucoup du peuple turcique en question, du siècle et de la formation tribale ou impériale. Au Xe siècle, le voyageur arabe Aḥmad Ibn Faḍlān, observant les Turcs Oghouzes de la région de la Volga, note qu'au cours de la prière, ceux-ci « lèvent leurs têtes vers le ciel en disant *bir tengri*, c'est-à-dire en turcique, 'Je m'incline devant le Dieu unique'[30] ». Au XIIIe siècle, dans *L'Histoire secrète des Mongols*, l'auteur anonyme donne à Tengri les épithètes « Éternel », « Tout-Puissant » et « Père[31] ». Au XXe siècle, Mircea Eliade pour sa part identifie le *Tangara* des Yakoutes à un représentant d'un genre important de divinités sibériennes – incluant le *Tängere* des Tatars de la Volga, le *Tengeri* des Bouriates, le *Tengri* des Mongols – en train de devenir un *deus otiosus* qui se retire du monde après l'avoir créé[32]. Par contraste, dans son grand dictionnaire de la langue yakoute publié en 1917, E. K. Pekarskiĭ donne pour le mot *Tangara* les trois sens suivants : « 1/ Le ciel visible ; 2/ un nom général pour tous les êtres bons, un bon esprit, un dieu ; 3/ Dieu, une divinité, un être divin[33] ». Comme nous le voyons déjà, au moins dans certains contextes, le mot *Tengri* réussit à satisfaire nombre des critères d'un théologien ou missionnaire chrétien à la recherche d'un nom équivalent dans la langue locale pour « Dieu », même si la variante yakoute, sous le nom de *Tangara*, est plutôt assimilée au ciel compris comme région particulière du monde empirique.

Ce qui importe pour nous n'est pas tant la théologie du « tengrisme » en soi, que le fait que Leibniz, largement ignorant de cette théologie, ait

---

30 Aḥmad Ibn Faḍlān, *Kniga Akhmeda Ibn Fadlana o ego puteshestvii na Volgu v 921-922 gg.*, (Aḥmad Ibn Faḍlān's Book on His Travel to the Volga in 921/922), édition établie par A. P. Kovalevskiĭ comportant un fac-similé et une traduction, Kharkov, Publications de l'Université de Kharkov, 1956, p. 126.

31 Voir Igor de Rachewiltz (éd.), *The Secret History of the Mongols : A Mongolian Epic Chronicle of the Thirteenth Century*, vol. 1, Leiden, Brill, coll. « Brill's Inner Asian Library », 2006.

32 Mircea Eliade, *Shamanism : Archaic Techniques of Ecstasy*, chap. 1, translated by Willard R. Trask, Princeton and Oxford, Princeton University Press, coll. « Bollingen series », 1964 [1951], p. 9.

33 E. K. Pekarskiĭ, *Slovar' iakutskogo iazyka*, Moscow, Akademiia Nauk SSSR, vol. 3, 1959 [1917], p. 2551-2552.

néanmoins anticipé l'idée que les mots pour « Dieu » qu'il peut espérer recevoir de ses correspondants en Asie puissent être des termes pour des entités mieux classées parmi les *naturalia* que parmi les *necessitates*. Leibniz semble avoir compris qu'il faut être prêt à accepter des équivalences pour le mot « Dieu » qui s'éloignent de la définition rigoureusement acceptée dans la théologie chrétienne. S'agissant du travail de terrain, il n'y a pas d'autre choix que de rester flexible.

Une telle flexibilité aussi, c'est bien connu, se retrouve dans l'approche qu'a Leibniz de la religion chinoise traditionnelle[34]. Prenant le parti des missionnaires jésuites les plus libéraux dans ce qui est communément appelé « la controverse des rites » (qui prônent, contre la volonté de leurs supérieurs à Rome, la tolérance des rites de vénération des ancêtres même après la conversion au catholicisme), Leibniz soutient – parmi d'autres textes de la même période – dans son *Discours sur la théologie naturelle des Chinois* de 1714 qu'il existe dans la religion chinoise une distinction claire et nette entre le Créateur transcendantal et le monde immanent (respectivement *Li* et *Xi*) et que les Chinois ont donc déjà au moins une vague idée du « vrai » Dieu avant leur contact avec les missionnaires européens. Ces derniers n'auraient eu donc, pour lui, qu'à éclaircir et rappeler aux Chinois ce qu'ils savaient déjà, au lieu de leur enseigner quelque chose de nouveau. Or, pour Leibniz, cette tâche d'éclaircissement et de réminiscence exige du missionnaire qu'il soit prêt à s'intéresser aux conceptualisations populaires du divin, dans lesquelles le divin est intimement mêlé au monde naturel. Un tel mélange est, pour le philosophe allemand, semblable à un métal précieux dans son état de minerai : même s'il y a déjà de l'or dans la pierre, il faut l'en extraire pour pouvoir en profiter. Et, de la même manière, même si le concept de Dieu est déjà là chez les Chinois, il faut l'extraire de son minerai culturel pour en apprécier la vérité.

La flexibilité qu'un tel travail d'extraction requiert est caractéristique des missionnaires chrétiens en Asie aux XVIIe et XVIIIe siècles. C'est une solution pragmatique, qui ne peut pour autant entièrement éliminer le soupçon du paradoxe qui veut qu'il faille présumer que les peuples à convertir possèdent *déjà* le concept de Dieu, car, autrement, comment

---

34   Voir David E. Mungello, *Leibniz and Confucianism. The Search for Accord*, Honolulu, The University Press of Hawaii, 1977 ; Franklin Perkins, *Leibniz and China. A Commerce of Light*, Cambridge, Cambridge University Press, 2004.

espérer traduire le concept dans leur langue ? Mais, s'ils l'ont, à quoi bon les obliger à se convertir ?

Pour Leibniz, la raison est une et universelle, et toutes les différences existant entre les groupes humains dans leur manière de s'organiser peuvent être expliquées en termes de différences de point de vue et de degrés de leur clarté. En réalité, le problème de traduction de « Dieu » n'est qu'un cas particulier de la difficulté générale, pour ne pas dire l'impossibilité, de traduire fidèlement une langue dans une autre. Il est possible en ce sens que les difficultés rencontrées en théologie ne soient pas fondamentalement différentes, par exemple, de celles de l'ornithologie. *Tout cygne est blanc* est souvent proposé comme exemple d'une vérité définitionnelle en logique médiévale. Or, en 1697, Willem de Vlamingh observa un cygne noir sur le littoral de l'Australie occidentale. Lors d'un tel moment de crise conceptuelle, nous sommes confrontés à deux options : soit nous insistons sur le fait que nous ayons déjà une définition fixe, et que *eo ipso* le cygne noir n'est pas un vrai cygne ; soit nous déclarons que la définition était auparavant erronée et qu'il existe aussi des cygnes qui sont noirs. Si nous sommes d'accord avec John Dupré sur cette question[35], il n'y a rien dans le monde, au niveau des faits, qui nous dicte comment nous devons procéder dans de tels cas ; le fait que nous ayons maintenant des cygnes noirs (ou, pour prendre son exemple préféré, le fait que nous n'ayons pas de poissons qui soient également des mammifères) est souvent une question de choix, parfois explicitement faits en raison de leur convenance pragmatique et politique.

La question de la convenance est encore plus manifeste dans le contexte des rencontres interculturelles, surtout dans les périphéries géographiques où les voyageurs sont coupés du contexte social dans lequel les mots qu'ils ont appris dans leur enfance ont gardé leur saillance. Dans de telles circonstances, les cygnes noirs peuvent plus facilement être considérés comme des cygnes, les pumas comme des lions, les Indigènes d'Amérique comme des Indiens. Et ainsi de même pour les rites de vénération des ancêtres, qui, dans les circonstances d'éloignement géographique de la source des autorités ecclésiastiques, peuvent être interprétés plus charitablement comme compatibles avec la foi unique. Ce n'est pas seulement que les voyageurs apportent sur le terrain ce qui leur est

---

35   John Dupré, « Are Whales Fish ? », *in* Douglas L. Medin et Scott Atran (éd.), *Folkbiology*, Cambridge, Massachusetts, London, England, The MIT Press, 1999, p. 461-476.

familier pour se sentir « chez eux », mais aussi qu'ils se permettent de
considérer comme familières des choses qu'ils reconnaissent simultané-
ment comme étranges, simplement parce qu'il serait vain d'essayer de
maintenir dans la périphérie les mêmes règles que celles qui structurent
la vie du centre. La substitution des ressources et des coutumes locales
devient une nécessité. Ce processus est bien connu des historiens du
colonialisme[36], mais jusqu'à présent les historiens de la philosophie
ont peu interrogé la manière dont cette expérience d'assimilation et de
substitution, de traduction et d'approximation, a influencé la réflexion
à l'intérieur même de l'Europe, à travers des réseaux de correspondance
globaux, sur les espèces naturelles et leurs dénominations.

CONCLUSION

Le projet de trouver des termes équivalents, et la tendance à permettre
des approximations là où les équivalences sont absentes, a joué un rôle
historique crucial dans la reconnaissance graduelle de l'universalité des
capacités humaines innées, ainsi que de l'universalité de la structure
de la cognition humaine, même si cette universalité est modulée par
une myriade de variations locales et régionales. Le fait de permettre à
Dieu, dans un tel contexte, de compter parmi les *naturalia* est certes
une décision radicale de la part de Leibniz, mais c'est en même temps
une décision logiquement nécessitée par son engagement en faveur
de l'universalité de la raison humaine, exprimée sous diverses formes
dans les cultures et les langages naturels, un engagement qui trouve
finalement son fondement dans sa théorie métaphysique d'un monde de
diversité sous-tendue par l'unité. Qu'il soit plus important pour lui de
démontrer cette universalité que de défendre la transcendance absolue
du divin est un fait important dans le développement de la pensée philosophique de Leibniz en particulier, mais c'est, plus généralement, un

---

36   Voir Londa Schiebinger, *Plants and Empire. Colonial Bioprospecting in the Atlantic World*,
     Cambridge, Massachusetts, and London, England, Harvard University Press, 2007 ;
     Alfred W. Crosby, Jr., *The Columbian Exchange. Biological and Cultural Consequences of
     1492*, Westport, Connecticut, Greenwood Press, 1972.

fait important pour comprendre les conséquences pour la philosophie moderne européenne de cette première longue phase de mondialisation qui débute en 1492 et s'achève en 1741, au moment où Vitus Bering, suivant des instructions données par Leibniz, arrive en Amérique en empruntant l'autre voie.

Justin E. H. SMITH
Université Paris-Cité

INDEX NOMINUM

RÉSUMÉS

Pierre GIRARD, Christian LEDUC et Mitia RIOUX-BEAULNE, « Introduction »

L'objet de l'introduction est de rendre compte de l'état de la recherche portant sur les grandes académies scientifiques européennes entre le XVIIᵉ siècle et la fin du XVIIIᵉ siècle. Derrière le mythe d'une « parabole académique » qui en ferait un corps vivant se développant de manière linéaire, l'introduction montre, tout au contraire, que les tensions et les conflits sont consubstantiels au développement et aux pratiques des académies dans la modernité européenne.

François DUCHESNEAU, « Échanges entre académiciens de Paris et de Berlin au sujet du principe de la moindre action »

En marge de la querelle relative à l'invention du principe de la moindre action, se déroule, durant la décennie 1750, une controverse « scientifique » entre académiciens de Paris et de Berlin. Patrice d'Arcy et D'Alembert suscitent ainsi les réactions de Maupertuis et de Louis Bertrand relativement au statut à accorder au principe au fondement de la mécanique. Les arguments de cet échange sont ici retracés et analysés pour leur intéressante teneur épistémologique.

Mitia RIOUX-BEAULNE, « Réverbérations. L'académisme de Fontenelle, de Paris à Berlin »

Cette contribution propose une analyse comparée de la manière dont Bernard de Fontenelle, pour l'Académie des sciences de Paris, et Samuel Formey, pour l'Académie des sciences et des belles-lettres de Berlin, théorisent le rôle et le mode de fonctionnement des académies, ainsi que leur inscription dans la catégorie générale d'histoire de l'esprit humain. Cela permet de montrer dans quelle mesure leur fonction épistémologique est en étroite relation avec le statut politique qui leur est conféré.

Susana SEGUIN, « L'*Histoire de l'Académie royale des sciences* ou l'invention d'un nouvel espace de partage des savoirs »

L'article étudie le travail de Fontenelle, premier secrétaire perpétuel de l'Académie royale des sciences de Paris et responsable de la rédaction de l'*Histoire* que la Compagnie publie chaque année à partir de son renouvellement (1699). Loin d'être une œuvre de circonstance, l'*Histoire* constitue un nouvel espace de diffusion des savoirs à travers lequel l'auteur peut subtilement initier un large public aux sciences en développement ainsi qu'à leurs implicites épistémologiques et philosophiques.

Daniel DUMOUCHEL, « Jean Bernard Mérian. Métaphysique et empirisme à l'Académie de Berlin »

L'article examine la métaphysique empiriste que développera Jean-Bernard Mérian au fil des mémoires lus devant la Classe de philosophie spéculative de l'Académie de Berlin entre 1749 et 1797. D'abord, il s'agira de préciser la démarche métaphysique de l'auteur. Ensuite, on analysera certains des objets privilégiés de cette méthode empiriste : les principes de la psychologie, l'aperception de notre propre existence, la réfutation de l'idéalisme qui menace toute pensée radicalement empiriste.

Christian LEDUC, « Christian Garve et la recherche académique »

La présente contribution vise à analyser les réflexions de Christian Garve relativement à la production d'une académie scientifique, en particulier à la manière dont la philosophie spéculative peut y trouver sa place. On comprend qu'il propose de distinguer les sciences formelles et expérimentales de la philosophie spéculative pour des raisons méthodologiques et que cette position annonce le déclin de la discipline à l'Académie de Berlin vers la fin du XVIIIᵉ siècle.

Pierre GIRARD, « *Vestigia lustrat*. Les "Investiganti", une académie napolitaine entre science et politique à l'âge classique »

L'objet de cet article est de montrer le rôle de « l'Accademia degli Investiganti » dans la diffusion de la modernité et de la *libertas philosophandi* à Naples dans la seconde moitié du XVIIᵉ siècle. Moins connue que d'autres académies italiennes contemporaines et tirant son originalité de son ancrage très fort dans un contexte déterminant, cette académie donne à ses expériences scientifiques un écho théologico-politique tout à fait représentatif de la querelle des Anciens et des Modernes.

Jesús PÉREZ-MAGALLÓN, « Société civile, culture et pouvoir. Les académies royales, les *tertulias* et les salons en Espagne du XVIIᵉ au XVIIIᵉ siècle »

Cet article explore le processus d'imbrication entre le développement de la société civile, l'expansion des connaissances et le rôle du pouvoir politique et monarchique. On analyse la réalité culturelle de l'Espagne de la fin du XVIIᵉ et du XVIIIᵉ siècles, on s'arrête sur la transformation des *tertulias* en Académies royales grâce au rôle de certains cercles politiques et on s'attache finalement à penser la fonction des *tertulias* qui poursuivent leur intervention publique en dehors des académies et sans l'appui des pouvoirs publics.

Justin E. H. SMITH, « Leibniz en Sibérie. L'Académie de Saint-Pétersbourg et les enjeux philosophiques de l'expansion de l'Empire russe (1698-1741) »

Leibniz, devenu conseiller privé de Pierre le Grand en 1712, a consacré de grands efforts à l'avancement des sciences dans l'Empire russe, qui mènent à la fondation de l'Académie de Saint-Pétersbourg en 1725. Mais pour lui, ce n'est pas seulement dans les académies que les sciences progressent, mais aussi sur le terrain. L'un des grands projets de l'Académie, la grande expédition menée à Kamtchatka de 1733 à 1743, est la meilleure expression pratique de la méthode scientifique leibnizienne.

TABLE DES MATIÈRES

Achevé d'imprimer par Corlet,
Condé-en-Normandie (Calvados),
en Janvier 2023
Nº d'impression : 179205 - dépôt légal : Janvier 2023
Imprimé en France